공연장컨설팅 공연장 순례 / 일본

일본의 실내악홀

공연장컨설팅　　　　　　　　　　　공연장 순례 / 일본

일본의
실내악홀

김남돈 / 김재호

**Chamber Music
Halls in Japan**
ARCHITECTURAL ACOUSTIC
FOR THE AUDITORIUM

지식공감

목 차

공연공간 음향컨설팅   7

실내악(室內樂)에 관하여   21

한국의 대표 실내악홀   27

일본의 실내악홀

01. 기오이홀(紀尾井ホール – Kioi hall)   85
02. 야마하홀(ヤマハホール – Yamaha Hall)   113
03. 다이이치생명홀(第一生命ホール – Dai-ichi Seimei Hall)   135
04. 하마리큐 아사히홀(浜離宮朝日ホール – Hamarikyu Asahi Hall)   161
05. 토판홀(トッパンホール – TOPPAN HALL)   183
06. 오지홀(王子ホール – OJI Hall)   205
07. 하쿠주홀(白寿ホール – Hakuju Hall)   227
08. 요미우리 오테마치홀(よみうり大手町ホール – Yomiuri Otemachi Hall)   243
09. 필리아홀(フィリアホール – Philia Hall)   267
10. 가마쿠라 예술관(鎌倉芸術館 – Kamakura Performing Arts Center)   283
11. 우라야스 음악홀(浦安音楽ホール – URAYASU Concert Hall)   305
12. 다케타시종합문화홀 그란츠타케타
    (竹田市総合文化ホール グランツたけた – GRANZ TAKETA)   329
13. 이즈미홀(いずみホール – Izumi Hall – 스미토모생명(住友生命) OBP 플라자 빌딩)   351
14. 산케이홀 브리제(サンケイホールブリーゼ – SanKei Hall Breezé)   377
15. 피닉스홀(ザ・フェニックスホール – The Phoenix Hall)   395
16. 전기문화회관 더 콘서트홀
    (電気文化会館, Denki Bunka Kaikan_The Concert Hall)   411
17. 무네쓰구홀(宗次ホール – Munetsugu Hall)   429

참고문헌   445

공연장컨설팅 공연장 순례 / 일본
일본의 실내악홀

공연공간 음향컨설팅

「김남돈 음향공학 전문가 "주목적, 다기능 공연장 지향해야 성공"」

중부일보 한기홍 기자

공연장은 존재 이유가 분명해야
규모 경쟁의 종언, 이제는 목적과 철학의 경쟁
지역 특성을 어떻게 살릴지 고민해야

전국 각지에서 공연장이 우후죽순 들어서고 있다. 화려한 외관과 수백억 원이 투입된 대형 프로젝트가 언론에 오르내리지만, 정작 그 공간을 채울 콘텐츠와 운영 철학은 부재한 경우가 많다. 객석은 텅 비어 있고, 공연장은 유지비만 무한정 투입되는 애물단지로 전락한다.

"공연장은 존재 이유가 분명해야 합니다. 그게 없다면 아무리 잘 지어도 실패합니다."

공연장 설계·운영 자문 분야에서 30년 넘는 경력을 지닌 김남돈 대표는 단호하게 말한다.

흔히 콘서트홀은 '제2의 악기'로 불린다. 청중에게 감동을 전달하는 울림은 '음향'에 의존하기 때문이다.

공연장의 성패는 각 공연장르에 적합한 좋은 소리를 확보하는 것에 달려 있다는 것이 그의 지론이다. 연주의 성패는 말할 것도 없다. 날개를 달아줄 수도 있지만, 연주가의 역량을 반감시키기도 하는 두 얼굴을 지녔다.

김 대표는 한국 건축 음향설계 1세대를 대표하는 인물이다. 현재 맡고 있는 프로젝트가 13개에 달한다. 그간 서울 서초동 예술의전당·고양 아람누리·삼성전자 인재개발원 콘서트홀·계명아트센터·대구 콘서트하우스 등 국내 주요 공연장을 설계, 시공하거나 컨설팅했다.

그는 현장에서 쌓은 경험과 직접 목도한 실패 사례를 바탕으로, 양주아트센터 건립의 조건과 방향성을 제시했다. 방향성을 추구할 때, 절대 잊어서는 안 될 원칙도 함께 거론했다.

공연장 규모 경쟁은 끝났고, 이제는 '목적과 철학'이 경쟁력의 핵심이라는 점을 그는 되풀이 강조했다. 지난 17일 오후 그를 만나 공연장 건립의 최신 경향에 기초한 '양주아트센터 건립의 올바른 방향'을 청취했다.

"예전에는 공연장이 없었기 때문에 '짓는 것 자체'가 의미였어요. 그런데 지금은 전국에 너무 많죠. 문제는 목적이 없는 공연장이 너무 많다는 겁니다."

서울 예술의전당 콘서트홀에서
음향 컨설팅을 하고 있는 김남돈 대표.

◇ '다목적'은 왜 실패하는가

김 대표는 양주시처럼 수도권 외곽에 위치한 도시가 '1500석 규모'의 대형 공연장을 짓겠다는 계획에 대해 우려를 표명했다.

단순히 의정부보다 크고, 아트센터 건립을 추진하는 동두천보다 현대적인 건물을 짓겠다는 식의 규모 경쟁은 시대착오적인 발상이라는 것이다.

"객석 수로 순위를 매기던 시대는 끝났어요. 지금 중요한 건 '왜 짓는가'입니다. 어떤 콘텐츠를 담을 것인가, 어떤 지역 특성을 살릴 것인지에 대한 고민이 없으면 그건 껍데기만 남는 건물입니다."

김 대표는 지난 수십 년간 자치단체가 무수히 건립한 '다목적 공연장'이라는 개념을 강하게 비판했다.

"'다목적'이라는 말은 그럴듯해 보이지만, 현실에서는 아무것도 제대로 담지 못하는 '무목적 공간'이 되는 경우가 대부분입니다."

클래식·뮤지컬·연극 등은 모두 음향적 조건이 다르다. 클래식은 자연 울림이 중요하고, 뮤지컬은 마이크 기반 확성이 필요하며, 연극은 오히려 울림을 최소화해야 한다. 김 대표는 이렇게 서로 다른 장르를 하나의 공간에서 구현하려는 시도가 기술적으로, 예산적으로, 운영 측면에서도 불가능에 가깝다고 강조한다.

"결국 어느 공연 장르 하나도 만족시키지 못하는 공연장이 됩니다. 차라리 특정 장르에 집중하고, 그 정체성을 중심으로 확장해가는 것이 진짜 '주목적 다기능'을 갖춘 유연한 공연장입니다."

그는 지자체 공연장의 뮤지컬 중심 전략이 착각이라고 지적한다. 마치 뮤지컬을 통해 상당한 수익을 거둘 수 있을 것이란 맹목적 믿음이 존재한다는 것이다.

"뮤지컬은 주민들이 소비하는 공연이 아닙니다. 관광객, 외부 관객, 상업 수익 기반의 콘텐츠죠. 그런데 왜 공공 부문이 나서서 수익사업을 하려 하나요?"

국내 최고의 음향설비를 자랑하는 부천콘서트홀에서 만석 시 음향측정을 하는 모습.

◇ "뮤지컬로 브로드웨이를 따라갈 수는 없다"

김 대표는 공공 공연장이 뮤지컬을 주요 콘텐츠로 삼는 전략에 대해서도 메스를 들이댔다. 뮤지컬은 장기 공연과 고정된 관람층이 있는 뉴욕 브로드웨이나 런던 웨스트엔드 같은 도시에 어울리는 장르다. 지방 도시에서 몇 회 정도 올려서는 수익은커녕 막대한 손실만 남기기 십상이라는 지적이다.

"뮤지컬을 전면에 내세우면 객석을 다 채워도 손해라는 얘기가 곧 나오게 됩니다. 뮤지컬은 흑자 내기 어려운 구조입니다. 그런데 관(官)이 수익 콘텐츠를 하겠다고 나서는 건 본말이 전도된 겁니다."

김 대표는 전국 여러 공연장의 사례를 언급하며, 성공과 실패의 원인을 구조적으로 짚었다. 수원에 있는 경기아트센터는 규모도 적당하고 위치도 좋지만, 음향의 문제가 있고 프로그램 기획이 다소 부족하다는 평가를 받고 있다.

부천아트센터는 성공 사례. 인구 80만의 도시에서 1100억 원을 투자해 클래식 중심 공간을 설계했다. 부천필하모닉 단원과 시민들은 이 공연장에 대해 절대적인 자긍심을 갖고 있다.

세종예술의전당은 1063석 규모지만 개관 후 공연을 보면 음악 중심의 공연이 60% 이상이다. 초기 설계 단계에서 음향의 목적이 모호했고, 이후 전기식 잔향가변 시스템을 설치해 보완했다.

통영국제음악당은 건립 당시 400억 원대 예산으로 지은 중형급 공연장이다. 지금 지으려면 400억 원보다 훨씬 많은 비용이 소요되는 음악당이다. 초기부터 클래식 전용으로 설계해 세계 음악가들이 선호하는 탁월한 공간으로 자리매김했다.

안성·광주 등 수도권 공연장은 존재 이유가 불분명해서 유지비 지출 대비 효능감이 떨어진다. 공연 수요에 비해 과잉 설비된 측면이 있어서 다목적 설계의 부작용을 고스란히 드러낸다는 것이 김 대표의 지적이다.

"양주 같은 도시에서 가장 먼저 해야 할 건, 다른 도시의 실패 사례를 철저히 분석하는 겁니다. 어떤 프로그램을 담아야 관객이 몰리는지를 치밀하게 따져봐야죠."

◇ "사람을 부를 수 있어야 공연장이다"

김 대표가 강조하는 공연장의 진짜 경쟁력은 '사람'이다.

일본 토요나가 예술센터를 방문한 김남돈 대표. 일본은 오래전부터 주목적 다기능 공연장을 추구하고 있다.

"사람이 와야 공간이 살아납니다. 커피라도 마시러 와야 공연장에 생기가 도는 거죠."

그는 공연장이 외부에 대해 폐쇄적인 구조를 갖게 되면, 사람들은 자연스럽게 발길을 끊게 된다고 지적했다. 로비가 어둡거나 카페 하나 없는 공연장은 외면받기 쉽고, 결국 예산 삭감과 인력 감축이라는 악순환으로 빠지게 된다. 그는 다기능 공연장의 조건으로, 기술이 아닌 구조로 풀어야 한다는 점을 짚었다.

"진짜 다기능은 클래식을 기준으로 한 뒤, 흡음 구조로 뮤지컬과 연극도 수용할 수 있게 만드는 겁니다."

김 대표는 최근 등장한 '가변 음향' 기술을 긍정적으로 평가하면서도, 그것이 본질을 대체할 수는 없다고 말했다. 음향의 질은 여전히 건축 구조에서 비롯되며, '큰 울림'을 만들어 놓고 필요한 때에 흡음을 조절하는 것이 가장 현실적인 다기능 설계라고 강조했다.

"지자체가 외국 설계사와 손잡는 건, 실패했을 때 책임을 피하려는 보험 심리입니다. 실제 설계는 85% 이상 국내 인력이 수행합니다."

그는 국내 음향·공연장 설계 인력의 기술 수준이 상당히 높아졌으며, 이제는 외국 이름값에 기대지 않고도 훌륭한 공연장을 만들 수 있다고 강조했다. 다만 그 전제는 발주자가 목적과 철학을 분명히 정하고 접근해야 한다는 점이다.

그는 공연장을 '시민의 문화 수준'을 설계하는 공간으로 규정했다.

"공연장은 철학이 담긴 그릇입니다. 사람과 음악, 그 둘을 품을 수 있는 공간이 돼야 합니다."

김 대표는 공연장을 단순한 건물로 보아서는 안 된다고 말한다. 거기에 어떤 사람을 불러들이고, 어떤 감동을 줄 것인지가 설계와 운영의 핵심이라는 것이다.

"50년, 100년 앞을 내다보자는 말, 저도 좋아합니다. 그러려면 우선 지금 시대에 맞는 공연장을 제대로 지어야 합니다. 규모보다 주목적을 정하고, 그 목적하에 다른 기능을 조율하는 지혜를 발휘해야 합니다. 양주아트센터 역시 존재 이유가 분명할 때, 비로소 시민의 문화 자산이 될 겁니다. 한 번 잘못 지은 공연장은 리모델링 비용으로 수백억 원을 투입하는 경우도 종종 보게 됩니다. 재정이 열악한 지자체에는 재앙과 같은 일입니다. 정말 신중한 접근이 필요합니다."

「무대아래 이야기」 소리의 그릇을 빚는 장인 - 음향컨설턴트 김남돈

음악저널 임세열 기자

"흔히 콘서트홀을 '제2의 악기'라고 한다. 청중에게 전달되는 울림이 음향에 의존하기에 붙여진 말이다. 연주에 날개를 달아주기도, 그 매력을 반감시키기도 하는 것이 홀의 음향이다. 그만큼 좋은 홀을 설계하는 것은 연주자에게나 청중에게나 더없이 중요하다. 한국 건축음향설계 1세대인 김남돈 삼선엔지니어링 대표는 그 최전선에 서 있는 인물이다. 현재 맡고 있는 프로젝트만 13개. 예술의전당, 고양아람누리, 삼성전자인재개발원 콘서트홀, 계명아트센터, 대구콘서트하우스 등 국내 주요 공연장 대부분이 그의 손길을 거쳤다. 삼선엔지니어링 본사의 '카페 베토벤'에서 김남돈 대표를 만나 음향설계의 현주소를 들어봤다.

김남돈 대표가 건축음향설계에 몸담게 된 계기는 우연했다. 건설회사에 있을 당시 지하철 소음 문제를 해결하기 위해 일본으로 견학을 갔는데, 서점에 건축음향 서가가 따로 있는 것을 보고 흥미가 동했다. 관심은 이후 예술의전당 음향설계를 자문한 영국 회사와의 소통을 맡으며 구체화됐다. 2005년 콘서트홀, 2011년 오페라극장 리노베이션과 IBK챔버홀 개관 때는 그가 직접 음향을 설계

부산시민회관 측정 중

했다. 2000년대 중반 이후로는 시공보다 음향 컨설팅에 집중하고 있다.

예술의전당 콘서트홀은 1988년 한국에서 꽤 혁신적이었을 것 같은데요, 개관 당시 반응이 어땠나요?

'목욕탕 음향'이라고 혹평받았습니다. 이전에는 모든 공연장이 다목적 공연장이었거든요. 다목적홀의 적은 울림에 익숙해져 있었기 때문에 긴 잔향에 적응하지 못한 겁니다. 오케스트라 공연의 적절한 잔향 시간이 2.0~2.2초인데, 예술의전당 콘서트홀이 한국 최초로 이 기준에 부합하는 공연장이 됐습니다. 특정 목적성을 띤 '주목적 공연장'도 처음이었어요. 한국 공연장이 예술의전당 이전과 이후로 나뉘는 이유입니다. 우리는 아직도 다목적 공연장 시대에서 헤매고 있지만, 일본은 주목적 공연장 시대를 지나 이미 가변 장치를 이용하는 '능동적 공연장' 시대로 갔습니다. 제가 설계한 고양아람누리 아람음악당이나 삼성전자 인재개발원 콘서트홀 그리고 건설관리(CM) 컨설팅을 담당한 부천아트센터에는 편성에 따라 울림의 양을 조절할 수 있는 장치가 있지요.

음향 컨설팅은 어떤 과정으로 이루어지나요?

건축 계획부터 참여합니다. 수용 인원, 목적, 예산에 따라 형태, 구성, 소재를 디자인하게 되기 때문이죠. 설계 기법에는 크게 두 가지가 있습니다. 하나는 '컴퓨터 시뮬레이션 기법'입니다. 가상의 공간에 모형을 만들어 벽면 형태를 조정하는 방법입니다. 현재는 가청화 기법을 통해 소리를 들어보며 조정할 수 있게 됐지요. 이와 대비되는 것이 실제로 축소된 모형을 만드는 '모형 기법'입니다. 비용도 시간도 많이 들지만 소리를 직접 들을 수 있다는 것이 장점입니다. 저는 컴퓨터 시뮬레이션 기법을 사용합니다. 나가타 음향의 유명 음향컨설턴트 도요타 야스히사는 모형 기법을 쓴다고 합니다. 유명한 옛 음향컨설턴트들이 쓴 책을 보면 운칠기삼(運七技三)이라고 합니다. 지금은 운이 3할로 내려갔을 겁니다. 더 내려가지 않는 이유는 시공 단계에서 계속적인 조율과 연주를 통한 조율이 필요하기 때문입니다. 홀이 개관하고 6개월 동안은 연주를 듣고 반사판 등 여러 가지를 조정해 소리를 안정시켜야 합니다. 지난 4월에 부천아트센터에서 음향 측정을 진행했어요.

좋은 공연장이란 무엇인가

김남돈 대표의 제일 목표는 '쓰는 사람이 만족하는 공연장', 그리고 '모두가 함께하는 공연장'. 단순하지만, 이 목표를 이루어내기 위해서는 수많은 요소가 개입된다. 그 구체적인 방법을 탐구하기 위해 김남돈 대표는 25년간 한 해 평균 20회 해외로 나가 세계 각지의 공연장들을 답사했고, 이를 통해 얻은 정보들을 『건축음향설계 공연장 순례』 등 여러 공연장 관련 서적으로 엮어냈다. 출장에서 사 온 건축 서적은 2만 권이 넘는다. 김남돈 대표는 "코로나 팬데믹 이후에만 10여 차례 해외 출장을 다녀왔다"며 웃었다.

대표님이 설계하신 공연장 중 목표에 가장 근접한 곳은 어디인가요?

제 대표작 중 하나가 삼성전자 인재개발원 콘서트홀입니다. 삼성전자가 제게 설계부터 콘서트홀의 건축음향 시공사 선정까지 전부 맡겼습니다. 음향 평가가 좋아서 뿌듯하죠. 최근 개관한 금난새 뮤직센터(GMC)도 제가 처음부터 끝까지 맡았습니다. 덕분에 실험적인 시도를 할 수 있었어요. 사면에 유리를 사용해 밖에서 공연장 내부를 볼 수 있게 한 겁니다. 유리에 빗살을 만들어 음의 쨍쨍거림을 해결했지요.

좋은 공연장을 만드는 요소에는 무엇이 있을까요?

크게 6가지로 정리할 수 있습니다. 첫째는 잔향 시간, 즉 사용 목적에 적정한 풍부한 울림입니다. 둘째는 저음역대의 충분한 반사입니다. 저음역의 울림이 더 길어야 소리가 날카롭게 들리지 않습니다. 이를 위해선 무거운 재질을 사용해 단위 면적당 중량인 '면밀도'를 높여야 하죠. 셋째는 벽으로부터의 충분한 반사입니다. 공연장의 형태, 즉 슈박스형이냐 빈야드형이냐 와 연관됩니다. 벽으로부터의 반사가 잘 돼야 공간감을 느낄 수 있습니다. 넷째인 충분한 음의 세기를 확보할 수 있습니다. 다섯째는 가장 작은 음(pp)부터 가장 센 음(ff)까지 잘 듣기 위해 공연장이 조용해야 한다는 것입니다. 공조기와 같은 설비의 문제입니다. 마지막 여섯째는 연주자와 관객의 편의를 위한 충분한 부속시설입니다.

슈박스와 빈야드 중 어떤 형태가 더 나은지는 오랜 논쟁거리입니다. 대표님 의견은 어떠신가요?
음향학적으로 슈박스는 빈야드보다 많은 장점을 가지고 있습니다. 슈박스형태가 아닌 공연장의 중앙부가 음향이 좋지 않은 이유는 벽이 멀어서입니다. 소리는 직접음과 반사음의 경로 차로 듣는 건데, 중앙부에서는 직접음밖에 안 들리는 거죠. 또 벽이 멀면 객석에 소리가 약하게 도달합니다. 음의 세기를 나타내는 'G값'이 슈박스는 8~10db 정도여서 소리가 웅장하게 느껴지지만, 빈야드는 5db를 넘지 않습니다.

빈 무지크페라인이나 암스테르담 콘세르트헤바우와 같은 오래된 공연장들이 아직까지도 최고로 꼽힙니다. 이유가 무엇일까요?
우선 슈박스 형태라는 점이 큽니다. 또 한 가지는 저음역대의 긴 잔향입니다. 저음역대 잔향이 고음역대보다 25퍼센트 이상 길어야 소리를 따뜻하게 느낄 수 있습니다. 우리나라 대부분의 공연장처럼 이 비율이 평탄하면 음이 '스쳐지나가' 버려요. 무지크 페라인의 경우 석고로 된 열주(列柱)가 큰 역할을 합니다. 석고가 면밀도가 높아 저음역대의 음을 잘 반사하거든요. 콘세르트헤바우는 면밀도를 높게 하기 위해 천정에 무거운 모래자루를 넣어뒀습니다. 하지만 이 유서 깊은 공연장들 의 명성은 무엇보다 '누가 쓰느냐'가 결정한 것입니다. 무지크페라인에는 빈 필하모닉이, 콘세르트헤바우에는 로열 콘세르트헤바우 오케스트라가 상주하고 있으니까요.

해외 답사에서 특히 인상적이었던 공연장을 꼽아주세요.
제가 설계하는 모든 공연장의 출발점은 영국 뉴캐슬의 세이지 게이츠헤드 홀(Sage Gateshead)입니다. 노먼 포스터가 설계했고, 로열 노던 신포니아가 상주합니다. 좋은 공연장의 여섯 가지 조건을 그야말로 완벽하게 갖추고 있습니다.

일본에서 가장 먼저 떠오르는 것은 도쿄 오페라시티 콘서트홀입니다. 너무 잘 만들어서 음향컨설턴트로서 짜증이 날 정도예요. 전형적인 슈박스 형태에 모든 불필요한 제약을 치워버리고 온전히 음향을 중심에 둔 홀입니다.

최근 유럽에 지어진 빈야드형 공연장 중에서는 함부르크 엘브필하모니 보다는 파리 필하모니에 더 눈길이 갑니다. 엘브필하모니는 음향보다 디자인적인 중심이 강합니다. 묘하게도 두 공연장이 모두 도요타 야스히사의 손을 거쳤는데요, 파리 필하모니의 경우 뉴질랜드의 마샬데이 사(社)가 기본 음향을 먼저 설계한 후 나가타 음향에 인계했습니다. 파리 필하모니는 파리 외곽에 있어서 사람을 끌어들이려면 음향에 신경을 쓸 수밖에 없었지요. 그 결과 에펠탑 건너편에 있는 메종 드 라 라디오가 외곽의 파리 필하모니를 못 당해내고 있습니다.

겉모습보다 내실을

"공연장이 왜 '건축적 랜드마크'가 되어야 하는지 의문입니다. 한정된 예산을 음향이 아니라 외형에 쏟아붓는 것은 건물의 목적성을 살리지 못하는 겁니다." 예술의전당 건립 후 한국에 수많은 공연장이 들어섰다. 허나 화려한 외관에 비해 정작 홀의 음향은 실망스러운 경우도 적지 않다. 오래된 지방자치단체 소유 공연장들의 획일적인 음향과 역시 고질적 문제로 지적되어 왔다.

음향보다 세련된 외관이 강조되는 경우가 심심치 않습니다. 원인이 무엇일까요?

유럽은 먼저 그릇을 만들고 껍데기를 씌우지만, 한국은 그 반대입니다. 앞뒤가 바뀐 거죠. 현상설계 시 공연 관계자가 아니라 건축분야 관련자가 중심이 되어 심사를 하니 내용보다 외형에 집중하게 되고, 다 만들어 놓고 무엇을 담을지 이야기합니다. 하지만 만들고 나면 늦지요. 지자체 공연장들이 전국에 많지만, 객석에 사람이 없지 않습니까. 한 번 가본 사람들이 두 번 가지 않기 때문입니다. 그래서 공연장은 공연에 관계되는 사람이 주관해 만들어야 합니다. 음향설계가 건축 분야이지만 예술과 연계되어 있는 만큼, 예술적 이해를 억지로라도 해야 합니다.

금난새 뮤직센터(GMC)

요즘 부쩍 공연장 개보수 소식이 자주 들립니다. 현재 맡고 계신 프로젝트들 중에서도 리노베이션이 여럿 있으시지요.

한국에 80년대 말에서 90년대를 거치면서 많은 공연장이 생겼습니다. 그래서 지금 25년에서 30년 정도 된 공연장이 아주 많습니다. 리노베이션 주기가 온 겁니다. 그런데 몇백억을 들여 이전과 똑같은 음향으로 갈 것이냐는 이야기죠. 그래서 일본에서 등장한 것이 '주목적 다기능 공연장'입니다. 보통 어느 공연장이든 제일 많은 공연 장르가 음악이니, 다양한 공연을 수용하되 주된 목적을 살려주자는 겁니다. 공연장은 결국 무게, 즉 면밀도 싸움입니다. 다목적 공연장에서 음향적으로 가장 문제가 되는 것이 무대 음향반사판입니다. 무대에서 발생하는 초기음을 객석으로 충분히 밀어줘야 하는데, 매달 수 있는 무대 반사판은 가벼워서 이 역할을 제대로 못 하거든요. 이걸 해결하기 위해 일본에서 움직이는 '주행식 반사판'이 나왔습니다. 반사판 하나가 15톤에서 20톤이라 음이 충분히 반사되지요. 현재 과천시민회관 리모델링을 맡고 있는데요, 주목적 다기능 공연장을 목표로 주행식 반사판을 한국 최초로 설치할 예정입니다.

음향도 중요하겠지만, 대중들을 어떻게 공연장으로 끌어들이느냐도 중요한 문제라는 생각이 듭니다.

세이지 게이츠 홀은 공연장 이전에 '사람이 모이는 장소'라는 점에서 본받을 만합니다. 답사해 보면 시간대별로 오는 사람들이 다릅니다. 아침에는 유모차를 끌고 젊은 어머니들이, 조금 지나면 할머니들이, 저녁때는 퇴근한 직장인들이 들르지요. 청중과 공연 사이의 '징검다리' 역할을 톡톡히 해내고 있는 겁니다. 예술의전당 오페라극장 리모델링 설계 당시, 같이 계획되어 시설된 비타민플라자도 같은 맥락입니다. 또 하나의 징검다리 역할을 위한 다른 중요한 요소 중 하나가 아카데미입니다. 도쿄 메구로구의 퍼시몬 홀, 우리말로는 구민회관이 아카데미를 무척 잘 운영하고 있습니다. 어린아이부터 80이 된 노인까지 제한 없이 다양한 분야의 아카데미에 옵니다.

공연장을 친근하게 느낄 수 있도록 돕는 것은 학생들에게 특히 중요할 것 같은데요.

공연장 문을 닫아두고 있을 때가 아닙니다. 지난 주말 중국 광저우에 답사를 가서 놀랐습니다. 아침에 공연장에 갔는데 초등학교 3학년 아이들 몇 백 명이 투어를 와 있었어요. 광저우 인구 2500만 명 중 초등학생은 거의 다 온다고 합니다. 물론 무상입니다. 한번은 도쿄 예술극장에서 오르간 시범 연주를 봤는데, 견학 온 초등학생 아이들이 악기를 하나씩 갖고 와서 같이 연주하더군요. 이런 경험을 어려서부터 쌓은 이들을 어떻게 당하겠습니까. 배워야 합니다.

40여 년간 한국 공연장의 지형도를 만들고 방향을 제시해 온 김남돈 대표. 현재 그의 시선은 한국 건축음향설계의 미래를 향하고 있다. "발주자들은 세계적인 명성을 가진 외국 회사들을 선호합니다. 하지만 외국 회사들은 기술 이전을 하지 않아요. 실패를 조금 겪더라도 젊은 친구들을 키워줘야 하는데 자꾸 외국 회사만 찾으니, 한국 음향설계 분야가 고사할 위기입니다. 1세대가 이제 정년이 눈앞이고, 여러 대학원에 있던 건축음향설계 과정이 지금은 거의 다 사라졌습니다. 해외에 기대지 않고 우리 공연장을 지을 수 있도록 사회적 관심이 필요한 때입니다."

「세계적인 공연장 우리 손으로 지어야지요」
[인터뷰] 건축음향 전문가 김남돈

한국일보 이윤주 기자

예술의전당 IBK챔버홀에서 김남돈 삼선엔지니어링 대표가 음향 설계에 대해 설명하고 있다.

김 대표는 "공연 장르, 객석 숫자에 따라 공연장 설계는 완전히 달라진다. 해외의 경우 공연장 운영 방향을 먼저 정하고 설계에 들어가지만, 국내는 일단 공연장을 짓고 운영 방향을 논한다. 순서를 바꿔야 한다"고 말했다.

'건축 천재'로 불린 고 김석철(1943~2016) 명지대 석좌교수가 스승 김수근을 누르고 예술의전당 설계 공모에 당선된 건 1984년이다. 지금으로부터 딱 30년 전인 1988년 음악당과 서울서예박물관이 문을 열었고 핵심 시설인 오페라하우스는 1993년 개관했다. 오페라, 연극, 오케스트라, 실내악 등 서로 다른 공연양식에 맞춰 설계된 5개의 전용극장이 들어선 국내 최초의 '복합예술문화공간'을 설계하며 김석철은 세계적 건축가의 반열에 올랐다.

사십대 창창했던 김석철이 예술의전당을 설계했을 때 개별 공연장의 음향 컨설팅을 담당한 건 스물아홉의 청년, 지금은 국내 건축음향설계 1세대가 된 김남돈(59) 삼선엔지니어링 대표다. 최근 예술의전당에서 만난 김 대표는 "(개관 당시) 국내 기술 수준이 미천해 영국 설계 컨설턴트의 자문을 우리 현실에 맞추는 소통 역할을 했다"고 말했다. "공연장 음향에서 가장 중요한 건 소리

울림입니다. 음의 선명도와 울림은 반비례하기 때문에 클래식 연주회와 연극은 한 공간에서 할 수 없거든요. 이런 특성을 무시한 다목적홀은 어느 공연도 만족 시키지 못하는데, 그걸 탈피해 장르별 전용 극장을 만든 게 예술의전당이죠."

"외국 자문의 소통 창구"였던 김 대표는 콘서트홀(2005년) 오페라극장(2011년) 리노베이션 공사와 IBK챔버홀(2011) 개관 때 음향 설계를 직접 담당했다. 전문가들 사이에 최고의 공연장으로 꼽히는 삼성전자 인재개발원 콘서트홀을 비롯해 고양아람누리, 대구콘서트하우스, 계명아트센터, 엘림존 콘서트홀 등도 그의 손을 거쳤다.

음향컨설턴트 김남돈 건축음향연구소 대표.

공연장 음질을 논할 때 첫 번째 조건은 충분한 적막(寂寞)이다. 음량을 확보하고, 작은 소리와 낮은 음을 제대로 전달하기 위해서는 소음이 적어야 한다. 주파수별로 소음 정도를 나눠 계산한 'NC(노이즈 크리테리아)지수'를 공연장 소음 기준으로 삼는데 교회나 학교가 NC25~30, 도서관 영화관이 NC30~35 정도다. 김 대표는 "유럽의 경우 NC15 이하를 좋은 공연장으로 보는데 이 기준에 드는 국내 공연장은 인천아트센터, 삼성전자 인재개발원 콘서트홀, 롯데콘서트홀 정도"라고 말했다.

두 번째 조건은 적절한 잔향. 악기에서 나온 음이 벽에 반사돼 연주 후에도 실내에 남아 울리는 소리다. 잔향이 너무 오래 지속되면 음과 음이 섞여 소리 명료도가 떨어지기 때문에 공연 장르와 극장 크기에 따라 적절한 잔향이 다르다. 종교 음악의 최적 잔향 시간이 3초로 가장 길고 오케스트라 협연이 2~2.2초, 실내악은 1.3~1.6초 선이다. 예술의전당 콘서트홀의 잔향은 2.1초, IBK챔버홀은 1.5초로 웬만한 유럽의 콘서트홀에 뒤지지 않는다. 김 대표는 "잔향 0.5초가 늘면 5배가 더 울리는데, 예술의전당 개관 때 다목적홀에 익숙한 국내 관객들이 음악당 소리가 '너무 울린다'며 비판했다. 예술의전당 음악당은 국내 최초로 잔향 2.0시대를 연 공연장인데 당시

한국일보도 '목욕탕 소리'라고 썼다"고 웃었다.

건축의 3대 요소인 빛, 열, 소리 중에서 김 대표가 소리를 전문 영역으로 파고들게 된 건 대학 졸업 후 지하철 공사를 담당하면서부터다. "현장 주변 소음, 진동 때문에 민원이 많았어요. 이걸 해결해보려고 1984년 일본으로 견학을 갔는데, 신주쿠 서점 '키노쿠니아'에 전문 코너가 있을 정도로 음향 설계가 정식 학문으로 정립돼 있더라고요. '이 분야 좀 해봐야겠다' 싶던 찰나에 제가 있던 회사가 예술의전당 공사에 참여하게 된 거죠."

물론 "해외 공연장을 벤치마킹했던 (음향 설계) 불모지"에서 음향 설계 전문가가 되는 건 만만치 않았다. 김 대표가 독립해 삼선엔지니어링을 세운 건 1990년. 이때부터 돈 버는 대로 해외 음향 건축 서적을 사 읽고 유명하다는 공연장을 답사했다. 해외 출장 횟수는 한 해 평균 20회. 20여 년을 가다 보니 어느 해는 "항공권 지출이 너무 많다"며 세무 조사도 받았단다. 김 대표는 "전 세계 출장 갈 때마다 유일하게 사오는 게 책인데 이렇게 20여 년간 모은 책이 2만 권"이라면서 "건축사무소 직원 17명 중 2명은 건축 서적, 논문 번역만 전담하는 인력"이라고 말했다. 2014년 이 책들을 모아 충남 아산에 사립 도서관 '371 위드 북스(with books)'도 지었다. 자비로 운영하는 도서관을 은퇴 전 대학과 연계해 건축음향 학생들에게 무료 개방하는 게 꿈이다.

김남돈 건축가가 세운 건축음향도서관 '371 with books'.
20여 년간 해외 공연장 순례를 하며 모은 2만여 권의 건축서가 꽂혀있다.

읽은 책과 해외 공연장 순례 기록을 모아 2010년부터 책으로 펴냈다. '건축음향설계 공연장 순례-한국'과 '세계의 공연장 80선'에 이어 최근 펴낸 책은 '건축음향설계 공연장 순례 일본편'이다. 공연장 전경 사진, 연혁은 물론 설계도, 개관 당시 일본의 사회사와 개관 공연 정보까지 촘촘하게 담은 공연장 백과사전이다. "건축 음향 설계 1세대가 30년 됐는데, 아직 유명 연주 홀은 해외 인력에 많이 의존합니다. 그게 참 미안해요. 우리 땅에 짓는 공연장, 우리 손으로 지어야죠. 제가 바닥부터 일을 배워 후배들에게 참고할 만한 자료를 남겨주고 싶어요."

실내악(室內樂)에 관하여

구 분		대표적 형태		비 고
챔버 오케스트라		30인 내외 (편성)		
	독주	피아노, 첼로(피아노 반주를 동반하는 경우도 있음) 등		
	듀엣 or 듀오	피아노+바이올린, 피아노 2대, 바이올린 2대 등		
	트리오	현악 3중주	바이올린, 비올라, 첼로	
		피아노 3중주	바이올린, 첼로, 피아노	
		목관 3중주	플루트, 클라리넷, 바순	공연장르는 예술의전당 IBK 챔버홀 참조
		–	플루트, 첼로, 피아노	
			트럼펫 혹은 하프 등 악기의 종류에 구애받지 않고 조화로운 세 악기	
	콰르텟	제1바이올린, 제2바이올린, 비올라, 첼로		
		바이올린, 비올라, 첼로, 피아노		
	퀸텟	제1바이올린, 제2바이올린, 비올라, 첼로, 콘트라베이스		
		제1바이올린, 제2바이올린, 비올라, 첼로, 피아노		
		플루트, 오보에, 클라리넷, 바순, 호른		
	비 고	– 대표적 형태를 나타내는 것임 – 틀에 박힌 형태가 아닌 다양한 악기가 다양한 장르로 나타남		
확성공연		밴드, 혹은 보컬 소규모 콘서트		
재즈, 크로스오버				
영상을 이용한 공연		클래식, 대중음악, 발레 등 영상 활용 공연		
강연		국제회의		

실내악(Chamber Music)에 관하여

클래식 음악의 한 장르인 실내악은 오랜 시간 동안 음악 연주 표현에 있어 초석이 되어왔다. 실내악은 일반적으로 파트당 한 명의 연주자가 있는 작은 앙상블이 연주하여, 친밀한 환경이라는 특성을 가지며, 연주자와 청중간 더 가까운 관계를 형성할 수 있도록 제공되는 경우가 많다. 이 글에서는 실내악의 역사와 발전 과정, 그리고 실내악의 특성에 대해 알아보고자 한다.

실내악의 뿌리는 가족 및 지인들간의 사회적인 유희의 형태로서 르네상스 시대에서부터 시작되었다. "실내악"이라는 표현은 궁이나 맨션 내에 있는 사유적 공간인 회의실이나 방 안에서 음악을 연주한 것에서 유래했다. 바로크 시대에는, 삼중주 소나타가 대중적인 형식이 되었으며, 요한 제바스티안 바흐와 같은 작곡가가 장르에 막대한 영향을 주었다.

고전주의 시대 음악이 드러남에 따라, 요세프 하이든과 모차르트가 실내악을 현대적인 형태로 전환하는 데 결정적인 역할을 하였다. 현악 4중주의 아버지로도 불리는 하이든은 오늘날까지 대표적으로 연주되는 수많은 현악 4중주와 피아노 3중주 악곡들을 작곡하였다. 피아노 3중주와 4중주를 포함하여, 모차르트는 각각의 악기의 개별의 소리를 더욱더 드러나게 하여, 소리에 풍부함을 더하였다.

낭만주의 시대에는 베토벤, 슈베르트, 요하네스 브람스 등의 작곡가들이 장르를 정의하는 데 기여한 작품들을 작곡하면서 현악 4중주의 인기가 급격하게 상승하였다. 그중에서도 베토벤의 현악 4중주는 실내악이 전달할 수 있는 감정적인 깊이와 복합성을 보여주면서 고전주의에서 낭만

주의로의 전환에 가장 큰 역할을 하였다.

실내악은 소규모 앙상블, 세속적인 근원 등의 특성으로 구별된다. 오케스트라 음악과는 다르게, 실내악은 파트별로 단독 연주자가 있어, 각각의 연주자들이 공연에 고유하게 기여할 수 있도록 한다. 이러한 구성은 민주적이면서 협력적인 환경을 조성하여, 연주자 간 리더쉽이 변환될 수 있도록 하고, 역동적이면서 자연스러운 음악 경험을 만들 수 있게 한다.

실내악 공연의 친밀한 환경은 음악의 감정적인 영향을 증폭시킨다. 관객들은 때때로 연주자와 가깝게 자리하여, 음악적인 소통의 일부를 느낄 수 있도록 한다. 이러한 근접성은 전기적 증폭이 거의 필요하지 않은 실내악의 음향적인 특성을 강조한다.

근대에 접어들면서, 실내악은 에머슨 4중주나 크로노스 4중주 등으로 대표되는 앙상블같이, 전자 음악이나, 비서양 음악의 영향을 고전 음악과 결합하려는 시도들과 함께 확장을 이어 나가고 있다. 실내악은 클래식 음악의 필수적인 요소로 지속되고 있으며, 그 핵심인 친밀성과 감정의 깊이를 유지한 채로, 발전과 실험의 플랫폼을 제공하고 있다.

실내악은 클래식 음악의 장르에 국한되지 않는다. 이는 친밀감, 협업, 발전이 모두 합쳐진 경험이다. 르네상스 사회의 기원에서부터, 현대 클래식 음악의 역할까지, 실내악은 감정의 깊이와 음악 복합성의 독특한 결합으로 계속해서 청중들을 사로잡고 있다. 클래식 음악의 과거와 미래의 단면을 엿볼 수 있는 창을 제공하는 실내악은 지속적으로 매력을 증명하면서, 여전히 활기차고 진화하는 모습을 보여준다.

○ 「**현악합주** – String Ensemble」

바이올린, 비올라, 첼로로 연주하는 현악 3중주, 바이올린이 두 사람인 현악 4중주, 비올라도 두 사람이 되는 현악 5중주 등이 기본. 콘트라베이스도 추가되는 현악 오케스트라도 있다.

- 모차르트 : 『아이네 클라이네 나흐트무지크』(Eine kleine Nachtmusik), 디베르티멘토 (divertimento)
- 차이코프스키 : 현악세레나데
- 드보르자크 : 현악세레나데
- 쇤베르크 : 현악3중주곡
- R.슈트라우스 : 메타모르포젠(Metamorphosen)
- 스트라빈스키 : 『뮤즈를 인도하는 아폴로』

- 베토벤 : 대푸가 (현악합주로 편곡된 것)
- 슈베르트 : 『죽음과 소녀』 (현악합주로 편곡된 것)

○ 「4중주 – Quartetto」

4명이 연주한다. 현악기만으로 구성된 현악4중주와, 피아노, 바이올린, 비올라, 첼로의 피아노 4중주가 일반적. 교향곡과 마찬가지로, 급–완–무–급의 4악장 형식이 기본이지만, 3악장으로 된 작품도 있다.

하이든, 모차르트, 베토벤, 슈베르트, 멘델스존, 브람스, 드보르자크, 차이코프스키, 바르톡, 쇼스타코비치 등의 곡이 자주 연주된다.

○ 「3중주 – Trio」

피아노, 바이올린, 첼로의 3중주가 일반적이다. 항상 정해진 멤버로 구성된 3중주단도 있는가 하면, 연주 시에만 모이는 1회에 그치는 경우도 있다.

- 베토벤 : 『대공』
- 차이코프스키 : 『어떤 위대한 예술가를 기념하며』
- 라흐마니노프 : 『슬픔의 3중주곡』

○ 「2중주 – Duo」

바이올린과 피아노, 첼로와 피아노, 플루트와 피아노, 클라리넷과 피아노 등 다양하다.

- 모차르트 : 바이올린과 비올라를 위한 2중주

베토벤 『대공』

모차르트 바이올린과 비올라를 위한 2중주

실내악의 대표적인 편성도

장르 \ 악기	플루트	오보에	클라리넷	바순	호른	바이올린	비올라	첼로	콘트라베이스	피아노
현악트리오						1	1	1		
현악4중주						2	1	1		
현악5중주						2	1	1	1	
현악6중주						2	2	2		
피아노3중주						1		1		1
피아노4중주						1	1	1		1
피아노5중주 (1)						2	1	1		1
피아노5중주 (2)						1	1	1	1	1
4중주 (관악+피아노)			1	1	1					1
5중주 (관악+피아노)		1	1	1	1					1
관악4중주 (1)		1	1	1	1					
관악4중주 (2)	1		1	1	1					
관악4중주 (3)	1	1	1	1						
관악5중주	1	1	1	1	1					
플루트3중주	1						1	1		
플루트4중주	1					1	1	1		
클라리넷5중주			1			2	1	1		
7중주			1	1	1	2	1	1		
8중주			1	1	1	2	1	1	1	
9중주	1	1	1	1	1	1	1	1	1	

한국의 대표 실내악홀(Chamber Hall)

- IBK 챔버홀(IBK Chamber Hall)
- 금난새뮤직센터(GMC/Gum Nanse Music Center)
- 물빛정원 뮤직홀 – 성남(Mulbich Garden Music Hall)

28 일본의 실내악홀 Japan Chamber Music Hall

IBK 챔버홀(IBK Chamber Hall)

　예술의전당 음악당의 기존 리허설 홀에 리노베이션을 진행, 중규모 챔버홀을 조성, 실내악단의 늘어나는 공연 수요에 부응하고, 예술의전당 공연 공간의 전문성(오페라극장, 콘서트홀, 리사이틀 홀, 챔버 홀)을 확대하기 위한 목표로 설립되었다.

　2011년 문을 열었으며 2층으로 600석 규모를 갖춘 실내악 전용 공연장이다. 중규모의 클래식 음악 공연장이 신설됨으로써 우리 클래식 음악의 대중화를 위한 새로운 요람이 마련되었다는 평을 듣고 있다. 무대 위 연주자들의 호연과 호흡이 객석까지 오롯이 전해지며 마치 무대 바로 옆에서 듣는 것 같은 착각을 불러일으킨다는 평가가 있을 만큼 생생한 감동을 만끽하게 해주는 공간이다.

　IBK 챔버홀은 실내악 연주를 기준으로 설계된 홀로 공연 시 충만한 잔향감 및 공간감이 중요시되므로 이를 위해 약 4,000㎥의 체적과 약 600석 규모의 객석수를 수용하면서 적절한 울림이 있는 음 환경을 조성하기 위해 1.70초(음향설계기준주파수 500Hz 기준, 공석 시) 범위의 잔향시간을 목표로 설계되었다. 이러한 설계 기준에 따라 시공을 진행하여 완공 후 측정한 잔향시간은 약 1.72초로 나타나 실내악 공연장으로 만족한 값을 보여주고 있음을 알 수 있다.

[표] IBK 챔버홀의 개요	
구 분	내 용
객 석 수	총 객석수 : 600석(안내인석 10석 미포함) 　　　　　1F : 454석　2F : 146석　안내인석 : 10석
건축음향	실용적 : 4,000㎥ 잔향시간 : 1.72초(공석 시) 음악명료도 : 0.02dB 허용 소음도 : NC : 15～25 이하
기　타	① 무대에서 발생되는 유효 반사음 전달 보강 　　IBK 챔버홀의 무대 천정부의 형태를 기울어지게 함으로써 객석으로 음이 전달 할 수 있도록 하였으며, 객석의 천장 형태를 곡면 형태로 구성하여 유효반사음이 객석으로 잘 전달될 수 있도록 하였음 ② 무대와 측벽에 확산 벽체 마감으로 인한 측면 반사음을 향상시킴 　　무대와 측벽에 요철 면을 갖는 확산 벽체를 설치함으로써 벽면에 전달되는 음을 효과적으로 확산시킴 ③ 객석 후벽 면에 흡음재 사용 　　IBK 챔버홀의 공연 시 필요한 음에 대한 손실을 최소화하고 불필요한 음을 제거하기 위해 후벽에 고밀도의 유공판을 사용함으로써 음향적 장애를 해결함 ④ 유효 반사음의 확보를 위한 고밀도 마감재 사용 　　반사재 선정 시 저음부에 대한 음에너지를 확보하여 유효한 반사음을 확산하기 위해 단위중량이 최소 40kg/㎡ 이상인 고밀도 마감 재료를 선정하여 설계에 반영함

▶ IBK 챔버홀 내부 전경-무대에서 바라본 객석

대상 공간의 건축음향 검토 실시

챔버 홀을 실내악 전용 극장으로 사용하기 위해 대상 공간에 적합한 잔향시간 및 기타 건축음향성능에 대한 기준을 검토한 사항은 다음과 같다.

○ 용적을 고려한 적정 잔향시간 검토

챔버홀의 용적에 따른 적정 잔향시간 범위는 실체적이 약 4,000㎥일 경우 1.4초~1.5초 범위로 검토

[표] 챔버홀의 규모

구분				단위
V	Volume of Hall	실체적	약 4,000	㎥
NA	Seats in Audience	실의 좌석 수	609석	Seat
V/NA	Volume per seat	좌석 당 체적	6.60	㎥/Seat

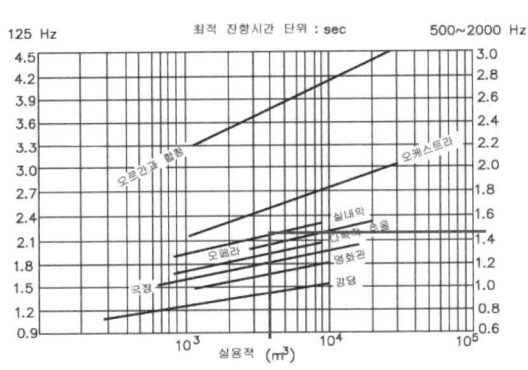

[표] 용도별 권장잔향시간

용도	잔향시간
Organ Music	≥2.5
Rommantic Classical Music	1.8~2.2
Orchestral Music	1.8~2.2
Early Classical Music	1.6~1.8
Concert Hall	1.5~1.8
Opera	1.3~1.8
Chamber Music	**1.4~1.7**
Drama Theatre	0.7~1.0
Musical	0.8~1.0
판소리	1.0~1.2

○ 사례를 통한 적정잔향시간 검토

적합한 홀의 체적은 그 실의 음향 상태를 결정하는 가장 중요한 요소 중의 하나로, 홀의 체적은 수용할 관객의 수와 밀접한 관계가 있음으로 인해 실의 사용 목적에 적합한 잔향시간을 확보하기 위해서는 좌석 수에 따른 적정 체적을 확보하여야 한다. 챔버홀의 경우 좌석당 체적이 6.60㎥/seat으로 유명 공연장과 비교했을 때, 좌석당 체적이 작게 나타나고 있음을 알 수 있다. 이러한 체적의 한계는 음악 용도에 적합한 공간감 있는 홀로 설계하는 데 있어 잔향시간을 줄이는 현상을 가져올 수 있을 것으로 검토되었다.

[표] 유명 공연장의 잔향시간 범위

공연장명	용적 (㎥)	좌석 수 (석)	좌석 당 체적 (㎥/Seat)	잔향시간(초)	
				만석 시	공석 시
카자르스홀(일본/도쿄)	6,060	511	11.90	1.40	1.70
아사히홀(일본/도쿄)	5,800	552	10.50	1.73	1.86
다이이치 생명홀(일본/도쿄)	6,800	767	8.86	1.52	1.78
평 균	6,220	610	10.42	1.55	1.78

○ 저음에너지 향상을 위한 검토

홀의 음향적 특성이 따뜻한 느낌을 갖게 하기 위해서는 발생되는 음의 저음에너지를 확보하여 높은 저음비를 갖게 하는 것을 우선으로 검토해야 하며 마감 구성 시 단위 면적당 50Kg/㎡ 이상의 밀도를 확보할 것을 권장하고 있다. 챔버홀의 경우 주어진 공간 내에서 저음에너지의 손실을 최소화하기 위한 방안으로 밀도가 높은 소재를 사용하여 마감을 계획함으로써 단위면적당 50Kg/㎡ 이상(F.G BOARD 3겹)의 밀도를 확보하여 계획되었다.

○ 사례를 통한 저음에너지 검토

음향물리량을 기준으로 검토된 저음 에너지의 경우는 실내악 공연장일 때 10~14dB 이상을 추천하고 있으나, 실제 세계적으로 우수한 홀(A+, A)로 평가되고 있는 음악 공연장을 대상으로 저음에 대한 에너지 비율을 측정한 결과 보통 중음역보다 -2.5dB ~ 1.4dB 정도 높게 나타나고 있다. 음향 물리량에 의한 검토는 마감 구성을 통해 음에너지를 검토하고 있으나, 실제 완공 후에는 시설물(조명, 조물 등)에 의한 영향도 함께 적용되어 측정됨으로 추천치에 비해 낮은 결과를 가져오고 있다. 챔버홀의 경우 고밀도 마감재를 사용하여 계획됨으로써 음향 물리학적으로는 저음에너지를 확보할 수 있을 것으로 검토되나, 실제 시공 후 시설물들에 대한 영향도 함께 적용되어 평가되게 되어 예측한 저음 에너지의 크기를 줄이는 형상을 가져와 저음에 대한 잔향시간도 영향을 미칠 수 있을 것으로 검토되었다.

[표] 음악 홀의 「음향의 양호」에 대한 조사 결과로, 6단계 평가의 상위 2랭크(A+, A)로 판정된 홀

평가	홀	저음에너지 (dB)		
		G_{mid}	G_{125}	$G_{mid} - G_{125}$
A+	보스톤 심포니 홀	5.3	2.8	-2.5
	암스텔담 콘체르토 헤보우	6.6	5.8	-0.8
A	코스타메사 세자스트롬 홀	5.0	2.6	-2.4
	솔트레이크 심포니 홀	2.6	1.9	-0.7
	베를린 콘체르토 홀	6.9	8.3	1.4
	카디프 데이비드 홀	4.6	3.4	-1.2
	도쿄 浜離宮 아사히 홀	8.7	6.8	-1.9
	바젤 슈타트 카지노	8.1	9.1	1
	취리히 톤하레	8.6	9.0	0.4

○ 챔버홀의 건축음향검토(시뮬레이션 실시)

챔버홀의 경우 관객 609석을 수용할 수 있는 실내악 전용 홀로 계획하는 데 있어 체적의 한계

가 있으므로 최대한의 잔향시간을 확보하기 위해 음향적 장애가 발생할 수 있는 후벽 일부분에만 흡음재를 사용하고, 나머지 부분에는 고밀도 소재를 사용하여 음의 반사 및 확산 효과를 계획함으로써 음악 공연 시 요구되는 잔향시간 범위를 확보하고자 하였다.

[표] 챔버홀의 각 음향평가지수 검토 범위

구 분	설계기준 시뮬레이션을 통한 검토 실시	비고
실내소음도	NC 20	적정 실내 소음 이하로 설계
잔향시간 (RT)	공석 시 : 1.77초(500Hz 평균) 만석 시 : 1.62초(500Hz 평균)	적정 잔향시간 범위로 설계
음압레벨 (SPL)	+/-2dB 이내	각 좌석에 균일한 음압 전달
음의크기 (G)	저음(125Hz 이하): 9dB~10dB 이상 중음(250Hz~500Hz): 9dB~10dB 이상	
측면반사음 (LF)	0.2 이상	공간감 있는 홀 설계

* 컴퓨터 시뮬레이션의 오차 범위 ±10%

▶ IBK 챔버홀 내부 전경-객석에서 바라본 무대

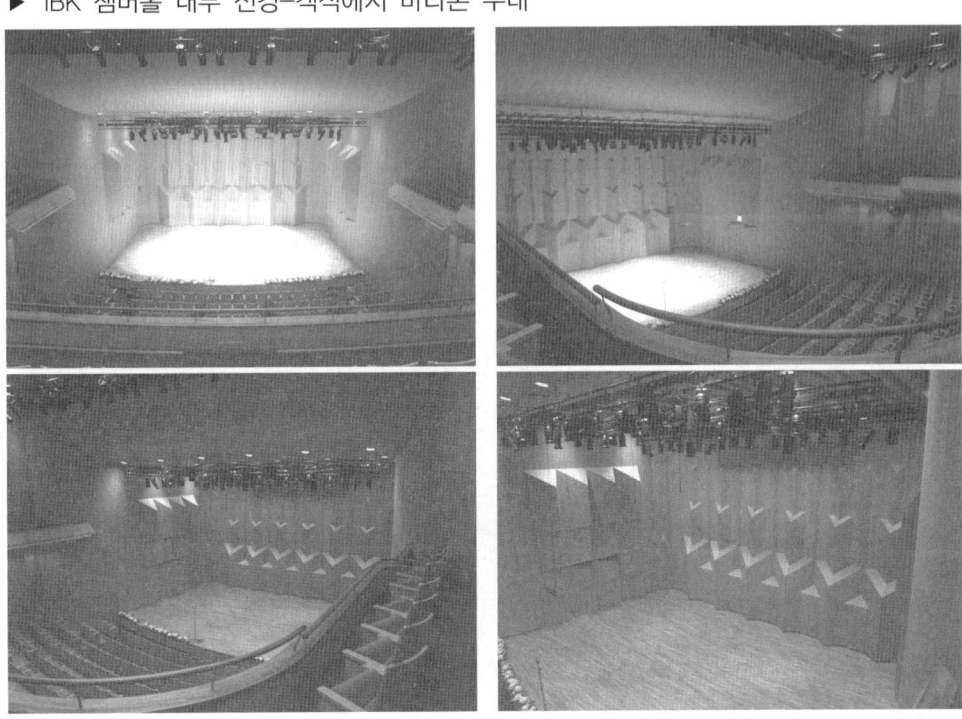

▶ 무대 천정부-기울어진 확산벽면 구성, 무대에서 발생되는 유효 반사음 전달 보강

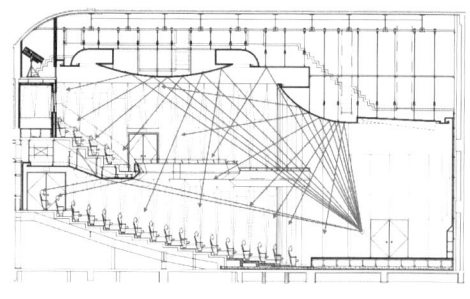
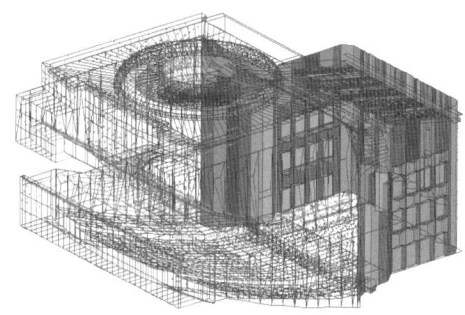

[무대 발생음에 따른 음선도]

또한 무대에서 발생되는 유효 반사음을 풍부하게 객석으로 전달할 수 있도록 무대 천장부, 무대 측벽에 요철 형태의 확산체를 설치하여 음의 확산을 향상시켰다.

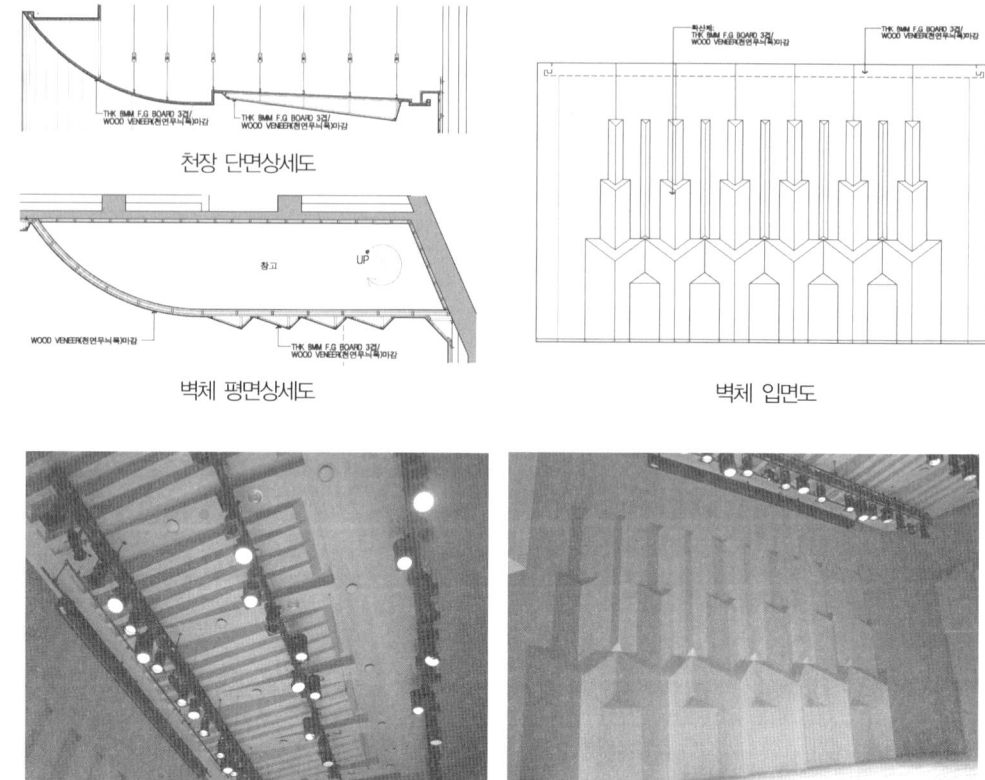

천장 단면상세도

벽체 평면상세도

벽체 입면도

▶ 객석 측벽-기울어진 확산벽면 구성
 - 측벽을 확산벽체 및 기울어진 벽면으로 설계함으로써 측면 반사음을 향상시킴
1층 및 발코니층 벽면을 객석 쪽으로 기울어지게 설계함으로써 벽면에 전달되는 음을 효과적으로 객석으로 전달할 수 있다.

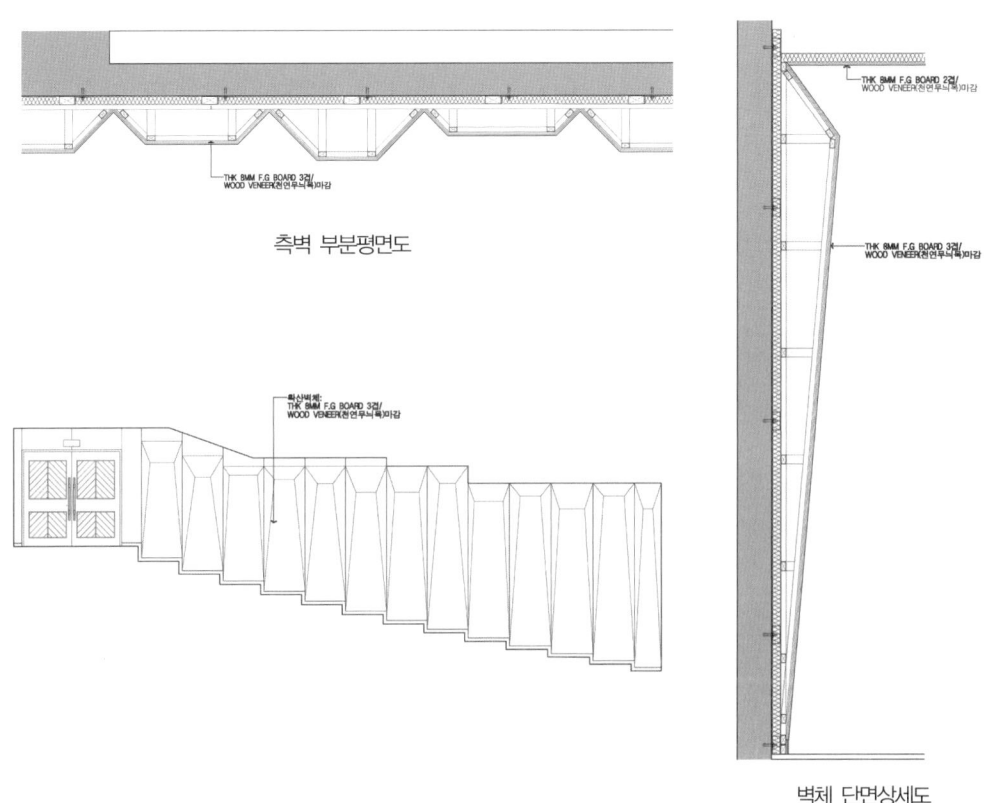

측벽 부분평면도

측벽 입면전개도

벽체 단면상세도

측벽 구성

음악 공간에서의 음의 확산(擴散)과 산란(散亂)

○ 소리의 「확산」

1세기 정도 전에, W. C. Sabine이 건물 내의 잔향의 길이를 수학적으로 다루기 위해 "Diffuse Sound Field", 「확산음장」이라는 이상 공간을 가정하였다. 그 정의는, 과도 상태와 정상 상태의 어느 경우에서도, 「실내의 모든 점에서 음향에너지가 동일하다는 것, 그리고 그 전체 점에 대해 음파는 모든 방향에서 동등한 확률로 입사 한다」는 것으로, 그것을 바탕으로 정리된 이론 체계는, 통계 음향 이론이라 불린다. 그리고 소리의 「확산」이라는 단어는, "Diffuse"를 번역한 것으로, 음장의 특수한 상태를 가리킨다. 그 후, 이론 검증을 위해 각국에서 확산음장의 구축이 시도되었는데, 소리의 파동성을 무시한 이상적 공간의 실현은 역시 불가능했다. 그러나 음장이 얼마나 확산음장에 가까운가 하는, 「확산성」은, 공간의 규모, 형상, 표면 마감, 음원 등에 따라 결정된다고 추측되어, 가능한 한 확산음장에 가까워지도록 「잔향실」이 제작되었다.

그 안에서는, 이상적인 음장에 가까워지도록 물체를 벽면 부근에 설치해 보거나, 공중에 매달거나, 회전날개와 같은 가동식의 물체를 설치하여 시험해 보기도 하는데, 추가된 물체는, 그 역할에서 「확산체」라 불리고 있는데, 실질적으로는 음파를 「산란」시킨다.

○ 소리의 「산란」

산란이란, 소리가 반사함에 따라 그 파면이 흐트러지는 것을 가리킨다. 파면이 흐트러지면, 반사음의 시간 간격과 진행방향이 분사되기 때문에, 강도도 조금 억제되어, 편향된 특성의 반사음이 만들어지게 된다. 그리고 어느 정도 산란시킬 수 있는가는, 그 소리의 파장과 산란시키고자 하는 물체의 규격 및 형상에 관계한다. 홀의 내장재에 크고 작은 다양한 장식이 들어가는 경우가 많은 것은, 모든 주파수의 소리를 적당히 산란시키기 위해서이다.

「산란」의 평가방법은 2가지 ISO 규격이 있는데, "Scattering Coefficient"와 "Diffusion Coefficient"라는 지표로 표현된다. 따라서 산란시키는 물체의 특성은 수치로 나타낼 수 있다.

○ 「확산」과 「산란」의 관계

소리가 산란함에 따라, 그 음장의 확산성이 어떠한 영향을 받는지 수치화 할 수 있다면 좋을 것이다. 실제, 소리를 산란하는 물체가 있으면, 그것이 없는 경우보다 확산성이 높아지는 것도 시사되고 있다. 그런데 전 세계의 연구자가 확산성에 대해 무엇을 어떻게 측정하고, 어떻게 평가할 것인가를 계속 제안하고는 있지만, 만족할 만한 방법이 확립되어 있지는 않다. 때문에 「확산」

과 「산란」의 관계를 구체적으로 나타내는 것도 미해결 상태이다.

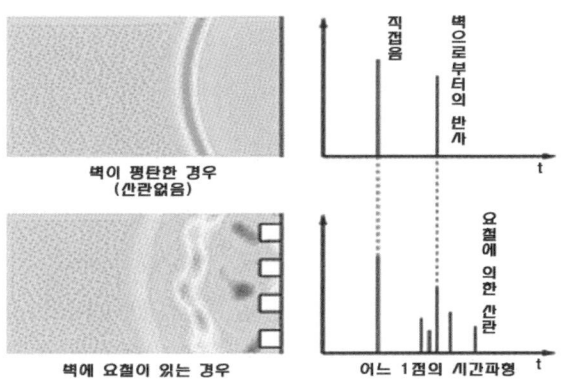

벽으로부터의 반사파 면의 모습

이상과 같이, 「확산」은 음장의 상태를 나타내고, 「산란」은 음파의 상태를 나타낸다. 홀을 「확산이 좋다」, 「잘 확산되었다」 등으로 평가하는 음향학자들이 있지만, 정확한 표현으로는 부족하다는 생각이 든다. 또 「확산벽」, 「확산성 벽면」이라는 단어도 사용되고 있지만, 이는 음파의 반사지향 특성이 입사각에 따르지 않고 전 방향에 일률적인, 특별한 면에 대해서만 사용해야 한다고 본다. 음파를 산란시키는 면에 대해 「요철이 있는 면」, 「까칠까칠한 면」 등으로 표현하고 있다.

콘서트홀은 「산란음장」을 이상으로 생각했던 시기도 있었지만, 그에 너무 가까워지면 음상이 희미해지기 때문에, 확산성이 너무 높은 것은 바람직하지 않다고 생각한다. 또 너무 낮은 것도 야외 콘서트에 가까운 인상이 되어 버릴 것이다. 잔향시간과 같이, 확산성에도 이벤트 및 공간의 규모에 따라 최적의 상태가 있지 않을까. 그리고 이 최적의 상태에는, 아마 확산성이 어떻게 전이되는가 하는 것도 포함된다. 다양한 청감 인상과 물리현상을 관련지어 이해하고, 이론을 바탕으로 경험을 증명하는 것이, 공연 공간의 음향설계에 있어서 또 하나의 과제이기도 하다.

2층 객석 발코니 객석 확산체 및 발코니 객석 보호 난간

객석부(벽체, 주천장, 발코니천장), 무대부(벽체, 천장) : 고밀도 마감재료 시공

▶ 발코니석 설치

▶ IBK 챔버홀 시공 과정 중 음향측정 사진

1차 측정 상황

2차 측정 상황

3차 측정 상황

최종 측정 상황

[측정 시 현장 상황 모습]

▶ 대상 공간의 건축음향 검토 실시
- 음선추적법(Raytracing)과 허상법(Mirror Image Source Method)을 이용한 컴퓨터 시뮬레이션을 실시

AUTOCAD 3D모델링 실시

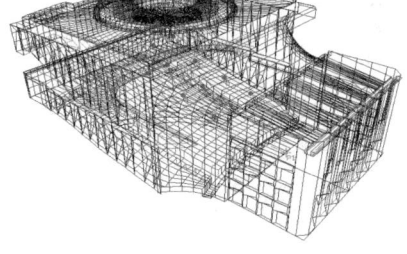
ODEON IMPORT

[컴퓨터시뮬레이션을 위한 모델링 실시]

- 실내음향 평가를 위한 수음점-1층 9개소, 2층 객석부분에 각 6개소로 총 15개소. 음원은 ISO에서 제안하는 무지향성스피커(DO12) 음원(Sound Source)을 사용

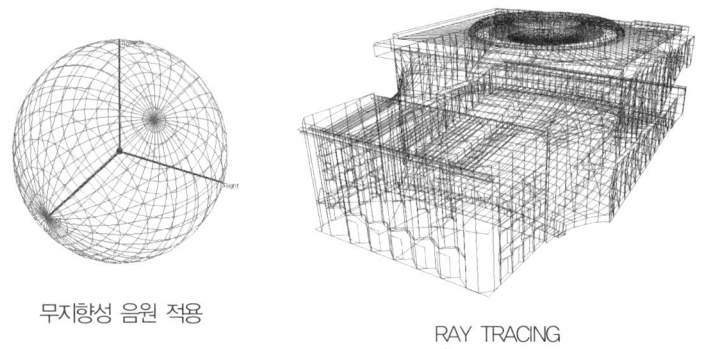

무지향성 음원 적용   RAY TRACING

▶ 각 평가지수 분포도

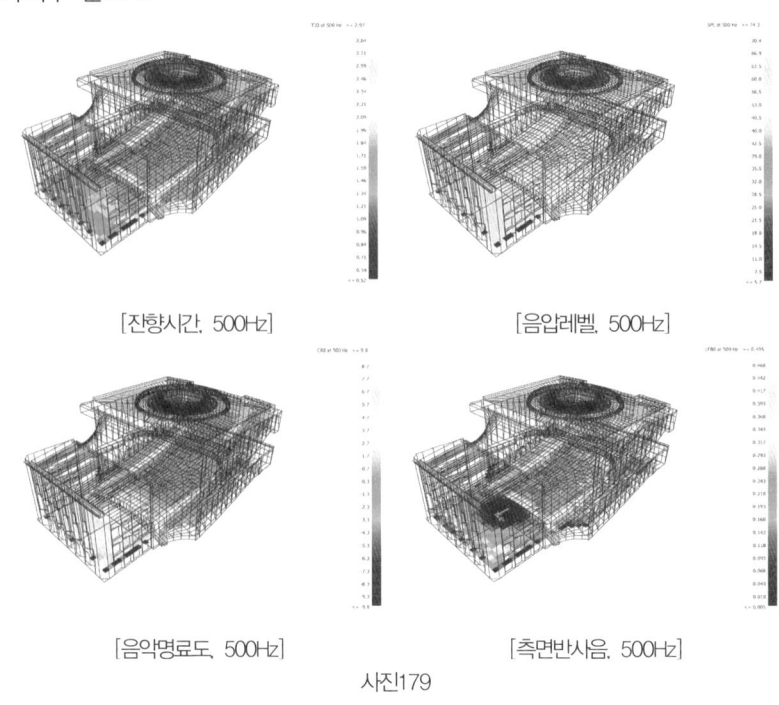

[잔향시간, 500Hz]   [음압레벨, 500Hz]

[음악명료도, 500Hz] [측면반사음, 500Hz]

사진179

방음 · 방진 설계

예술의 전당 IBK 챔버홀은 실내악 전용 공연장으로 적정 실내 소음도 기준을 NC 20 이하로 설계를 실시하기 위해 무대와 객석은 외부로부터 전실과 준비 공간 등을 구성하고, 밀도가 높은 소재로 분리하여 구성하였으며, 또한 무대 바닥의 하부에 위치한 공조실로부터의 진동의 전달을 최소화하기 위해 플로팅 플로어 시스템(floating floor System)을 도입하여 시공을 실시하였다.

○ 고밀도 소재를 통한 방음 계획

습식 벽으로 이루어진 벽체에 고밀도 소재로 마감을 실시함으로써 방음효과를 향상시켰으며, 또한 무대와 객석 주변을 전실과 준비 공간으로 구성함으로써 외부로부터의 소음 전달을 1차적으로 차단하였다. 측정 결과(공조기 미가동 시) IBK 챔버홀의 실내 소음도는 NC 20으로 측정되었으며, 설계 시 기준이 되는 NC 25 이하로 평가되어 공연 시 쾌적한 환경에서 음악을 감상할 수 있도록 하였다. 또한 공조기 가동에 따른 소음 발생에 대한 저감방안으로 공조기에 소음 챔버를 설치하였으며, 디퓨져의 개소를 조절함으로써 풍속을 줄여 공조기 가동에 의한 전달소음레벨도 최소화하였다.

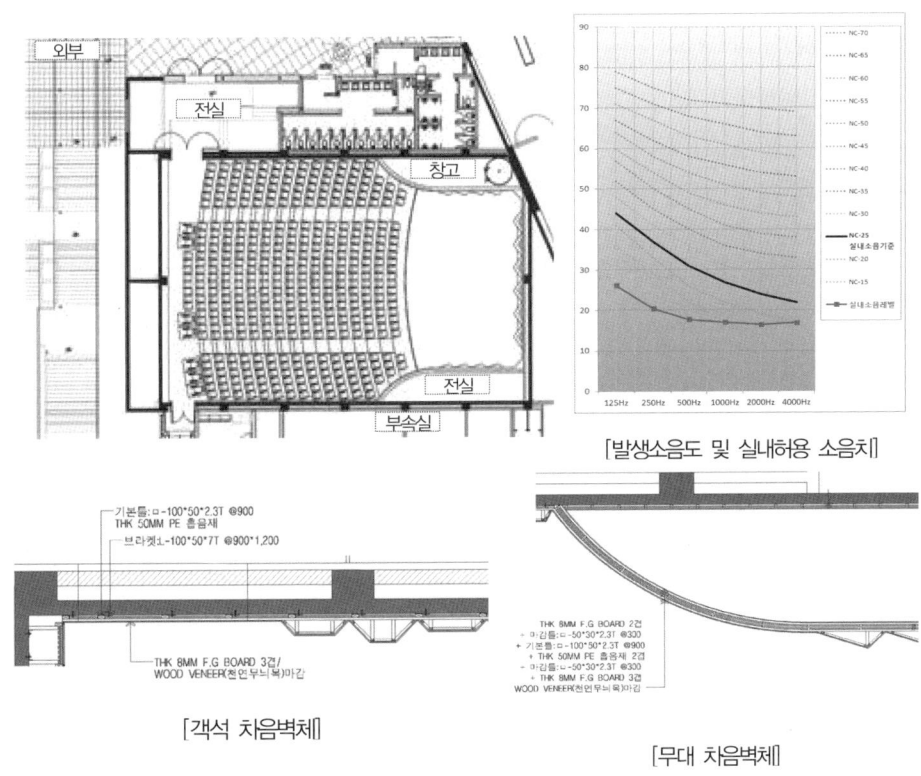

[객석 차음벽체]   [무대 차음벽체]

[발생소음도 및 실내허용 소음치]

○ 플로팅 플로어 시스템(floating floor System)을 통한 방진 계획

IBK 챔버홀의 하부에는 공조실이 접하고 있어서 공조실 내에서 발생한 소음·진동이 IBK 챔버홀로 전달되는 것이 예상되는바, 챔버홀의 소음·진동 저감을 위해서 바닥 방진구조로 발포폴리우레탄(PUR) 방진재를 설치하여 진동 저감 효과를 가져올 수 있도록 하였다.

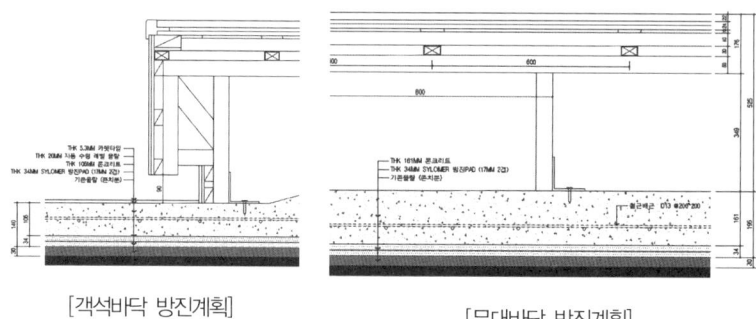

[객석바닥 방진계획]   [무대바닥 방진계획]

발포폴리우레탄(PUR) 방진패드를 설치하여 플로팅 플로어 시스템(floating floor System)을 구성한 결과 6.2dB~18.6dB의 진동이 저감되어 나타났으며, ISO 2631-2:1998와 KS B0710-2:2001에서 제시하는 진동 인식곡선과 비교하여 볼 때 진동인식기준인 9.95×10^5m/s 이하를 만족하여 나타나고 있어 공연 시 쾌적한 환경에서 음악을 감상할 수 있도록 하였다.

▶ 객석부 모습

- 발코니 및 객석 측벽

- 통로

- 객석 의자

▶ 무대부 모습

- 무대천장부

▶ 기타 공간 모습

연결통로-1

연결통로-2

조정실 내부

천장 조명실

IBK 챔버홀 관련 언론 자료

1.7초 풍성한 잔향… 우리 기술로 만든 앙상블의 메카 탄생

한국일보 장병욱 선임기자

예술의전당 실내악 전용홀 IBK챔버홀 개관
신영옥의 오프닝 콘서트 시작
두 달간 개관 기념 공연 펼쳐
"모든 악기 소리 명확해"
사전 점검 연주자들 호평

미리 홀을 살펴본 연주자들은 "객석에 직접 앉아 들어보니 무대 바로 옆에서 듣는 착각을 일으켰다"며 입을 모았다. "오픈 한 달 전에 이미 최적의 음향을 구축했다는 사실에 실로 놀랐다"는 반응은 우리 건축 기술에 바쳐진 찬사였다. 예술의전당 제공

 서울 예술의전당의 실내악 전용홀인 IBK챔버홀이 개관 기념 페스티벌로 본격 항해에 나선다. 각 분야 국내 최고의 출연진은 600석 규모의 이 홀에 실린 기대를 반영하고도 남는다. 5, 6일 리릭 콜로라투라 소프라노 신영옥 씨의 오프닝 콘서트를 시작으로 12월 13일까지 48회의 콘서트 장정이 이어진다.
 '클래식 스타 시리즈', '영 클래식 스타 시리즈', '앙상블 페스티벌', '손범수·진양혜의 토크 앤 콘서트' 등 네 가지 테마로 진행될 이 자리는 현재 국내 클래식 음악의 지형을 가늠해 볼 기회이기도 하다.

클래식 스타 시리즈 출연진의 면면은 그래서 소중하다. 7일 첼리스트 양성원, 8일 피아니스트 김대진, 11일 하피스트 곽정, 12일 소프라노 임선혜, 17일 피아니스트 이경숙, 18일 첼리스트 송영훈, 22일 바리톤 서정학, 23일 바이올리니스트 피호영, 22, 23일 피아니스트 유영욱·박종화, 28일~11월 1일 바이올리니스트 김지연·이성주·이경선, 2일 피아니스트 최희연, 7일 바이올리니스트 김현아 등의 독주회로 계속된다.

영 클래식 스타 시리즈에는 피아니스트 손열음, 조성진, 바이올리니스트 클라라 주미 강 등이 나온다. 앙상블 페스티벌에서는 에머슨 스트링 콰르텟, 화음 챔버 오케스트라 등을, 토크 앤 콘서트에선 첼리스트 정명화와 피아니스트 김정원을 만날 수 있다. IBK챔버홀은 이미 공연자들로부터 합격점을 받았다. 개관 기념 페스티벌의 첫 무대를 장식하는 소프라노 신영옥 씨는 지난달 7일 홀을 찾아 음향 상태 등을 직접 점검했다.

무대 곳곳을 옮겨가며 노래를 부르는 등 꼼꼼하게 살핀 그는 "명확하고도 밝은 느낌의 음색이 구석구석 정확하게 전달된다. 소프라노로서는 최고의 느낌이다"고 호평했다. 양성원 등 다른 참가자들도 체감 테스트를 해 보고 만족을 표했다. "현악기의 현을 뜯는 피치카토 때 소리가 뭉쳐지기 쉬운 일상적 난관도 무난히 극복, (모든 악기 소리가) 명확히 들린다"는 관현악단 관계자의 평도 따랐다. 그 덕에 그동안 350석 리사이틀 홀이 홀로 감당하던 앙상블 음악이 한층 정교하고 풍성해지게 됐다.

예술의전당 음향엔지니어 문성욱(39) 씨는 "잔향 시간이 1.4초로 풍성한 음향을 감상하기에는 아쉬웠던 리사이틀 홀보다 긴 1.6~1.7초"라며 "고정 마이크 8개, 이동 마이크 10개로 최적의 음향을 찾아내므로 실황 음반 녹음에 충분한 조건"이라고 말했다.

국내 최고의 건축음향 설계·컨설팅 전문가로 이 홀을 설계한 김남돈(52) 박사는 "오직 음향 문제에만 초점을 맞춰 설계한 것은 이번이 처음"이라며 "순수하게 우리 기술만으로 이뤄냈으므로 로열티를 전혀 내지 않은 것 역시 처음"이라고 말했다.

설계 구상에 6개월, 실제 설계에 6개월 등 모두 1년의 준비가 필요했던 이번 음향 작업에는 20억 원의 예산이 소요됐다. 천안·강릉 예술의전당 건립, 대구시민회관 리모델링 등 그에게 맡겨진 향후의 작업에서도 이번 공사의 노하우는 소중하게 쓰일 전망이다.

예술의전당 IBK 챔버홀, 무대 바로 옆에서 듣는 듯

뉴시스(NEWSis) 김지은 기자

　예술의전당이 600석 규모의 실내악 전용 공연장 'IBK 챔버홀'의 10월 5일 개관을 기념, 실내악 페스티벌을 연다. 다음 달 5일 소프라노 신영옥의 개막 공연을 시작으로 12월 13일까지 총 48회의 공연이 펼쳐진다. 클래식 스타 시리즈, 영 클래식 스타 시리즈, 앙상블 페스티벌, IBK챔버홀 개관 기념 손범수·진양혜의 토크 & 콘서트 등 4개 카테고리다.

　'클래식 스타 시리즈'에는 신영옥을 비롯해 첼리스트 양성원(10월 7일), 피아니스트 김대진(10월 8일), 소프라노 임선혜(10월 12일), 첼리스트 송영훈(10월 18일), 바리톤 서정학(10월 22일), 피아니스트 박종화(10월 26일) 등이 무대에 오른다. '영 클래식 스타 시리즈'는 올해 6월 차이콥스키 콩쿠르에서 2위를 차지한 피아니스트 손열음(10월 9일)이 시작한다. 바이올리니스트 클라라 주미 강(10월 13일), 김수연(10월 20일), 신현수(10월 25일), 피아니스트 조성진(11월 6일) 등이 무대를 꾸민다. '앙상블 페스티벌'은 커티스 음악원 출신 아티스트들로 이뤄진 '커티스 온 투어'(10월 9일) 등이 채우며 359석 규모의 리사이틀 홀에서 선보였던 '손범수·진양혜의 토크 & 콘서트'에는 우리나라 첼로계의 대모 정명화(10월15일) 등이 출연한다.

지난 1월 착공해 9개월의 공사 기간을 거친 'IBK챔버홀'은 IBK 협찬 45억 원, 예술의전당 자체 35억 원 등 총 80억 원의 비용이 들었다. 독주, 실내악, 2관 편성, 관현악 등 다양한 실내악 무대를 연출할 수 있다.

건축음향설계 컨설팅전문가 김남돈 박사가 "무대 소리 그대로 객석 관객에게 전달되는 것"을 목표로 음향설계를 책임졌다. 소리가 100만분의 1 수준으로 감소하기까지 걸리는 시간을 측정해 체크하는 잔향도 용도에 맞춰 설계한 덕택에 챔버홀에서 리허설을 한 지휘자 정명훈을 비롯해 양성원, 송영훈, 손열음 등의 연주자들로부터 "객석에 직접 앉아서 들어보니 무대 바로 옆에서 듣는 착각을 일으킨다."는 평을 들었다.

예술의전당 IBK 챔버홀, 「최고의 '음향'으로 승부수를 던지다!」

예술의전당 월간 정보지(2011.9)　　　　　　　　　　　　　　홍형진 예술의전당 명예기자

오는 10월 5일, 예술의전당 음악당의 오랜 숙원사업이었던 챔버홀이 모습을 드러낸다. 음악당은 그동안 콘서트홀과 리사이트홀로 이분화되어 운영되었다. 큰 규모와 풍부한 잔향으로 오케스트라 공연에 최적화된 2,523석 정원의 콘서트홀, 아담한 규모와 높은 명료도로 리사이틀 및 실내악 공연에 최적화된 354석 정원의 리사이틀홀. 이들은 각기 대형 공연과 국내 신진 연주자의 공연을 분담하며 국내 클래식 공연계를 선도해 왔다. 하지만 두 공연장 모두 국내 중견 연주자 및 실내악 단체가 공연을 치르기엔 다소 아쉬움이 있었던 게 사실이다. 콘서트홀은 그 규모가 부담스럽고 리사이틀홀은 정원이 너무 적다.

그래서 그동안 많은 음악 관계자 및 애호가들이 챔버홀의 필요성을 말해왔고, 10월 600석 정원의 IBK 챔버홀의 개관으로 드디어 그 결실을 맺게 되었다. 예술의전당과 IBK 기업은행이 함께하는 문화 예술 공간 조성사업의 일환이다.

무대 소리 '그대로' 관객에게 전달

IBK 챔버홀의 가장 큰 특징이라면 역시 탁월한 음향을 들 수 있다. 음향책임자는 건축음향설계·컨설팅 전문가인 김남돈 박사. 예술의전당 개관 때부터 공헌해온 그는 자타가 공인하는 국내 최고의 음향전문가로서 예술의전당 오페라극장, 대전문화예술의전당, 고양아람누리 등이 모두 그의 작품이다. 20년 이상 외국 기술에 종속되다시피 했던 음향 부문이 근래 들어 서서히 독립하고 있는데 이는 경험치가 쌓인 덕분.

외관과 달리 음향은 건축이 완료되기 전엔 그 확인이 사실상 불가능하다. 시뮬레이션 기법과 경험으로 체득한 감에 의존할 수밖에 없기에 다른 분야보다 더 오랜 시간이 걸렸다. 예술의전당 오페라극장을 시작으로 음향 부문 역시 독립을 이뤄가고 있고 그 중심에는 김남돈 박사가 있다. IBK 챔버홀 역시 국내 기술로 건축되었다.

공연장의 음향을 결정짓는 것은 바로 형태와 소재. 사실 국내의 많은 공연장이 형태면에서 문제를 가지고 있다. 음향보다 외관을 우선시한 탓에 외부를 먼저 설계한 경우가 많기 때문이다.

하지만 예술의전당은 전혀 그렇지 않다. 최적의 음향을 목표로 내부를 완벽히 조성한 후 외부를 그에 맞춰 꾸미는 방식을 고수하고 있다. IBK 챔버홀 역시 예외일 리 없다. 소재 또한 대단히 중요하다.

소재의 밀도가 낮으면 소리를 반사하지 못하고 투과시키는 문제가 발생한다. IBK 챔버홀은 석고와 세라믹이 혼합된 고밀도 소재를 사용함으로써 충분한 반사음을 얻었고, 아울러 저음에너지 향상도 도모했다.

홀의 음향이 따뜻한 느낌을 갖게끔 하는 데 결정적인 역할을 하는 것이 바로 이 저음에너지다. 음악 전용 홀의 가장 중요한 과제 중 하나라고 할 수 있다.

악기 하나하나의 소리가 객석에 생생히 전달되는 중소규모 공연장에서의 중요성은 특히 더하다. 의자도 예술의전당 내 다른 공연장과 마찬가지로 흡음, 반사를 감안한 여러 차례의 테스트를 거쳐 결정되었다.

잔향 또한 공연장의 용도와 규모에 맞게끔 최적화되었다. 잔향이 길면 소리가 풍성해지고 짧으면 소리가 담백해진다. 문제는 이 잔향이 적정 수준을 벗어났을 때이다. 너무 길면 울림이 과해 에코가 발생하고 너무 짧으면 메마른 듯 뻑뻑해진다.

잔향은 소리가 100만분의 1 수준으로 감소하기까지, 즉 사실상 소멸하기까지 걸리는 시간을 측정해서 체크하는데 IBK 챔버홀의 잔향은 1.6초이다.

콘서트홀의 잔향이 2.6초임을 생각하면 짧게 느껴질 수 있겠지만 사실 그 정도가 IBK 챔버홀의 규모에 적합한 수준이다. 게다가 잔향이 길면 소리의 명료도가 떨어진다는 약점도 있다.

IBK 챔버홀에서 치러질 공연이 리사이틀과 실내악, 그리고 소규모 오케스트라임을 감안할 때 명료도 역시 놓쳐서는 안 될 핵심 대목이다.

이렇듯 IBK 챔버홀의 음향은 모든 면에서 용도와 규모에 맞게 최적화되었다고 할 수 있다.

음향책임자 김남돈 박사는 "무대 소리 그대로 객석 관객에게 전달되는 것"이 IBK 챔버홀의 최종 목표라고 말한다. 이를 위해 현재 실제 음악가들을 지속적으로 초청해 평가를 치르고 있다.

이는 국내에선 상당히 이례적인 것이다. 기기를 활용한 객관적 측정뿐 아닌 음악가 입장의 주관적 평가까지 곁들일 만큼 음향에 심혈을 기울인 경우는 그간 없었다. IBK 챔버홀의 또 하나의 장점은 공연장 내 동시녹음이 가능하다는 것이다.

하부의 공조실과 완전히 분리한 뜬 구조를 통해 진동을 최소화했고, 공조실과 챔버홀 모두 차음·흡음 처리를 함으로써 소음 역시 잡았다. 기존의 콘서트홀이 오케스트라 등 대규모 공연만 녹음 가능했던 반면, 새로 개관할 IBK 챔버홀은 리사이틀과 실내악까지 녹음 가능하다. 공연뿐 아니라 음반에서도 음악계에 크게 기여할 수 있을 것으로 기대된다.

공연장의 새로운 표준! IBK 챔버홀을 한 마디로 정의하면 바로 이것이다. 국내에서 이토록 음향에만 초점을 두고 심혈을 기울인 공연장은 일찍이 없었다고 해도 과언이 아니다. 최적의 음향과 적절한 규모를 갖춘 IBK 챔버홀의 등장으로 국내 중견 연주인들과 실내악 단체들이 대중에게 더 가까이 다가갈 수 있을 것으로 전망된다. 10월부터 두 달 남짓 펼쳐질 개관 기념 페스티벌이 그 시작이다.

별들이 총출동하는 페스티벌 무대를 직접 찾아 그들의 연주를 IBK 챔버홀만의 우수한 음향으로 만끽해 보는 건 어떨까.

IBK 챔버홀 개관 10주년에 즈음하여

— 예술의전당(2021.09.21.) 황장원(음악칼럼리스트)

2011년 10월 5일, 예술의전당 음악당 동쪽 출입구 바로 안쪽에 새로운 공연장이 문을 열었다. 기존의 콘서트홀, 리사이틀홀에 이은 음악당의 세 번째 공연장, 'IBK 챔버홀'이 관객들에게 첫선을 보인 것이다. 뜻깊은 개관 기념 공연의 주인공은 소프라노 신영옥으로, 그녀는 여자경이 지휘한 프라임필하모닉오케스트라와 함께 모차르트, 비발디, 벨리니 등을 들려주었다. 이후 2개월여에 걸쳐 진행된 〈개관 기념 페스티벌〉을 통해서 IBK 챔버홀은 그 존재 가치를 당당히 입증했다. 그리고 그로부터 10년이 흐른 지금, IBK 챔버홀은 명실상부 대한민국을 대표하는 실내악 공연장으로 우뚝 서 있다.

최적의 음향과 적절한 규모

IBK 챔버홀의 개관을 전후하여 이런저런 논란이 있었던 것으로 기억한다. 세종체임버홀, 금호아트홀, 호암아트홀, 영산아트홀 등 이미 서울 소재 실내악 공연장이 적지 않았다는 점, 수준급 대형 공연장에 필수적이라 할 수 있는 기존의 리허설룸 공간을 용도 변경하여 설치한다는 점 등에 대한 지적과 문제 제기가 있었던 것이다. 하지만 동시에 2000년대 이후 국내 클래식 음악 공연에 대한 수요의 증가 등을 이유로 필요성을 주장하는 목소리도 만만치 않았다. 무엇보다 주요 실내악 공연장들은 대개 강북에 치우쳐 있었고, 강남에 위치한 LG아트센터는 클래식 음악보다는 연극과 뮤지컬 공연 쪽에 비중을 두고 있었다. 게다가 호암아트홀이 그해 연말 폐관을 앞두고 있었기에 작게는 독주 리사이틀부터 크게는 체임버 오케스트라 공연까지 수용 가능한 중규모 공연장의 신설이 긴요하다는 주장은 충분한 설득력이 있었다. 그리고 마침내 IBK 챔버홀이 문을 열었을 때, 관객들은 왜 새로운 공연장이 필요했는지 금세 납득하게 되었다. IBK 챔버홀은 기획 단계에서부터 '최적의 음향과 적절한 규모'를 모토로 내세웠다. 상기한 논란을 의식하기 이전에 '클래식 음악 전문 공연장'으로서 당연히 지향해야 할 덕목이었다. 그에 따라 총예산 80억 원 중 음향 부문에만 20억 원이 투입되었고, 원 설계자인 아키반건축도시연구원의 김석철 건축가와 건축음향 설계·컨설팅 전문가인 김남돈 박사의 진두지휘 아래 1.8초 안팎의 잔향 시간을 지닌 600석 규모의 연주홀로 탄생했던 것이다. 그리고 그처럼 공들인 음향에 관객들은 호평으로 화답했다. 벽체에 석고와 세라믹이 혼합된 소재를 사용한 홀은 담백하면서도 메마르지 않은 음색과 울림을 빚어냈고, 덕분에 무대 위 연주자들이 내는 소리는 객석 구석구석까지 선명하고 섬세하게 전달되었다. 심지어 1층 객석 뒤쪽이나 2층에서도 소리의 결과 긴장도가 고스란히 느껴질 정도였다. 이런 음향은 연주자들로 하여금 보다 정확하고 충실한 연주를 하도록 요구하는 동시에 음악에 대한 그들의 애정과 열정을 새삼 일깨우는 계기로 작용하게 마련이다. 그리고 관객들은 그런 연주를 생생하게 즐기고 한층 깊이 있게 음미할 수 있다.

클래식 음악 공연계 발전과 저변 확대에 기여하다

개관 이래 IBK 챔버홀은 크게 다음 세 가지 측면에서 국내 클래식 음악 공연계 발전과 저변 확대에 기여했다고 볼 수 있겠다. 그 첫째는 실내악 공연에 대한 관객들의 인식 개선과 만족도 증대의 측면이다. 음향적으로 다소 아쉽다는 평가를 받아온 리사이틀홀이나 (독주나 실내악 공연을 위해서는) 지나치게 규모가 큰 콘서트홀에서의 공연에 비해 IBK 챔버홀에서의 공연은 실내악에 대한 관객들의 친밀도와 이해도를 뚜렷이 향상시켜주는 역할을 했던 것이다. 아마 IBK 챔버홀을 통해서 실내악 고유의 내밀하고도 풍부한 매력에 새로이 눈을 뜨거나, 좋아하는 아티스트의 연주를 보다 살갑게 만끽하는 즐거움을 경험한 관객이 적지 않으리라.

둘째는 적극적인 기획을 통해서 관객들로 하여금 보다 다양한 공연 형태를 경험할 수 있도록 한 기회 확대의 측면이다. IBK 챔버홀의 개관은 한동안 위축되어 있던 예술의전당의 공연 기획 역량을 다시금 활성화하는 계기로 작용했고, 그 결과 국내 최정상급 아티스트의 진솔한 대화와 아름다운 연주가 결합된 〈손범수, 진양혜의 Talk & Concert〉, 국내외에서 활발하게 활동 중인 최고 아티스트들의 화려한 무대를 만날 수 있는 〈예술의전당 클래식 스타 시리즈〉, 해설이 있는 실내악 무대 〈아티스트 라운지〉 등 다채롭고 흥미진진한 시리즈 공연들이 시도되어 관객들의 큰 호응을 받았던 것이다.

셋째는 국내 관객들에게 첫선을 보이는 해외 아티스트들의 시험 무대로서 기능한 측면이다. 그들 중에는 국제무대에서의 지명도가 다소 낮아서 콘서트홀 무대에 서기에는 (주로 관객 동원의 측면에서) 무리가 따르는 경우가 주류를 이루었지만, 한편으로 국제적인 지명도에 비해 국내에서의 인지도가 부족한 경우도 종종 있었다. 이를테면 차이콥스키콩쿠르 우승 직후에 내한했던 러시아의 젊은 피아니스트 다닐 트리포노프와 오스트리아의 거장 피아니스트 루돌프 부흐빈더가 후자의 대표적인 경우였다. 나는 아직도 트리포노프의 리스트 소나타와 부흐빈더의 베토벤 소나타를 불과 몇 미터 앞에서, 그것도 IBK 챔버홀의 생생한 음향 속에서 직관할 수 있었던 그 행운의 기억을 떠올리며 전율하곤 한다. 아울러 독일 첼리스트 다니엘

뮐러 쇼트의 바흐 무반주 첼로 모음곡 공연, 러시아 피아니스트 예브게니 코롤리오프 부부의 듀오 리사이틀 등도 IBK 챔버홀이 나에게 선사한 귀중한 추억이다.

실내악계의 미래를 위하여

이상에서 살펴본 것처럼, 지난 10년 동안 IBK 챔버홀은 국내 클래식 음악 공연계에서 중차대한 역할을 담당해 왔다. 더구나 근래 몇 년 사이, 세종체임버홀이 광화문 주변에서의 잦은 시위와 집회로 곤란을 겪고 금호아트홀은 광화문 시대를 마감하는 등 실내악계에 악재가 잇따르는 상황 속에서 IBK 챔버홀의 입지는 더욱 강화된 듯하다. 아마 이제까지 그래왔듯 앞으로도 당분간은 IBK 챔버홀이 국내 실내악 공연계의 분위기를 주도하게 되지 않을까. 다만 그런 주도권이 지나치게 독점적인 경향으로 흐르는 일은 경계해야 하리라. 국내 공연계의 지속적인 발전을 위해서는 특정 공연장만의 번성보다는 여러 공연장들의 조화와 상생이 바람직할 것이기 때문이다.

예술의전당은 오는 11월 3일부터 5일까지 〈IBK 챔버홀 개관 10주년 기념 페스티벌〉을 예정하고 있다. 아무쪼록 그 자리가 그저 축하의 성찬에 그치지 않고 국내 실내악 공연계의 보다 밝은 미래를 위한 화합과 모색의 향연이 되기를 바라마지않는다.

금난새뮤직센터(GMC/Gum Nanse Music Center)

F1963은 "금난새뮤직센터'(GMC) 개관을 기념하여 4월 3일(토)과 4일(일) 양일간 음악감독 금난새의 지휘로 개관 기념 음악회를 진행으로 시작되었다.

GMC는 F1963이 새롭게 신축한 건물로 "한국이 가장 사랑하고 부산에서 태어난 음악감독 금난새"와 함께 지난 몇 년간 준비하여 탄생하였다. 독창적인 음악 공간으로 청소년들을 위한 오케스트라 아카데미, 실내악 페스티벌, 마스터 클래스 등 다채로운 음악 관련 프로젝트와 행사가 진행되고 있다.

부산의 본사를 둔 글로벌 와이어 제조 기업인 고려제강은 2016년 비엔날레를 계기로 부산 수영구의 폐공장을 재생하여 복합문화공간 'F1963'을 조성하였으며, 민관 협업을 통해 탄생한 석천홀에서는 다양한 공연과 줄리안 오피(Julian Opie) 등 세계적인 예술가들의 전시를 통해 독창적이고 성공적인 재생 공간으로 매년 변신을 거듭해 오고 있다. 또한 예술 전문 도서관, F1963도서관은 쉽게 접할 수 없는 예술 전문 서적과 유명 작가의 작품집을 보유하고 있으며 회원들을 대상으로 한 소규모 공연과 아카데미는 도서관의 새로운 형태로 평가받고 있다.

GMC 개관으로 고려제강은 음악감독 금난새와 함께 클래식 음악의 보급과 확대를 위해 노력할 예정이며 지역사회의 문화 발전을 위해 음악 예술가들과 협업을 통해 새로운 시도를 펼치고 있다.

GMC의 중심이 될 뮤직홀 공간은 위쪽이 통유리로 둘러싸여 있으며 지상 1층을 통해 지나가는 방문객들도 공연 실황이나 연습 광경을 관람할 수 있도록 했으며 건물 1층에는 대형 LED 미디어월이 설치되어 공연 시 실황도 상영되고 있다.

음악감독 금난새는 개관에 앞서 완벽한 어쿠스틱 구현을 위해 홀의 음향설계자인 음향컨설턴트 김남돈 박사(삼선엔지니어링)와 함께 챔버 오케스트라, 실내악 등 다양한 포맷으로 음향 점검을 마쳤다.

GMC는 부산 수영구 망미동에 위치한 F1963 내부에 자리하고 있으며, 국내 최초로 사면이 유리로 구성되어, 공연 및 리허설의 모습을 관객뿐만 아니라 외부 방문객들도 볼 수 있어, "클래식은 즐겁고, 모두가 함께하는 열린 공간이다"는 음악감독 금난새의 생각을 능동적으로 구현한 공연, 연습, 교육공간이다. GMC는 다양한 실내악 공연, 오케스트라 리허설 등이 가능한 뮤직홀과 5개의 파트별, 개별 연습실 및 로비로 구성되어 있다.

예술과 문화, 생활을 아우르는 다양한 공연을 지속적으로 기획하여 고객들과 공유하고 소통함으로써 문화 예술 향유의 기회를 만들어 주기 위해 좋은 음악을 들을 수 있는 강당 공간을 건설하게 되었다. 또한 좋은 음악을 위한 공간의 요구는 충분히 조용하고, 가장 작은 음(pp)의 패시지(Passage)가 명료하게 들리며, 잔향시간이 충분하게 길고, 크레셴도는 극적인 긴 음(ff)을 클라이맥스에 도달할 수 있도록 함에 있었으며, 이러한 사항은 설계의 기준이 되어 공간을 느끼는 입체적인 울림을 가지고 음악을 웅장하고 풍부하며 포근함을 느낄 수 있도록 하는 시발점이 되었다.

GMC(Gum Nanse Music Center) 시설 개요		
구 분		내 용
위 치		부산시 수영구 망미동
규 모		지상 1층
시설종류		공연 및 연습 공간
객 석 수		총 100석~200석 (이동석)
총괄	설 계 사	ONE O ONE Architects
GMC	컨 설 팅	(주)삼선엔지니어링/건축음향연구소

GMC 특징

　다양한 실내악 공연 및 오케스트라 리허설, 연습, 교육 공간인 GMC는 슈박스 형태+잔향 가변시설을 통한 가변 음향홀로서 홀의 상부 4면이 유리로 구성되어 있어, 공연 및 리허설의 모습을 외부에서도 관람이 가능하여, 모두가 함께하는 공연공간을 구성하였으며, 최첨단 음향설계를 적용하여 디자인에 따른 음향장애요소를 완전히 제거하여, 각각의 사용 목적을 이상적으로 구현할 수 있는 공연공간을 탄생시켰다.
- 실내악 공연에 최적의 실의 울림 확보(RT=1.70s)
- 가변식 음향제어 장치인 어쿠스틱 배너 설치(공연 형태–실내악 및 오케스트라 리허설 등–및 관객 수에 따라 잔향 시간 조절-가변폭 0.4s 내외)
- 다양한 형태의 실내악 공연 연출을 위한 시설물 보유
- 공연 중 실황 녹화 및 스테레오 음원 녹음 시스템 구축

GMC 의미와 계획

　"모든 사람과 함께 하며, 청소년에게 꿈을"이라는 고려제강의 사회 공헌 이념과 마에스트로 금난새의 오랜 생각을 구현하기 위하여 공연예술, 교육 공간을 설립하였으며, 이는 부산 지역의 청

소년과 음악을 공부하는 학생, 그리고 부산 시민이 가장 가까이서 클래식을 함께 즐길 수 있도록, 새로운 개념의 공간 탄생을 의미한다. 안정적인 공연 콘텐츠 및 연습공간을 확보함으로써 문화예술의 활성화를 가져와 향후 예술인뿐만 아니라 모두에게 문화예술에 대한 참여 및 기회를 제공하고자 한다.

- 주변 공간의 변화로 새로운 공간과 이미지 창출 필요
- 복합적 기능의 문화공간을 조성함으로써 지역 문화 활성화의 새로운 동기 부여 및 청소년들에게 새로운 꿈의 공간 제공
- 열린 공간을 통해 예술인과 일반인들에게 공연 기회를 확대하여 제공함으로써 문화예술에 대한 적극적인 참여 유도
- 고려제강의 사회 공헌 일환인 지역민에게 수준 높은 예술문화를 향유할 수 있는 기회를 제공한다는 의미로 마에스트로 금난새의 예술 열정을 담는 공연, 교육 공간을 구성
- 실내악 전용 및 오케스트라 리허설공간을 확보하여 특화된 문화시설로서 최상의 공연 환경 창출
- 연주자와 관람객 간의 음악 공유 및 다양한 방식의 음악 공연 개최
- 일반 대중들에게 다양한 문화 콘텐츠를 통해 감성적인 즐거움을 제공
- 전문적인 연습공간 제공을 통한 공연예술 진흥 및 기반 조성
- 일반 대중들에게 문화예술에 대한 양질의 교육 및 공간을 제공, 문화 커뮤니티 형성
- 청소년 및 젊은 연주자들에게 마에스트로 금난새와 함께하는 연주 기회 제공 및 실내악 페스티벌 개최

마에스트로 금난새(Maestro Gum Nanse)

"클래식은 쉽고도 즐겁다"

클래식 = 어렵다 라는 고정관념을 깨는 '파격'과 '독특한 시도'는 청중과 함께 호흡하는 무대를 만들어냈다.

독특한 발상과 재치, 유머로 한국인이 가장 사랑하는 마에스트로 금난새는 해설이 있는 클래식

콘서트'라는 장르를 개척했다.

"개인적으로 지휘를 잘하고 지휘자로 유명해지더라도 관객이 없으면 아무 소용이 없거든요. 그래서 늘 무엇보다 청중이 있어야 한다는 생각으로 여러 가지 일들을 해오고 있는 거죠."

공연에 재미난 해설을 곁들이고 때론 깜짝 음악회를 연출하는 등 어렵게만 느껴졌던 클래식 음악을 청중 가까이에서 살아 숨쉬게 만들었다.

이런 클래식의 대중화에 앞장서고 있는 그가 부산에 돌아왔다.

그의 고향인 부산에 향토기업인 고려제강의 후원으로 GMC(금난새뮤직센터)를 설립하고 "청소년에게는 꿈을… 기성세대에게는 즐거움을…"이라는 그의 오랜 꿈을 펼치려 한다.

지휘자 금난새는 서울대학교를 졸업하고 베를린 음대에서 라벤슈타인을 사사하였다. 1977년 최고 명성의 카라얀 콩쿠르에 입상하는 쾌거를 이룬 뒤, KBS 교향악단과 수원시향의 지휘를 맡으며 한국을 대표하는 지휘자로 활약하였다.

87년 유러피안 마스터즈 오케스트라의 음악감독 겸 상임지휘자를 거쳐 모스크바 필하모닉 오케스트라, 프라하 방송 교향악단, 독일 캄머 오케스트라 등을 지휘하였으며, '98년 '벤처 오케스트라'라 불리는 유라시안 필하모닉 오케스트라(현 뉴월드 필하모닉)를 창단하여 왕성한 활동을 전개하고 있으며, 2015년부터 성남시향의 음악감독 겸 상임지휘자로 재직하고 있다.

또한 기업 메세나 협의회의 홍보 대사로 활동하며, 문화창출이 기업의 경쟁력임을 환기시키고 기업이 적극적으로 문화사업에 참여하도록 이끌고 있다.

늘 새로운 도전을 즐기는 지휘자 금난새는 우리와 함께하는 클래식 음악의 아름다움을 널리 알리는 정다운 메신저로서 새로운 무대와 청중을 찾아 정력적인 활동을 이곳 부산에 펼쳐지지를 기대하고 있다.

금난새뮤직센터(GMC/Gum Nanse Music Center)

[표] 설계 개요	
구 분	내 용
용 도	실내악 공연 및 리허설, 교육 이벤트 공간
형 태	기본 - 슈박스 형태 / 가변시설을 통한 가변 홀
객 석 수	총 100석~200석 (이동석)
음향특성	공연 공간내 유효 전달음 최대화를 위한 매달기 음향 반사판 설치 고밀 저음의 생동감 향상을 통해 온화감을 주는 공연장으로의 음환경 조성 Audio System을 이용한 교육 가능
시 설 물	이동식 객석, 덧마루, 보면대, 연주의자, 음향 영상시설 및 무대조명

관객과 연주자가 한 공간 내에서 서로 음악을 공유하고, 필요시 교육을 통해 음악적 기량을 연마함으로써 우수한 음악인을 양성하고, 다양한 음악 활동을 할 수 있도록 계획되었다.

대상 공간은 실내악 공연 및 리허설, 교육 이벤트 등을 열 수 있는 공간으로 계획되어야 함에 따라 음의 고른 확산과 공간감을 향상시킬 수 있는 디자인을 고려하여 계획되었다.

불규칙한 형태를 통해 음의 자연스러운 산란을 유도하여 확산음을 향상시키고, 공연 시 친밀감과 공간감을 향상시킬 수 있도록 불규칙한 형태를 통한 반사면을 구성하도록 계획되었다.

○ **구성**

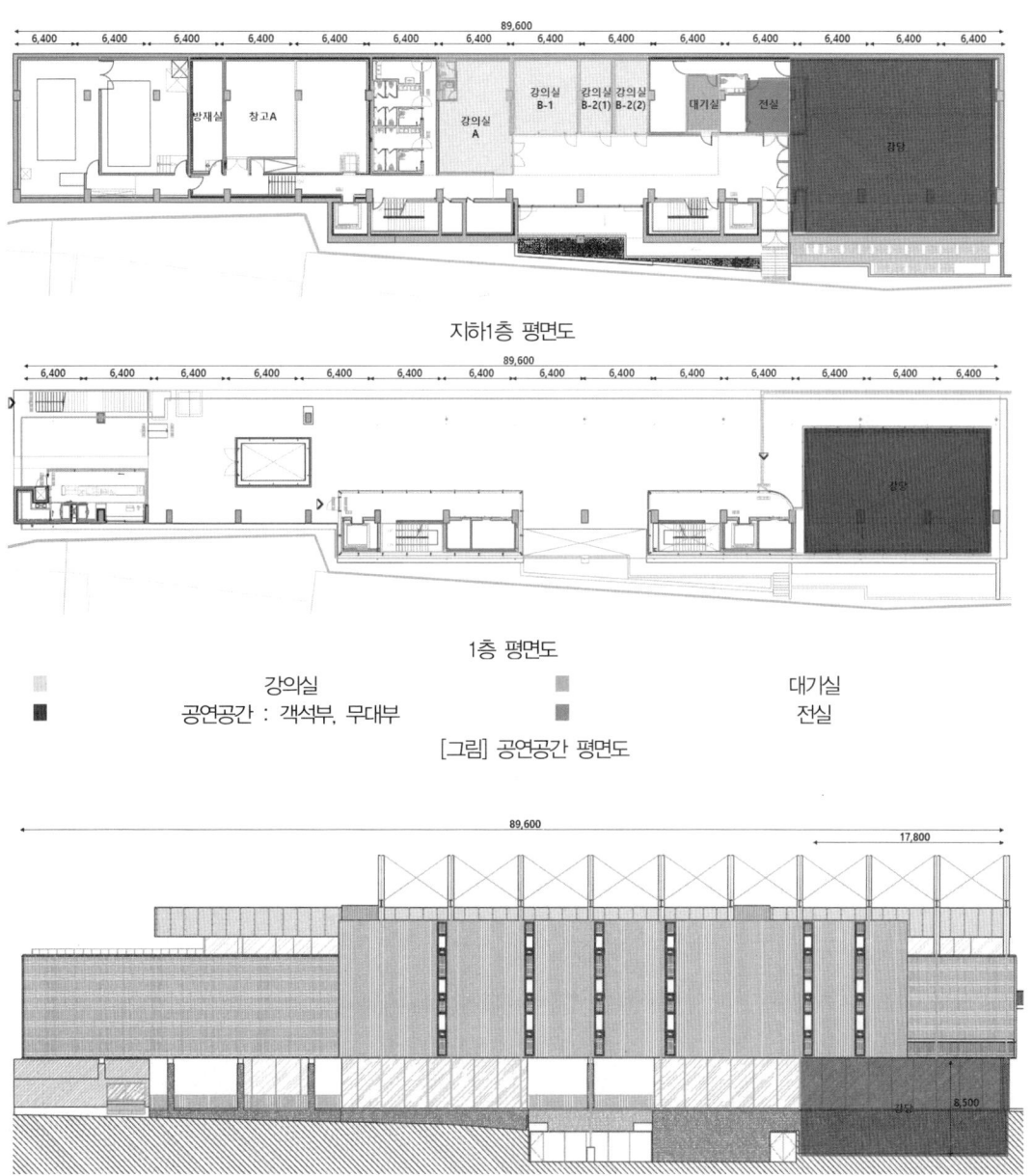

지하1층 평면도

1층 평면도

[그림] 공연공간 평면도

[그림] 공연공간 입면도

○ 입면 구성(확산 형태)

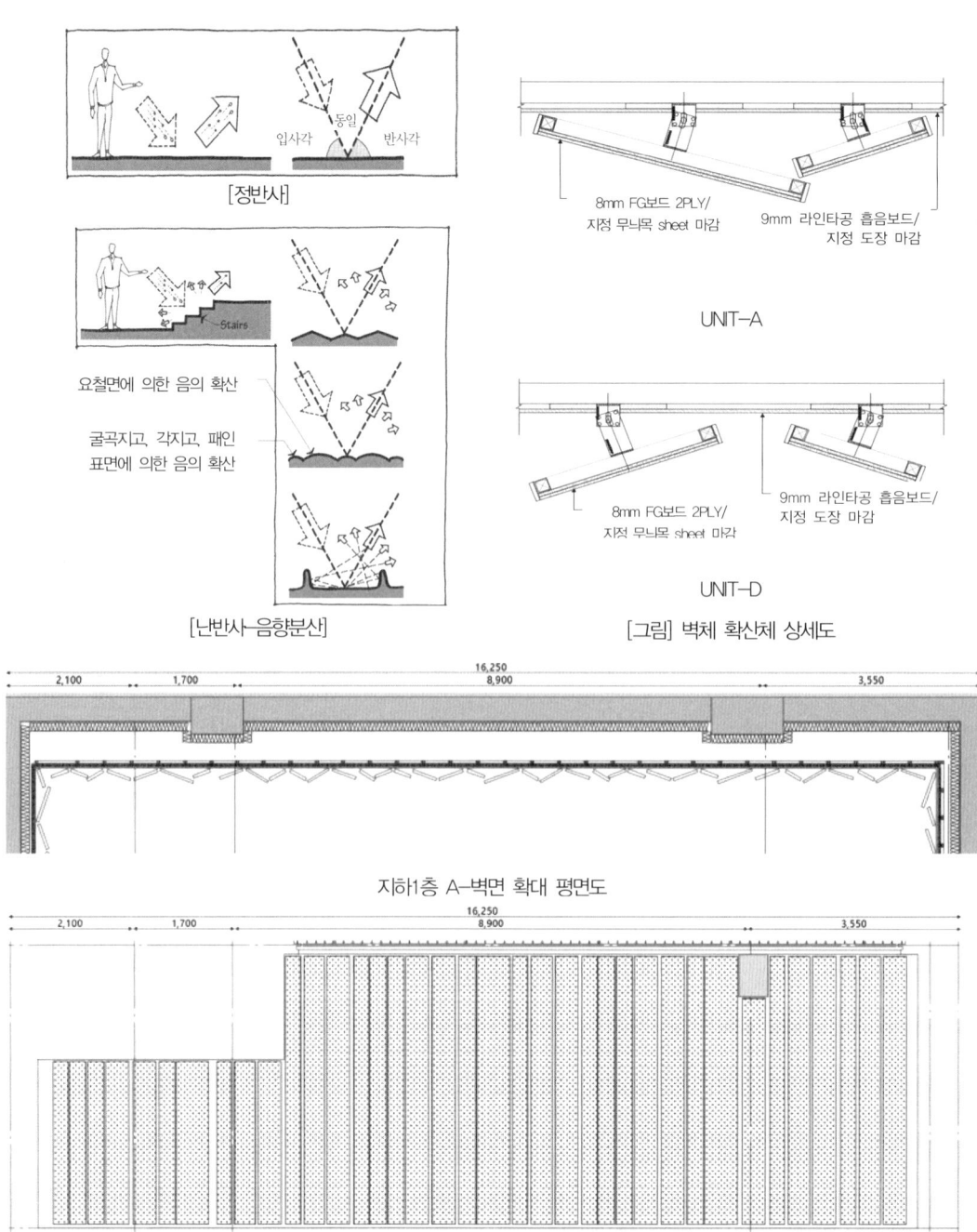

[그림] 벽체 확산체 상세도

지하1층 A-벽면 확대 평면도

지하1층 A-벽면 확대 입면도
[그림] 객석부 수납식 벽체 (개폐형) 설치 전개도

○ 천장 형태 구성

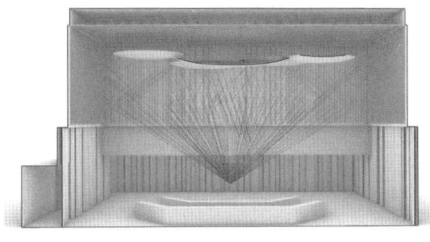 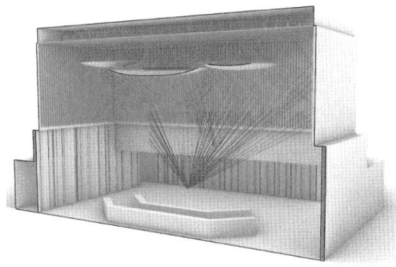

[그림] 음선 분포도

무대에서 반사된 소리가 실내에서 유효하게 전달되도록 하기 위해 강한 반사성의 재질을 사용하여 확산과 반사가 잘 되도록 상부에 매달기형 음향 반사판을 계획하였다.

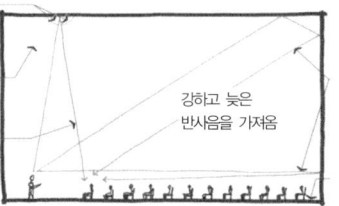 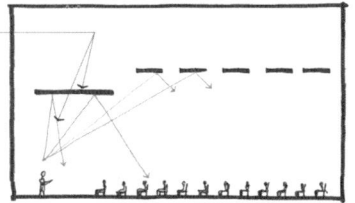

[그림] 높은 천장고로 인한 음향 문제점 발생

※ 석고재질의 고밀도 반사성 마감 재료 적용 : 음에너지 손실 최소화
※ 천장 캐노피 설치 – 매달기 음향반사판 설치(5EA)
- 표면이 평평하고 매끄러운 고밀도 보드 적용 : 초기반사음 향상
- 음색의 포근함과 강항 인상을 결정하는 중요한 요소
- 곡면형태 : 충분한 반사성과 확산성을 갖는 형태 구성(유효 확산음 확보)

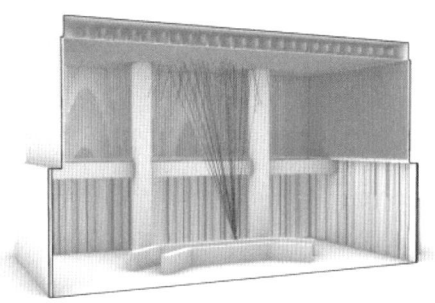

초기 설계안 – 음선 분포 투시도

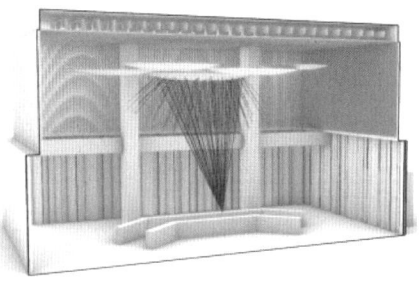

최종 설계안 – 음선분포 투시도

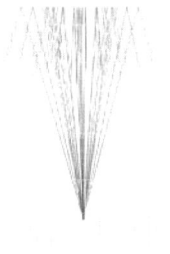

초기 설계안 – 음선 분포 단면1

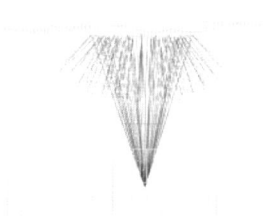

최종 설계안 – 음선 분포 단면1

초기 설계안 – 음선 분포 단면2

최종 설계안 – 음선 분포 단면2

[그림] 천장 매달기 반사판 설치에 따른 음선 분포

 ▶

[그림] 매달기 천장 VIEW

○ **건축음향성능 검토(건축음향설계 개요)**

- **잔향시간(RT, Reverberation Time)**

실내에서는 음을 갑자기 중지시켜도 소리는 그 순간에 없어지는 것이 아니라 점차로 감쇠되다가 안 들리게 된다. 이와 같이 음 발생이 중지된 후에도 소리가 실내에 남아 있는 현상을 잔향(Reverberation)이라 한다. 잔향을 양적으로 표시하는 데는 잔향시간을 사용한다. 이는 실내에 일정한 세기의 음을 발생하여 실내가 정상상태가 되었을 때 음원으로부터 음의 발생을 중지시킨 후 실내의 음 에너지밀도가 최초값보다 60dB 감쇠하는 데 걸리는 시간을 말한다. 잔향시간은 W.C.Sabine이 1895년에 발표한 이래 실내음향환경을 표시하는 데 중요한 요소로 사용되고 있다. 또한 잔향시간의 측정 시 나타나는 감쇠곡선은 대개 60dB까지 떨어지는 경우(RT60)가 드물기 때문에 일반적으로 30dB 감쇠한 시간을 2배 하거나(RT30), -5dB~-25dB까지 20dB 감쇠한 시간을 3배 하여(RT20) 잔향시간을 구한다.

일반적으로 잔향시간이 너무 길면 음의 요해도가 저하되고 빠른 연주음일 경우 각 악기의 분리가 명확하지 못하게 되어 혼란하게 느껴진다. 또한 소리에 둘러싸여 있는 느낌이 들며 시끄럽고 압박감이 든다. 그러나 잔향시간이 지나치게 짧아지면 음악의 풍부함이 없어지므로 실의 용도에 따라 알맞게 조절되어야 한다.

실의 사용 목적 및 용적에 맞는 적당한 크기의 잔향시간을 최적 잔향시간이라 하며 용도에 따른 최적 잔향시간과 실용적의 관계는 Knudsen-Harris, Beranek, Ingerslev, Bruel 등에 의해 여러 가지로 제안되고 있다.

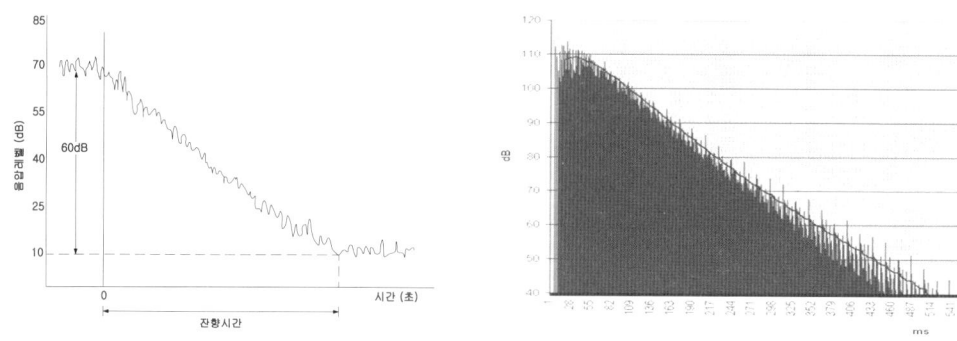

[그림] 잔향시간의 정의

- 음악명료도(C80, Clarity)

콘서트홀에서의 음악에 대한 명료도를 나타내기 위해 명료도 지수(Clarity Index)인 C값이 Reichardt 등에 의해 제안되었다. D값이 50ms에 비해 C값은 80ms를 지연시간의 한계로 사용하는데 이는 음악에서는 반사가 회화음에서 보다 덜 인지되기 때문에 이런 차이가 있다. 그는 음악당 내에서 C80의 허용값을 ±1.6dB로 하였다. 단, 야외 경기장 등의 공간이 크고, 반사성의 마감 처리가 많은 공간에서는 실내공간의 C값보다 조금 넓은 범위의 값이 얻어진다.

C80은 음악의 속도와 악기 타입, 실내 잔향에 의존한다. 악기로는 다음과 같은 4가지 형태가 있다.

- Blown Instruments(불어 울리는 악기) : 오르간, 튜바, 클라리넷 등과 같이 어택과 디케이가 모두 서서히 이루어진다.
- Bowed Instruments(활을 가진 악기) : 바이올린, 비올라, 첼로, 베이스 등과 같이 약간 빠른 어택과 느린 디케이가 이루어진다.
- Plucked Instruments(뜯는 악기) : 기타, 스트링 베이스 등과 같이 빠른 어택과 조금 느린 디케이가 이루어진다.
- Percussive Instruments(충격성 악기) : 피아노, 드럼, 전자악기, 실로폰 등과 같이 어택과 디케이가 모두 빠르게 이루어진다.

C80의 평가는 다음과 같다.
- 0/-2dB : 오르간 등의 느린 템포의 Blown 악기 연주에 이상적이며, 오르간 음악, 낭만파 음악에서 얻어져야 하는 명료도 값이다.
- +2/-2dB : Blown 악기 연주 및 클래식 또는 심포니 악기 음악에 이상적이며, 전통교회

음악에도 적합한 값이다. 조금 빠른 음악에서도 명료도가 얻어진다.
- +4/-2dB : Plucked 악기에 이상적이며, 속도가 빠른 현대 음악에 적합하다. 포크음악이나 현대 교회 음악, 대중 음악, 재즈에서도 음악적 명료도가 얻어진다.
- +6/-2dB : Percussive 악기에 이상적이다. 빠른 Rock and Roll에서도 명료하게 감상할 수 있는 값이다.

■ 음악시뮬레이션의 적용 방법

실내음장의 컴퓨터 시뮬레이션은 홀의 마감이나 형상, 치수 등을 결정해 가는 설계단계에서 특정 시간 범위와 입사 방향 등을 필요에 따라 설정하고 고찰할 수 있다는 특징을 가지고 있으며 3차원적인 정보로서 시간과 에너지 측면에서 그 특성을 파악할 수 있다는 장점을 갖고 있다. 따라서 이러한 음향 시뮬레이션은 2차원적인 검토나 축소 모형실험에서 얻을 수 없는 유용한 정보를 얻을 수 있다.

- 음선 추적법과 허상법

현재 기하 음향이론을 기초한 실용화 단계의 음장 시뮬레이션 방법으로서는 음선추적법과 허상법이 있으며, 각 방법의 계산 알고리즘의 응용과 적용한계는 다음과 같다.
- 벽면형상과 크기에 관한 회절파의 정보가 반영되지 않는다.
- 홀 기본형상에 대한 초기응답의 검토에 한정된다.
- 주파수는 고음역에 한정된다.

- 음선 추적법(音線追跡法, Raytracing Method)

음선추적법은 폐공간(閉空間)내를 전파하는 음의 상태를 재현하기 위한 기하학적인 방법의 하나로서 확산음장을 가정한 기하음향이론에 기초를 두고 있다. 음선추적법은 좌석면에 도달하는 음선의 분포와 밀도를 시계열(時系列)로 표시하는 데는 편리하지만, 시간과 함께 전달경로가 연장되면 음선의 상호 간격이 벌어져 수음점에 닿는 확률이 낮아지게 된다. 따라서 강도는 일정한 영역 안에 도달하는 음선의 수로 구해야 한다.

음선추적법의 특징은 허상법에 비하여 관측 시간을 길게 가진다는 것이다. 이것은 낮은 주파수의 위상 간섭이나 음파의 회절을 시뮬레이션할 수 없다는 단점이 있지만 공간이 큰 경우에는 실측 결과와 잘 일치하는 장점이 있다. 그러나 반사음에 대한 공간 분해 능력이 낮고, 시간마다 음선의 간격이 넓기 때문에 반사에 기여하지 않는 면이 생기는 위험성이 따르기도 한다. 또한 시간 지연이 큰 반사음까지 고려하면 수음 영역을 크게 설정해 두어야 한다.

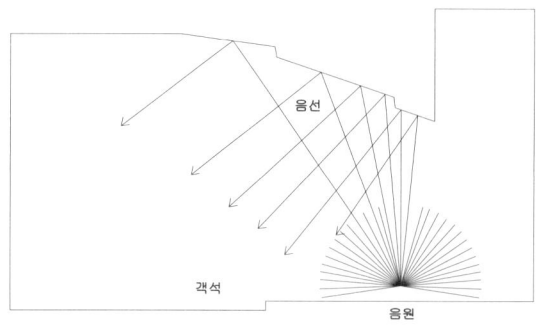

[그림] 음선 추적법의 도해

음선추적법의 특징은 허상법에 비하여 관측 시간을 길게 가진다는 것이다. 이것은 낮은 주파수의 위상 간섭이나 음파의 회절을 시뮬레이션 할 수 없다는 단점이 있지만 공간이 큰 경우에는 실측 결과와 잘 일치하는 장점이 있다. 그러나 반사음에 대한 공간 분해능력이 낮고, 시간마다 음선의 간격이 넓기 때문에 반사에 기여하지 않는 면이 생기는 위험성이 따르기도 한다. 또한 시간 지연이 큰 반사음까지 고려하면 수음 영역을 크게 설정해 두어야 한다.

- 허상법(虛像法. Mirror Image Source Method)

허상법은 음선 추적법보다 늦게 제안된 계산 방법으로서 음이 폐공간내를 기하학적인 경면(鏡面) 반사를 반복하면서 전파된다는 원리를 이용하고 있다. 또한 음원, 수음점 및 반사면의 위치 관계가 주어지면 반사음의 음선이 임의적으로 결정되므로 기하 음향학적으로는 매우 명확한 방법이라고 할 수 있다. 그러나 반사의 차수를 크게 하면, 허음원의 수가 지수 함수적으로 증가하고, 음선추적법에 비해서 계산량이 훨씬 많아진다는 단점이 있다.

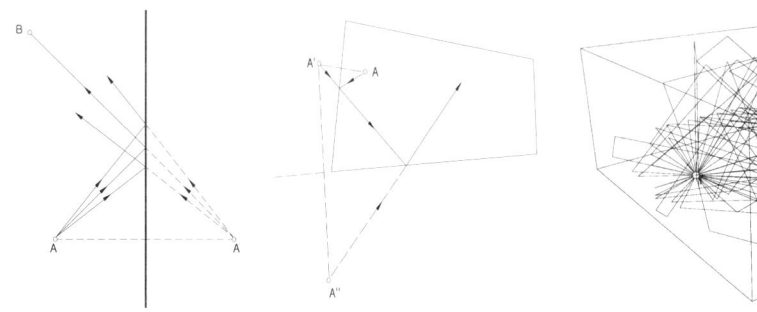

[그림] 허상법(Image Method)의 개요

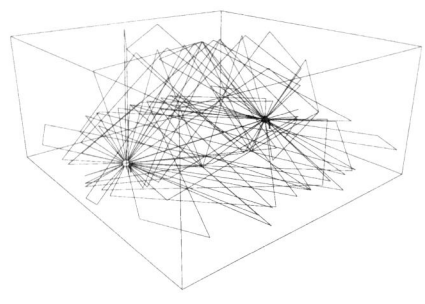

[그림] 허상법에 의한 3차원 반사음선

○ 건축음향성능 목표

공연장의 목적에 적합한 음향 성능의 설계기준은 다음 표와 같다.

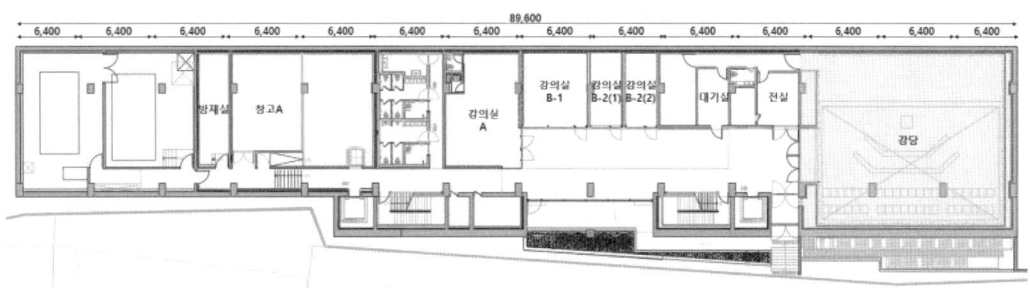

지하1층 평면도
[그림] 건축음향성능 검토 범위

[표] 건축음향성능 설계 목표		
음향평가지수	기준치	비 고
잔향시간(RT)	1.5s ±10% (가변 폭 0.2s 내외)	공석 시
음압레벨(SPL)	±3dB	–
음악 명료도(C80)	−2dB ≦ C80 ≦ 2dB	–

- 설계 진행에 따른 투시도 검토

[그림] 초기 검토 VIEW-1

[그림] 초기 검토 VIEW-2

- 최종 검토

최종안

○ 부속공간

- 연습실(5개소): 대/ 중/ 소
- 음악 로비

전문적인 연습공간 제공을 통한 공연예술 진흥 및 기반 조성, 일반 대중들에게 문화예술에 대한 양질의 교육 및 공간을 제공함으로써 예술커뮤니티를 형성할 수 있는 부속공간 구성

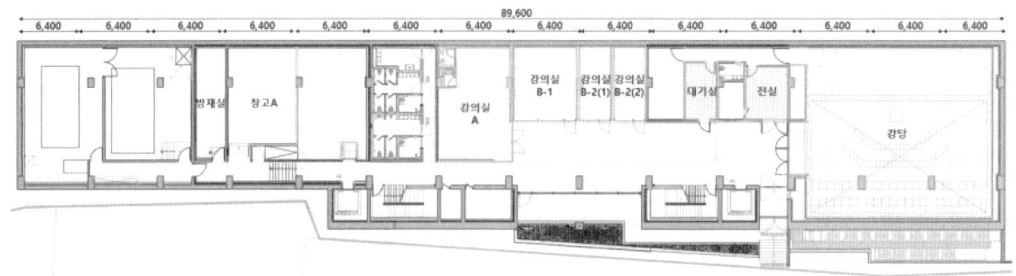

부속공간 평면도

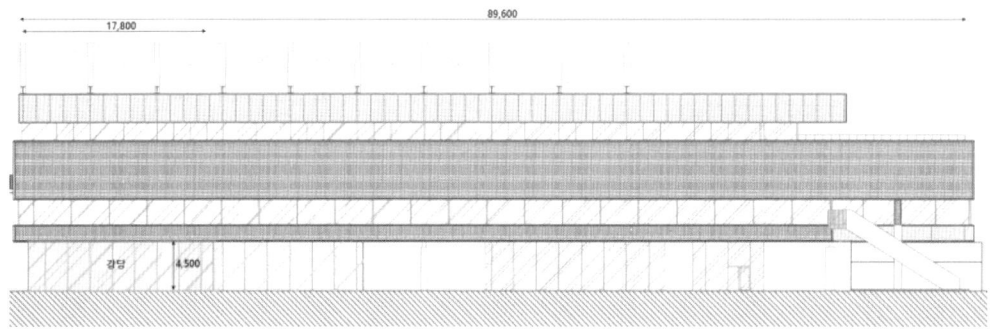

입면도

GMC 관련 언론 자료

부산 F1963에 "금난새뮤직센터(GMC)" 생겼다.

부산일보 조영미 기자

부산 출신 지휘자 금난새 음악감독 총괄
F1963 내 건물 신축 3년간 준비 끝 개관
UHD급 실황 중계도 가능한 설비 갖춰

부산 복합문화공간 F1963에 부산 출신 지휘자 금난새 음악감독의 생각이 반영된 음악홀이 개관했다. '금난새뮤직센터(GMC)'라고 이름 붙은 공간은 실내악 공연과 오케스트라 리허설, 연습과 교육을 할 수 있는 시설이다.

1일 방문한 GMC는 부산 수영구 망미동 F1963 부지 내 별도로 건축한 건물이었다. 지하 1층에 위치한 GMC는 '슈박스' 형태로 건축된 음악홀과 대, 중, 소 크기별로 나눠진 연습실 5개, 음악 로비로 구성된 공간이다. 특히 음악홀은 층고가 2층 높이에 달하고 지상 1층은 통유리로 360도 둘러싸여 있어 지나가는 사람이 연습 모습이나 공연 실황을 볼 수 있도록 했다. 이 때문에 지하에 있지만 답답한 느낌을 주지 않았고 1층 정원의 대나무가 보여 자연에 둘러싸여 있다는 느낌도 들었다. 연주자는 35명 내외, 관객은 120~150명 입장할 수 있다.

금난새 음악감독은 "올 1월부터 12번에 걸쳐 피아노, 2중주, 3중주, 현악 4중주, 목관 5중주, 챔버 오케스트라 등 다양한 구성으로 연주해 보니 음향이 좋아서 참여한 연주자들이 모두 만족했다"면서 "연주자와 청중이 자연스레 소통할 수 있는 공간으로 만들어가고 싶다"고 말했다. 3년 전 설계 단계부터 금 감독과 건물을 지은 고려제강, 최욱 건축가(ONE O ONE Architects 대표), 김남돈 음향 컨설턴트(삼선엔지니어링 대표)가 힘을 합쳐 클래식 실내악 공연에 최적화된 공간을 연구했다.

최신 기술이 적용된 음악홀이지만, 클래식이라고 하면 느껴지는 벽을 무너뜨린 공간 조성이 애초부터 목표였다. '클래식은 즐겁고, 모두가 함께하는 열린 공간이다'는 금 감독의 뜻을 반영했다. 무엇보다 눈에 띄는 부분은 언택트 공연이 활발하지 않았던 3년 전부터 실황 중계와 녹화, 녹음을 고려한 시설을 설계에 반영했다는 점이다. GMC 음악홀은 UHD급 전문 방송 녹화와 녹음이 가능한 시설을 갖추고 있다.

음향 컨설턴트를 맡은 김남돈 삼선엔지니어링 대표는 "그동안 서울 예술의전당 IBK 챔버홀, 고양아람누리홀, 통영국제음악당 등 다양한 공연장 설계 작업에 참여했지만 3일부로 GMC 음악홀이 제 대표작이라고 말할 수 있을 정도로 음향이 최적화된 곳이다"고 설명했다.

석고로 만든 음향 시설은 공연 장르와 내용에 따라 변형이 가능하도록 가변형으로 만들었고, 실황 중계나 녹화·녹음할 때 역시 마이크 시스템을 활용해 최적의 소리를 제공할 수 있도록 운영할 예정이다.

금 감독은 최근 부산 내셔널 유스 오케스트라로 이름을 바꾼 부산 대표 청소년 오케스트라의 고문 지휘자를 맡는 등 고향 부산에서 활동 반경을 넓히고 있다. 그는 "서양 음악이 살롱 같은 작은 공간에서 듣는 문화에서 시작해 발전한 것처럼 고향 부산에서 클래식 문화를 넓혀가고 싶다"며 "부산에서 활동하는 청년 연주자들이 연주하는 공간이자 좋은 클래식 영상 콘텐츠를 만드는 공간으로 만드는 것이 내 숙제다"고 전했다.

GMC는 3~4일 금난새 지휘로 개관 기념 음악회를 열고 본격 운영에 들어간다. 코로나19로 당분간 관객 초대로만 진행할 예정이다. 한편, GMC 2층에 있는 현대모터스스튜디오 부산은 8일 개관해, 디자인 전시 위주로 운영될 예정이다.

「젊은 음악가들 한 자리에… 한여름 달구는 음악축제 펼쳐진다」

동아일보 유윤종 문화전문기자

'금난새뮤직센터'가 있는 부산 수영구 복합문화공간 F1963에서 새 음악축제 'F1963 서머페스티벌'이 열린다. 8월 첫 한 주 동안 콘서트 18개를 엮은 화음과 선율의 축제다.

F1963은 고려제강이 2016년 부산비엔날레를 계기로 옛 수영공장 터를 살려 만든 복합문화공간. 서점과 국제화랑 분관, 현대모터스튜디오, 예술전문도서관과 카페, 야외 산책 공간 등을 갖추고 있다.

지난해 4월 이곳에 금난새뮤직센터(GMC)를 연 뒤 금난새 예술감독의 주도로 실내악 콘서트 'GMC 챔버 시리즈' 등 60회 이상의 콘서트를 열었다. 청소년 오케스트라 아카데미와 바이올린 아카데미 등 음악교육 프로젝트도 함께 진행해왔다.

이번 페스티벌은 GMC를 중심으로 F1960의 중정 야외무대, 정원의 그린하우스 등 다양한 실내외 공간에서 펼쳐진다. 오전, 오후, 저녁 등 세 개의 시간대를 활용해 25개 실내악 팀과 70명 이상의 젊은 음악가를 선보인다. 솔로에서 체임버 오케스트라, 재즈 그룹까지 다양한 장르의 무대를 펼치며 GMC 챔버 시리즈에서 소개해 온 음악가들이 대거 참여한다.

개막 공연은 8월 1일 오전 11시 GMC에서 미국 커티스 음대에 재학 중인 피아니스트 엘리아스 에컬리의 무대로 열린다. 2017년 스코틀랜드 국제 청소년 피아노대회 대상, 2018년 영국 EPTA 피아노대회 1등을 차지한 세계 피아노계 새별이다. 2021년 루마니아 에네스쿠 콩쿠르 우승자인 피아니스트 박연민도 8월 3일 오전 11시 리사이틀을 마련한다.

최근 미국 신시내티 교향악단 부지휘자로 발탁된 이승원도 8월 4일 오후 4시 피아니스트 박세준, 3중주단 트리오 젠과 함께 무대를 갖는다. '어깨 힘 빼고 셔츠 단추 하나 풀고' 들을 만한 곽

윤찬 재즈 트리오의 콘서트노 8월 4일 저녁 중정 야외무대에서 열린다. 축제는 8월 7일 저녁 7시 반 GMC에서 열리는 성남 목관5중주단과 박세준의 무대로 마무리된다.

주요 공연이 열리는 GMC는 경기 고양 아람누리홀과 경남 통영 국제음악당 등 좋은 음향으로 유명한 공연장들의 설계에 참여해온 김남돈 삼선엔지니어링 대표가 음향 컨설턴트를 맡았다. 명료하면서도 균형 잡힌 음향이 특색으로 꼽힌다.

금난새 예술감독은 "정부나 지자체 지원 없이 고려제강을 비롯한 부산 지역 9개 기업들의 스폰서십으로 축제를 열게 돼 매우 뜻깊다"며 "젊고 역량 있는 음악가들을 키워나가고 소개하는 장으로 계속 발전시킬 것"이라고 말했다.

전 콘서트는 네이버 예약을 통해 무료 관람할 수 있다. 만 7세 이상 입장 가능하며 금난새 뮤직 페스티벌 인스타그램과 페이스북에서도 일정과 신청 방법을 확인할 수 있다.

물빛정원 뮤직홀 – 성남(Mulbich Garden Music Hall)

"성남 물빛정원 뮤직홀"로 다시 태어나 시민들과 만나다

이데일리 황영민 기자

구미동 하수처리장 1단계 재생사업 일환
뮤직홀과 연습실, 잔디마당, 음악산책길 등 공간 조성
성남시, 2단계로 세계적 수준 미술관 건립 추진

2일 경기 성남시에 따르면 '구미동 하수처리장 1단계 재생사업'으로 추진된 성남물빛정원 뮤직홀은 4,325㎡ 규모 부지에 뮤직홀을 비롯해 카페와 휴게공간 등이 조성됐다.

뮤직홀 내부에는 1층 다목적홀과 악기 보관실, 음향 조정실, 수유실을 갖췄고, 지하에는 4개의 연습실과 사무공간, 기계실이 마련됐다. 야외에는 잔디마당과 음악 산책길, 옥상에는 하늘마당 등 다양한 공간이 조성됐으며, 주차장은 66대를 수용한다.

특히 성남의 자랑인 탄천과 인접해 시민들이 낮에는 휴식, 밤에는 야경을 즐길 수 있는 새로운 문화·휴식 명소로 자리매김할 전망이다.

성남시는 기존 건축물의 골조를 최대한 보존하면서 각 공간의 장소성과 역사성을 살려 시민 누구나 쉽게 다가갈 수 있는 열린 문화공간으로 재탄생시켰다.　　　－이하 생략－

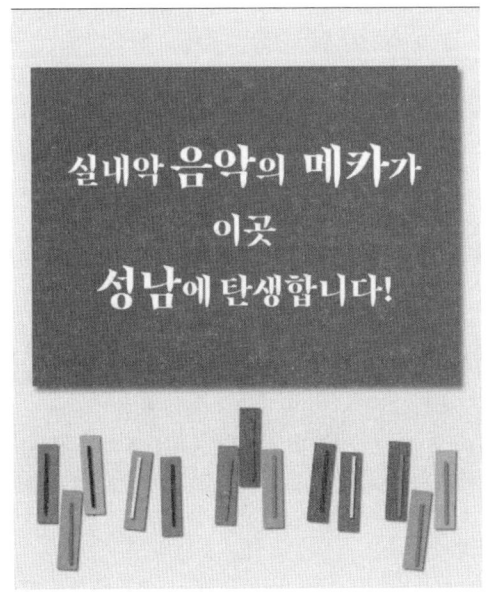

80　일본의 실내악홀 Japan Chamber Music Hall

한국의 대표 실내악홀

금난새 예술감독의 비상(飛上)
나는 오늘 음악도시를 꿈꾼다.

어느덧 제 나이가 일흔 여덟(78세)이 되었습니다. 45년간의 지휘자의 삶을 돌아보면, 의미 깊은 순간들이 많았습니다. 12년간 KBS교향악단의 지휘자로 오케스트라를 이끌며 전국의 방방곡곡을 방문해 지방 투어를 했었고, 수원시향으로 자리를 옮긴 뒤에는 예술의전당 <청소년음악회>를 6년간 진행하며 미래의 관객을 만나는 "해설이 있는 음악회"로 매진사례를 기록하기도 했습니다.

실내악 음악의 진수(眞髓)을 부산 시민들에게 선사하고 있습니다.

저는 성남시향의 예술감독으로 10년간 성남시의 문화 발전과 함께 했습니다. 작년 성남 구미동에 27년 동안 버려져 있는 하수처리장을 보고, 이곳에 실내악 전문 공연장을 만들면 어떨까라는 생각이 들었습니다. 성남시장에게 공연장

1998

2025

한국의 음악가로 실내악이 관객으로부터 소외받는 것을 우려하며, 2005 제주 뮤직 페스티벌을 만들었고, 12년 동안 매해 페스티벌을 개최한 것도 중요한 경험이었습니다. 삼성, 포스코, SK, 홈플러스 같은 대기업들의 후원을 받으려 직접 기업의 문을 두드렸고, 이건창호, 풍산, 삼양 세 기업은 12년간 연속으로 후원에 동참해 실내악을 보급하는데 힘을 쏟았습니다.

삼익악기 김종섭 회장의 지원으로 5년 동안 <맨하탄 페스티벌>을 진행하기도 했습니다. 반기문 전 UN총장을 비롯한 30~40명의 대사들을 초대해 음악외교를 펼쳤는데, 코로나로 인해 이 행사가 중단되었을 때는 참으로 안타까웠습니다. 맨하탄 페스티벌을 후원하는 계기로 고려제강과의 인연이 이어졌습니다. 고려제강 부산공장 부지를 새로운 복합문화단지로 만들면서, 120석 규모의 작은 홀을 금난새 뮤직 센터(GMC)라는 이름으로 시작하여 지금까지 4년 동안 200회 이상의 공연을 개최하며

건립을 제안드렸고, 시장은 성남시민에게 좋은 휴식처를 제공한다는 아이디어를 흔쾌히 수용하고 적극적으로 지원을 추진해 오늘의 성남물빛정원 뮤직홀이 탄생했습니다.

이 공간의 예술감독으로서 뮤직홀을 어떤 다양한 실내악의 향연으로 채울지 이 생각에 온통 빠져 있습니다. 다른 음악인들과 함께 노력하여 성남물빛정원을 실내악의 메카로 자리매김하려 합니다. 아니 더 나아가 이곳을 아름다운 음악으로 가득 찬 음악도시를 만들고 싶습니다.

여러분과 함께 새로운 첫걸음을 시작합니다.

실내악 음악의 메카가 이곳 성남에 탄생합니다.

2025. 0
예술감독 금

일본의 실내악홀

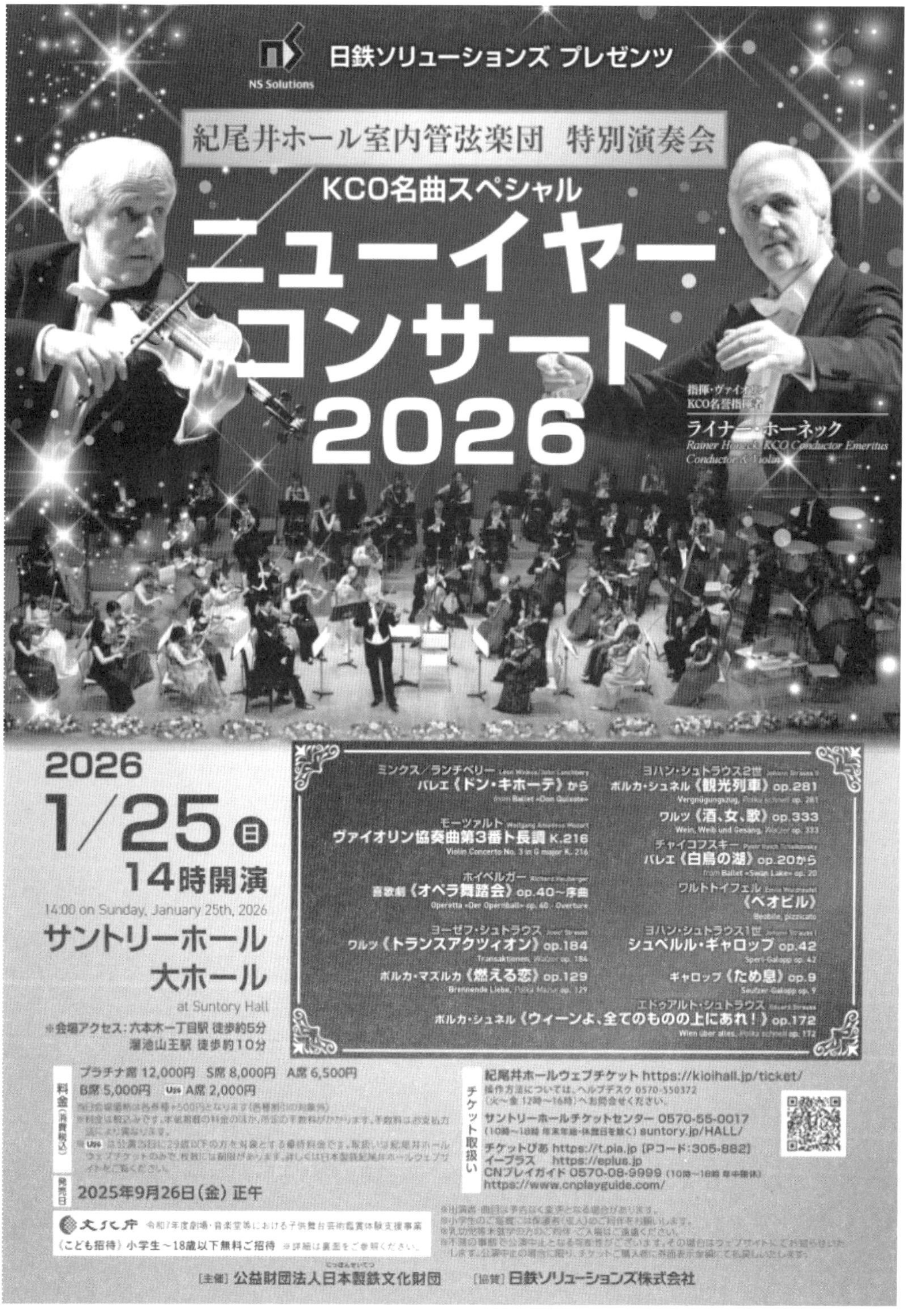

NS Solutions
日鉄ソリューションズ プレゼンツ
紀尾井ホール室内管弦楽団 特別演奏会
KCO名曲スペシャル
ニューイヤーコンサート2026
ライナー・ホーネック
2026
1/25日
14時開演
14:00 on Sunday, January 25th, 2026
サントリーホール 大ホール
at Suntory Hall
※会場アクセス：六本木一丁目駅 徒歩約5分
溜池山王駅 徒歩約10分
ミンクス／ランチベリー
バレエ《ドン・キホーテ》から
モーツァルト
ヴァイオリン協奏曲第3番ト長調 K.216
Violin Concerto No. 3 in G major K. 216
ホイベルガー
喜歌劇《オペラ舞踏会》op.40～序曲
ヨーゼフ・シュトラウス
ワルツ《トランスアクツィオン》op.184
ポルカ・マズルカ《燃える恋》op.129
ヨハン・シュトラウス2世
ポルカ・シュネル《観光列車》op.281
ワルツ《酒、女、歌》op.333
Wein, Weib und Gesang
チャイコフスキー
バレエ《白鳥の湖》op.20から
ワルトトイフェル
《ベオビル》
ヨハン・シュトラウス1世
シュペルル・ギャロップ op.42
ギャロップ《ため息》op.9
エドゥアルト・シュトラウス
ポルカ・シュネル《ウィーンよ、全てのものの上にあれ！》op.172
料金（消費税込）
プラチナ席 12,000円 S席 8,000円 A席 6,500円
B席 5,000円 U29 A席 2,000円
発売日
2025年9月26日（金）正午
チケット取扱い
紀尾井ホールウェブチケット https://kioihall.jp/ticket/
操作方法については、ヘルプデスク 0570-550372
（火～金 12時～16時）へお問合せください。
サントリーホールチケットセンター 0570-55-0017
（10時～18時 年末年始・休館日を除く）suntory.jp/HALL/
チケットぴあ https://t.pia.jp［Pコード：305-882］
イープラス https://eplus.jp
CNプレイガイド 0570-08-9999（10時～18時 年中無休）
https://www.cnplayguide.com/
文化庁 令和7年度劇場・音楽堂等における子供舞台芸術鑑賞体験支援事業
《こども招待》小学生～18歳以下無料ご招待 ※詳細は裏面をご参照ください。
［主催］公益財団法人日本製鉄文化財団
［協賛］日鉄ソリューションズ株式会社

01. 기오이홀

紀尾井ホール - Kioi hall

기오이홀(紀尾井ホール - Kioi hall)

 1995년 4월 2일에 오픈한 기오이홀(紀尾井ホール)은, 신일본제철주식회사(新日本製鐵株式会社 - 현 신닛테쓰스미킨 주식회사(新日鐵住金株式会社, NIPPON STEEL & SUMITOMO METAL CORPORATION)의 창립 20주년 기념사업의 일환으로서 사회에 대한 기업이익의 환원(還元)을 주요 목적으로 해서 계획되었다. 홀 건설에 관해, 기획, 운영, 건축설계, 공사 전반에 걸쳐, 건축주인 신일본제철이 주체적으로 담당한, 이른바 손수 제작 홀의 오픈이다.
 요쓰야역(四ッ谷駅)에서 우측에 벚꽃 길, 좌측에 조치대학(上智大学)을 보면서 5분 정도 걸어가면, 좌측 안쪽으로 보이기 시작하는 기오이홀(紀尾井ホール).
 옛날 이곳에 오와리 번(尾張藩)의 에도 저택이 있었던 점에서, 기이도쿠가와(紀伊徳川), 오와리도쿠카와(尾張徳川), 이이히코네(井伊彦根)의 1자씩을 딴 지명이 홀의 이름이 되었다. 역사와 문화의 향기가 감도는, 조용한 분위기 속에서 음악을 만끽할 수 있는 장소. 그것이 바로 기오이홀

(紀尾井ホール)이다.

홀은 800석 규모의 클래식 전용 홀과 250석 규모의 방악 홀(소 홀)로 구성되어 있다. 기오이홀은 아름답고 풍부한 잔향으로 악기의 특색을 살리고, 홀 전체를 부드럽게 감싸는 나무의 온기가, 연주자와 청중을 친밀하게 이어준다. 실내 오케스트라를 비롯해, 솔로 및 앙상블 연주에 최적인 홀이다. 그리고 방악(邦樂)의 연주에 어울리는 명료한 잔향을 가진 방악 전용의 소 홀은, 연주자의 표정과 숨소리를 가까이서 느낄 수 있다.

기오이홀 실내관현악단(紀尾井ホール室内管弦楽団 : 구 명칭 기오이 심포니에타 도쿄(紀尾井シンフォニエッタ東京))은, 기오이홀을 위해 결성된 레지던스 오케스트라로, 오타카 다다아키(尾高忠明)를 수석 지휘자로, 하라다 고이치로(原田 幸一郎), 사와 가즈키(澤 和樹)를 리더로 한 솔리스트 또는 기존 오케스트라의 톱 연주자 등에 의해 결성된, 기오이홀을 본거지로 한 오케스트라이다. 연간 5개의 프로그램 10회 콘서트가 예정되어 있고, 그에 동반하는 리허설(하나의 프로그램에 대해 4~5일간)을 모두 홀에서 실시한다는 조건으로 되어 있다. 홀을 설계하기에 앞서 우선 염두에 둔 것은, 건물로서의 연속성이다. 유럽의 음악 홀이나 일본의 가부키 극장 등에서 볼 수 있는 전통이 살아 숨 쉬는 건축에서는, 세월이 흐를수록 그 존재감이 높아져 가는, 바람직한 홀이란 바로 그러한 홀일 것이다. 이를 위해서는 홀의 존재 의식 즉, 소프트를 먼저 확정하고, 소프트와 연계하면서, 건물의 설계에 그것을 반영시켜 가는 것이 중요하다. 이번 설계에서 가장 강조하고자 한 것이 바로 이 과정을 이상적으로 실현하는 것으로, 그 상징(象徵)이 앞서 말한 오케스트라의 결성이다.

반세기에 걸친 신닛테쓰(新日鉄) 콘서트 및 신닛테쓰 스미킨 음악상 등을 통해 축적해 온 경험을 살려, 음악가와 음악애호가를 응원하고 있다. 두 개의 특색 있는 음악 전용 홀이, 음악가와 청중을 연결하고, 클래식 음악과 방악(邦樂)의 마음을 이어준다.

음악 홀과 오케스트라의 사례에서도 알 수 있듯이, 세계에서 통용되는 음악가를 다수 배출하게 된 일본도 아직까지 외국(外國), 특히 유럽에서 배울 점이 많이 있다. 이 점을 겸허히 수용하여 글로벌적인 시점에서 설계에 임하는 것이 설계 당초부터의 결의(決意)였다. 바꿔 말하면, "우수한 전통의 계승과 그 전통의 현대적 해석, 그리고 새로운 전통의 창조" 이것이 설계의 두 번째 콘셉트이다.

설계에 앞서, 이 콘셉트를 실현하기 위한 좋은 조건이 몇 가지 있다. 이 조건을 최대한 활용한 설계를 이번에 실행하였다.

그 조건 중 첫 번째는 입지(立地)이다. 장소는 도쿄도 지요다구 기오이초(東京都千代田区紀尾井町)로, 위치적으로는, 대도시 도쿄의 한가운데이다. 부동산업계에서는, 그 토지의 지위(status)

를 의미하는 지위(地位)라는 단어가 있다고 하는데, 기오이초는, 기오이의 기이(紀伊)의 기(紀)·오와리(尾張)의 오(尾)·이이(井伊)의 이(井)라는 지명이 보여주듯이, 수도권에서 "지위"가 가장 높은 장소 중 하나이다.

음악 홀은 전통적으로 도시의 중심, 즉 도시 속에서 "화려한" 구역에 위치한다.

바꿔 말하면, 도시의 상징이 되는 도심의 화려한 부분을 형성하는 중요한 시설이 홀이라 말할 수 있다. 도쿄의 기존 홀의 사례를 다시 되살펴 보면, 반드시 이상적인 입지가 아니라는 점을 알게 될 것이다. 게다가 기오이초에는, 도심의 화려한 구역의 분위기가 아직 남아 있다. 외호(外濠)의 풍부한 자연, 공원, 대학, 교회, 고급 호텔, 역사적 명승(名勝) 등이 바로 그것이다.

타고난 입지를 최대한 살린 설계에 도전하였다. 예를 들어, 홀 계획의 기본적인 접근이다. 오늘날 홀의 계획은, 이 환경 조성(화려한 분위기 조성)부터 시작되는 것이, 일반적이라고 한다.

풍부한 자연을 계획, 이를 통해 건물의 매력을 충분히 확보하여 외부 환경을 연출한다. 이것만으로는 만족하지 못하고, 건물 내에 여유 있는 로비, 포이어를 설치, 마지막은 홀의 객석까지 여유 있는 크기를 취하고자 한다. (보통은 객석 수를 최대로, 라는 클라이언트 측으로부터의 강한 요구로 인해 잘 안되는 케이스도 많은데) 전체적으로 여유를 가진 풍부한 홀이 된다.

여유를 목표로 하는 홀이 많은 가운데, 이번 설계에서 어느 의미에서 그것과는 상반되는 "밀도감(密度感)"이라는 테마를 다루었다. 연주자와 청중, 혹은 청중 간의 친밀감과 열기를 실현하기 위한 최적 공간의 창조가 목표이다. 이런 고안 방법은, 유럽의 전통 있는 홀과 같은 절호(絶好)의 입지 조건이 있기에 실현 가능했다고 해도 과언이 아니다.

두 번째 조건은, 클라이언트가 민간이다. 민간으로서의 자유로움의 실현, 즉 홀의 목적을 명확히 해서 대담한 구분을 통해, 공공 홀과는 뭔가 좀 다른 계획을 목표로 하였다. 지금은 공공 전용 홀도 많아졌지만, 예전의 다목적홀은 공공 홀로서의 굴레의 전형이라 말할 수 있다.

설계는 유럽의 전통 있는 홀을 본보기로 해서, 음악을 즐기는, 즉 안심하고 편안하게 음악을 감상할 수 있는 공간의 창조와 최고의 홀 음향의 실현을 최우선으로 생각하였다. 그리고 이를 위해 여러 장애 요소를 배제(排除)하였다. 경우에 따라서는 무대가 다소 잘 보이지 않는 좌석이 생겨도(유럽의 홀에서는 자주 볼 수 있는 일이지만) 어쩔 수 없다. 이와 같이 대담한 결단(決斷)이 이루어졌다. 공공 홀에서는 좀처럼 있을 수 없는 명쾌함이다.

음향 특히 저음의 잔향을 풍부하게 하기 위한 목적에서 채용한 목재 장선(들보) 구조의 바닥에 대해서도 마찬가지이다. 콘크리트에 비해 확실히 발소리가 크다. NC-20 이하라는 엄격한 소음 레벨이 요구되는 홀에서는 필요에 의한 선택(選擇)을 한 것으로 판단한다. 이와 같은 명쾌한 판단이 쌓인 결과, 홀 음향에 대한 평가는 매우 높다.

[표] 건물의 개요	
구 분	내 용
소 재 지	도쿄도 지요다구 기오이초 6-5 신닛테쓰기오이빌딩 2F (東京都千代田区紀尾井町6番5号 新日鉄紀尾井ビル 2F)
공사발주	신일본제철주식회사(新日本製鐵株式会社)
설 계	신닛테쓰(新日本製鐵)·야마시타설계(山下設計) 설계 공동기업체 음향설계: 나가타음향설계(永田音響設計)
시설규모	부지면적: 3,120㎡ 연상면적: 12,626㎡ 건축면적 2,234㎡, 높이 41m
건축구조	지하부 : 철골콘크리트조, 지상부 : 철골조, 일부 철골철근콘크리트 조 지하 2층, 지상 7층, 옥탑 1층
시설종류	기오이홀 : 리사이틀·실내악·실내 오케스트라 (1~4층) 기오이 소 홀 : 방악(일본 전통 음악) (5~6층)

외관 및 로비

지하철 요쓰야역(四ッ谷駅)의 남동쪽, 조치대학(上智大学)의 남쪽에 있는 콘서트홀로, 1995년 신일본제철의 창립 20주년 기념사업으로 오픈하였다. 신주쿠대로의 요쓰야역 교차점 부근에서 조치대학의 서쪽에서 약간 좁은 도로를 남쪽으로 가서 언덕을 내려간 좌측에 기오이홀이 있다. 건물의 외관은 일부가 유리 마감으로 골목의 모퉁이 부근이 곡선(曲線)으로 되어 있는 스마트한 디자인이다.

▶ 외관 및 전경

▶ 로비

 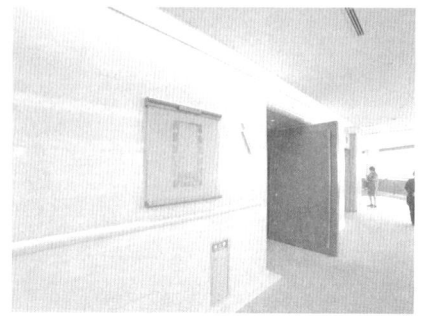

○ 기오이홀 실내관현악단
(紀尾井ホール室内管弦楽団/구 · 명칭 : 기오이 심포니에타 도쿄)

신닛테쓰스미킨문화재단(新日鉄住金文化財団)은, 1995년 4월, 기오이홀의 개관 당시부터 본 홀을 본거지로 해서 연주 활동을 하는 2관 편성 실내 오케스트라를 운영하고 있다. 솔리스트 · 실내연주자로서 제일선에서 활약하고 있는 기악연주자, 주요 오케스트라의 수석연주자 등, 우수한 연주가가 멤버로 모여, 그 수준 높은 연주와 앙상블 능력에 뒷받침된 풍부한 음악성에는 정평(正評)이 있다.

설립 당시부터 오타카 다다아키(尾高 忠明)가 수석지휘자를 역임하였다.(현재 계관 명예 지휘자) 2000년에는 네덜란드, 오스트리아 공연, 2005년에는 드레스덴 음악제의 레지던스 오케스트라로서 초청되었다. 2009년과 2010년에는 서울 공연을, 2012년에는 미일(美日) 사쿠라 100주년을 기념하여, 필라델피아, 워싱턴, 보스턴, 뉴욕에서 공연을 개최하였고, 모두 뜨거운 갈채(喝采)를 받았다.

현재는 국내 유수의 우수한 실내 오케스트라로서 널리 알려져, 본거지 · 기오이홀 외에, 홋카이도에서 규슈까지, 국내 각지에서의 의뢰에 따라 수많은 공연을 하고 있다. 또 도요타(豊田), 오이타(大分)의 각 콘서트홀에서는 오프닝 공연에 출연하고 있다.

2017년 4월부터, 「기오이홀 실내관현악단」으로 개칭하고, 수석 지휘자에 라이너 호넥(Rainer Honeck)을 맞이하여, 보다 강력한 구심력(求心力)과 큰 발신력을 가지고, 세련된 음악 만들기를 목표로 전진을 거듭하고 있다.

기오이 심포니에타 도쿄(紀尾井シンフォニエッタ東京)는, 기오이홀을 위해 결성된 레지던스 오케스트라의 명칭(名稱)이다. 이 오케스트라는 기오이홀의 오픈과 함께 활동을 개시하여, 건물과 함께 그 역사를 새기게 된다.

일반적으로, 홀과 오케스트라는 부즉불리(不即不離)의 관계에 있다. 오케스트라는, 자신의 소속 홀에서 자산의 소리를 육성하여 확인하는 과정을 거치며 성장한다. 확고한 베이스를 구축하는 것이다. 그 원점이 있기에 여러 환경의 변화 속에서 자기의 능력을 최대한으로 발휘할 수 있다. 이 홀은 자신의 홀과 어떤 점이 다르고, 그렇기 때문에 어떻게 하면 좋을지 파악할 수 있는 것이다.

빈 필이라 하면 음악 홀의 원점이라 일컬어지는 무지크페라인 잘이 있다. 베를린 필은, 카라얀 서커스로서 명성이 높은 필하모니이다. 세계에서 가장 오래된 게반트하우스는 홀의 명칭과 동일하다. 콘세르트헤보도 마찬가지이다.

저명한 오케스트라는 반드시 본거지가 되는 홀을 가지고 있다. 한편, 일본의 사정을 살펴보면, 이러한 의미의 중요성이 인식되게 된 것은, 아주 최근의 일이다.

설계 당초 설계의 입장에서 닐리 전문가의 의견에 귀를 기울이기에 분주했는데, 그 결과 얻은 최대의 성과가 Residential Orchestra라는 개념이다.

오케스트라 결성 방침 확정과 동시에, 음악전문가에 의한 소프트웨어 검토 팀이 결성되었다. 하드웨어의 설계는 이 팀과 오케스트라의 멤버가 면밀한 협의를 하면서 이상적인 과정으로 진행하는 것이 가능해졌다. 소프트 측과 하드 측의 논의는, 홀 내부뿐 아니라, 포이어, 로비, 백 야드, 평면계획, 디자인, 소재의 선정, 설비 계획 등, 설계의 모든 요소에 관해 세부에 걸쳐 이루어졌다. 이를 통해, 오랫동안 제창되어 온 홀에 있어서의 하드와 소프트의 일체라는 테마를 완벽한 형태로, 이번에 실현할 수 있었다. 오픈 후, 건물은 이 소프트 팀이 운영한다. 이번 설계의 기본 사상인 건물의 지속성은 그들에 의해 담보(擔保) 받게 된다.

기오이홀 실내관현악단 (紀尾井ホール室内管弦楽団)

기오이홀(紀尾井ホール Kioi hall)

홀의 문을 들어서면, 나무의 온기로 감싸인 듯한 감각과 홀 전체의 시크한 색조에, 저도 모르게 심호흡을 하게 된다. 소재와 구조에 신경을 써서, 고도의 건축 기술을 구사해 만들어진 정숙함과 잔향은, 이곳이 도심이라는 사실을 완전히 잊게 만들어준다.

오픈은 1995년. 5년간에 걸친 유럽 각지의 명홀 연구의 결과를 토대로, 슈박스 형식, 800석이라는 기본 설계가 채용된 것은, 바로크부터 고전파 시대의 「진정한 잔향」을 리얼하게 재현하는 데 있어 최적이라고 보기 때문이다.

클래식 음악의 리사이틀·실내악·실내 오케스트라의 연주에 가장 어울리는 음향 공간을 창조하기 위해, 유럽의 전통적인 스타일인 슈박스 형식을 채용, 오픈 스테이지와 2층뿐 아니라, 1층에도 설치된 발코니석이, 스테이지와 객석의 일체감, 친밀감(親密感)을 고조시킨다.

홀의 잔향을 잘 아는 오케스트라가 연주하는 소리는, 홀과 일체가 된, 실로 이곳에서만 들을 수 있는 것, 물론, 리사이틀이나 실내악 등, 연중 다양한 콘서트에도 이용되어, 많은 연주가에게 있어 목표로 하는 무대가 되기도 한다.

클로크를 비롯한 바코너 등도 마련되어 있는 로비, 포이어는 외호 제방의 풍부한 자연을 향해 조망이 펼쳐져 있고, 음악을 화제로 교류의 장을 펼칠 수 있는 휴식 공간으로 되어 있다.

역사와 문화의 향기가 짙은 지요다구 기오이(紀尾井)에 자리한 기오이홀은,「전통의 계승과 진화」를 콘셉트으로, 음악 홀로서 서양음악과 일본 전통음악 쌍방에 있어서 전당(殿堂)이 되는 것을 목표로 하였다.

부지 조건의 제약으로 인해, 1~4층의 콘서트홀(800석), 5~6층의 방악 홀(250석), 그리고 7층의 영빈시설(迎賓施設)을 겹친 적층 구성을 채용하였다. 따라서 동시 사용을 가능하게 하는 각 시설 간의 차음성능에 주의를 기울여, 플로팅구조, 차음층의 설치 등을 통해 해결하였다.

콘서트홀은,「천공에서 쏟아져 내리고, 땅에서 솟아오르는 소리」를 추구하여, 유럽의 전통을 토대로 해서 진화시킴으로써, 농밀(濃密)한 잔향을 가진 슈박스 형의 음향 공간을 만들어 냈다. 설계 시 테마로서「발굴·창조·육성·발표·교류의 장」,「예술가와 감상자의 교류의 장」을 내세웠다.

홀 내부 디자인의 중점 요소는 공간으로서의 편안함을 중시한 디자인으로
- 전통적인 구성을 유지하면서, 새로움을 느끼게 하는 디자인
- 대범한 기둥형, 부드러운 곡선을 그리는 들보형.
- 공간의 입체감을 연출하는 연립하는 원기둥.
- 완만한 곡선과 열주에 의한 상징적인 정면 벽.
- 기둥형에 연속하는 들보형을 가진 입체적인 천장
- 감촉이 부드러운 소재 선정, 편안함이 느껴지는 색채 계획
- 벽면 마감 : 밝은 이미지의 서양목,
  천장 마감 : 가볍고 눈에 띄는 이미지의 화이트 계통 도장
  화려함을 만들어 내는 진주색의 몰딩, 초록색을 기조로 한 의자.
- 예술 공간으로서 세련된 분위기를 연출하는 조명계획
- 간접조명·브래킷을 주체로 한 부드러운 조명, 천장이 높은 공간을 연출하는 샹들리에의 채용 (다다 미나미-多田美波 제작)
- 유럽 전통적 음악 홀의 잔향을 실현하는 디자인으로 슈박스 형식의 콘서트홀을 구성

- 기본적으로는 평행하는 벽 – 벽, 바닥 – 천장에 의한 형상
- 소리의 확산을 위해 디자인된 요철이 있는 디테일 형상이 적용되었다.

[표] 기오이홀 개요

구 분	내 용
객 석 수	800석 └ 1층 : 522석, 2층 : 278석 객석 규격 : 너비 : 18m, 안길이 : 26m, 높이 : 16m / 1층 및 2층에 발코니 석
건축음향	실용적 : 8,700㎥ 잔향시간 : 1.80초(만석 시, 500Hz) 2.00초(공석 시, 500Hz) 표면적 : 3,160㎡ 홀 형식 : 슈박스 형 소음레벨 : NC-15 잔향시간 주파수특성
기 타	① 무대 규격 : 너비 : 18.0m, 안길이 : 9.0m, 무대높이 : 0.8m 　무대 형식 : 오픈 형식 ② 클래식 음악 중에서도, 실내 오케스트라의 연주에 가장 어울리는 음향 공간 ③ 유럽의 전통적인 스타일인 슈박스 본래의 형식을 답습하여, 대향하는 벽, 플랫한 바닥, 플랫한 천장에 의해 공간을 구성. 단, 바닥은 스테이지로의 시선을 고려해, 완만한 계단식 바닥(段床)으로 함. ④ 오픈 스테이지로 해서, 연주자와 청중의 일체적 임장감을 창출 ⑤ 발코니석을 1층 양 측면 및 2층의 3면에 배치하여, 연주자, 청중, 나아가 청중 상호 간의 일체감, 친밀감이 있는 홀을 실현 ⑥ 천장 : 유리섬유 강화 콘크리트판 → 전체 영역 반사 　정면 벽, 측벽 : 보드 적층 붙임 → 전 대역 반사 　바닥 : 플로어링 → 저음역 약간 흡음 　의자 : 목재(크로스 붙임) → 중, 고음역 흡음 ⑦ 그 외 시설 : 분장실, 주최자 대기실, 당일권 판매장, 클로크, 바 코너 등

음악 홀이기 때문에, 본 건물에는 높은 차음성이 요구되는 한편, 시공 면에서는 짧은 공사 기간 안에서의 시공의 실현 과제가 되었다. 따라서 지상부는 철골조와 SRC(철골 철근콘크리트)조와의 혼합 구조로 하였다. 내진 요소로서 홀 주위에 내진 벽을 배치하여 지진력의 40~60%를 부담시키고 있다. 셋 백(setback)이기 때문에 발생하는 건물의 뒤틀림(변형)에 대해서도 이 내진 벽의 두께를 15~30㎝까지 조정함으로서 밸런스를 맞췄다.

또 기초에 대해서는, 직접 기초의 부분은 두께 1.2m의 매트 슬래브로 하여 굴착(掘削)량 등의 저감(低減)을 시도했다.

▶ 내부 전경

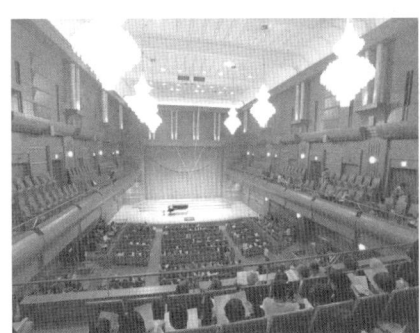

▶ 객석 위치에 따른 무대 모습

    천장은 유리 섬유보강 석고보드라는 소재로 이루어져 있어, 소리를 확산시키고, 잔향을 자연스럽게 감쇠시켜 객석을 감싸는 효과가 있다.

    무대 및 객석은, 장선조(根太組)라는 구조에 의해 바닥 아래가 공동(空洞)으로 되어 있어, 홀 전체에 울림의 공간을 만들고 있다.

○ 모형에 의한 음향실험(模型實驗)

    기오이홀은 주로 실내 오케스트라의 연주를 주목적으로 한 음악 전용 홀이기 때문에, 음향성능이 중요시된다. 전체 형상은 슈박스형이라 일컬어지는 직방형이다. 슈박스형의 경우, 상당한 부분까지 컴퓨터시뮬레이션 기법을 통해, 좋은 조건을 찾을 수 있기 때문에, 본 실험에 앞서 그러한 검토는 완료하였으며, 기본적인 실 형상 등에 대해서는 음향적으로 높은 수준에 달하고 있다고 본다.

    또 콘서트홀의 음향 조건으로는, 초기반사음(初期反射音)을 가급적 많이, 그리고 균등(均等)하게 얻을 수 있는 것이 바람직하다.

이상과 같은 점에서, 본 실험에서는 보다 상세한 검토 및 초기반사음의 확인을 위해, 1/10 축척 모형을 이용해 음향실험을 실시하였다. 특히 스테이지 주변의 벽은 연주자 및 1층 객석에 대한 중요한 1차 반사면이 되고 있다. 그 바람직한 형상의 상세를 얻기 위해, 중점적으로 검토 -기본 실 형상의 확인, -무대 주변의 벽면 형상에 착목한 상세 형상의 검토, -음향장애가 되는 롱패스 에코 등의 검출을 진행하였다.

- 광학 실험 : 레이저(laser)광을 이용한 유효반사면의 확인.
- 음향실험 : 임펄스응답의 측정
  (잔향시간의 측정, REC 곡선[1])의 측정, 에코타임패턴의 관측)
- 롱패스 에코의 검출과 대책

모형은 축척 : 1/10로 제작하였으며, 내장 마감은 음향모형실험에서는, 내장의 흡음특성에 대한 시뮬레이션이 중요하기 때문에, 어느 정도 실물의 흡음특성을 시뮬레이션 할 수 있는 재료 혹은 구조를 선정하였다. 실험방법은 ⇨ 광학 실험 (레이저광을 이용한 유효반사면의 확인), ⇨ 음향실험 ⇨ 롱패스 에코의 검출 등으로 구분(區分)하여 실시하였다.

- **광학 실험(光學實驗) - 레이저광을 이용한 유효반사면의 확인**

천장이나 벽면에서의 소리의 반사 방향 및 직접음의 객석 내부로의 도달 상황을 시각적으로 확인하였다. 방법으로는, 천장 및 벽면에 경면 마감의 필름을 붙이고, 무대 위에서 레이저광을 쏘아, 음선의 궤적(軌跡)을 추적하였다.

- **음향실험(音響實驗) - 초기반사음의 정량적인 파악과 각 부위의 상세 형상의 검토**

홀 잔향의 질에는 크게 관계하는 초기반사음을 정량적으로 나타내는 양으로서 다양하게 제안되고 있는 물리량 중에서, REC 곡선에 주목하여 무대 주변의 벽 형상(形狀)에 따른 영향에 대해서 검토를 실시하였다. 본 실험에서는, 무대 주변의 벽에 대해서 설계 단계에 확인한 형상부터, 더 바람직한 형상을 모색하는 것이 가장 큰 목적 중 하나이기 때문에, 원설계의 형상과 무대 정면 벽, 무대 측벽에 더 큰 확산면을 만든 경우에 대해서 비교 검토하였다.

- **롱패스 에코의 검출(檢出)**

무지향성 음원 및 지향성 음원을 스테이지 위에 설정하고, 스테이지 위 및 객석 앞부분의 측정

---

[1] 임펄스응답의 직접음을 제외한 부분의 초기 반사 에너지의 누적 곡선. 실제 홀에서, 잔향에 고안해 좋은 인상을 받는 좌석에서는, REC곡선의 오름 특성이 원활하고, 시간지연 80~100ms 부근까지 도래하는 초기반사음 에너지의 누적 레벨이 큰 경향이 있다.

점에 더미헤드 마이크로폰을 설치하여, 플러터 에코, 롱패스 에코 등의 유해한 에코를 검출하였다.

이상과 같이 실험을 실시하고, 그 결과를 설계에 반영하였다. 결과의 주요 포인트를 정리하면 다음과 같이 요약된다.

- 광학 실험의 결과로부터, 2층 상부 후벽을 반사 마감으로 함으로써, 2층 발코니석에 대한 초기반사음의 도달이 증가하는 것을 확인하였다.
- 2층 상부 측벽 원기둥의 상부 내림 천장을 넓게 함으로써 1층 후부 좌석으로의 초기반사음의 도달이 증가하는 것을 확인하였다.
- 1층 후벽의 객석 문에서 측벽 측의 벽에 대해서는, 측벽을 경유하는 반사음(2차 반사)에 의해 무대 위에서 롱 패스 에코가 감지되었기 때문에, 흡음 마감으로 하였다.
- 측벽 2층 상부 부분의 평평한 면에서 약간 플러터 에코가 감지되었기 때문에, 일부 확산 형상으로 하였다.
- 무대 측벽의 형상은 하향 경사면을 설치함으로써, 1층석 및 2층 사이드 발코니 석에서 더 많은 초기 반사 에너지가 도달하는 것을 확인하였다.

▶ 내부 전경

기오이 소 홀(邦楽ホール)

기오이 소 홀은 250석 규모의 방악(邦樂)의 연주에 어울리는 명료한 잔향을 가진 소리 공간으로, 노우(能)무대 풍으로 설치한 무대와 원 슬로프식 객석에 의한 원 박스 형식을 채용하였다. 홀 계획 시의 테마는 「새로운 홀 형태로서의 "방악용 홀"의 실현(일본 최초의 방악 홀)」이다.

250석의 스케일은 음악가의 표정과 손의 움직임 등을 가까이서 보고, 호흡을 느낄 수 있는 친밀감이 높이 소우주(小宇宙)이다. 로비, 포이어는, 음악에 대한 기대와 감동을 맛볼 수 있는 교류의 장으로서, 심플하고 차분함이 있는 공간으로 완성하였다. 이곳에서는 또한, 영빈관을 비롯해 넓은 자연을 조망할 수 있다. 설계 당시 방악 관련 음향설계에 관한 설계방법 및 자료가 없어서, 설계에 앞서 방악 연주가를 대상으로 한 히어링 및 방악 연주 기회가 많은 기존 홀의 조사를 실시하여, 일본의 잔향에 어울리는 예술 공간을 형성하였다.

○ 계획 주안점

- 방악의 연주에 가장 어울리는 명료한 잔향을 가지는 음향 공간을 창출한다.
- 노(能)무대 풍의 오픈 스테이지와 원 슬로프 형식의 객석에 의한 구성을 채용하여, 방악용 홀로서 새로운 홀 공간을 창조한다.
- 객석 수(250석)를 살린 친밀감이 높은 홀을 실현한다.
- 방악용 홀로서, 사용하기 편하게 적절한 무대 설비를 설치함과 동시에, "무용"에 대한 대응도 고려한다.

○ 방악(邦樂, ほうがく-호가쿠)

우리가 국악이라고 하듯이 일본에서도 전통 음악을 가리키는 말이 있다. '방악'이다. 그런데 주로 방악이란 말은 고토(箏, こと-고토), 샤미센(三絃, しゃみせん-샤미센), 샤쿠하치(尺八, しゃくはち-샤쿠하치)와 타악기만을 가리키는 좁은 의미로 많이 쓰인다. 일본은 우리와 달리 방악을 전공할 수 있는 대학이 세 군데 정도밖에 없다. 대학과 더불어 프로연주자를 길러내는 다른 시스템은 이에모토(家元)라는 제도이다. 도제 시스템의 한 형태라고 볼 수 있는 일본 특유의 이에모토(家元)는 소위 유파를 형성하는 집단을 말하는데, 우리와 다른 점은 지극히 개인적으로 한 가계를 이룬다는 점이다. 우리나라 유파는 비교적 느슨한 연대로 묶여 있지만, 이에모토를 통한 일본의 유파는 가족관계처럼 강하게 묶여 있다. 폐쇄성이 아주 강하다.

[표] 기오이 소 홀 개요

구 분	내 용
객 석 수	250석 객석 규격 : 너비 : 14.6m, 안길이 : 11.6m, 높이 : 7.0m
건축음향	실용적 : 1,800㎥, 표면적 : 900㎡ 잔향시간 : 공석 시 0.93초, 만석 시 0.83초 홀 형상 : ONE BOX 형식 소음레벨 : NC-20
기 타	① 무대 규격 : 너비 : 14.6m, 안길이 : 6.9m, 무대높이 : 0.8m ② 객석 형식 : 원 슬로프 형식 ③ 방악의 연주에 가장 어울리는 명료한 잔향을 가지는 음향 공간을 창출. ④ 노우 무대 풍의 오픈 스테이지와 원 슬로프 형식 객석에 의한 구성을 채용하여, 방악용 홀로서 새로운 홀 공간을 창조. ⑤ 객석 수(250석)를 살린 친밀감 높은 홀을 실현. ⑥ 방악용 홀로서, 사용하기 편리하고 적절한 무대 설비를 마련함과 동시에, "무용"에 대한 대응도 고려 ⑦ 차음 구조 : 기오이홀과 기오이 소 홀이 위아래로 적층하기 때문에, 양 홀의 동시 사용을 전제로 해서 두 홀 간의 슬래브를 이중 슬래브로 하고, 또 소 홀의 천장, 바닥을 플로팅 차음구조로 함 ⑧ 그 외 시설 : 분장실, 주최자 대기실, 샤워실 등

▶ 소 홀 모습

○ 홀 타입의 계승과 재고(再考)

과거 30년간, 일본에서는 매우 많은 콘서트 전용 홀이 건설되었다. 1980년대 초에는, 다목적 홀의 무목적성(無目的性)이 한창 비판을 받아 전용 홀 건설의 필요성이 주장되던 것을 상기하면, 믿을 수 없을 정도의 상황이다. 현재 그 수는 수도권에서는 이미 수요를 초과되었다고 볼 수 있으며, 지방의 작은 도시에까지 파이프오르간을 갖춘 훌륭한 홀이 있는 양상(樣相)은 경이롭다고도 말할 수 있을 것이다.

먼저 홀의 평면형·단면형은, 압도적으로 하나의 타입=슈박스 형으로 편중되어 있다.

산토리 홀을 대표로 하는 아레나 형도 조금씩 등장해 오고는 있지만 소수파이다. 콘서트홀은, 원래 니콜라우스·펩스너(Nicolaus Pevsner)의 명저 『빌딩 타입의 역사』 안에 포함되어 있지 않은, 역사가 오래되지 않은 건축의 종류(건축 타입)이기는 하지만, 그럼에도 불구하고 설계자에게 공간의 형식에 대해 강한 선입견(先入見)을 주고 있는 건축 타입도 없을 거라고 판단된다. 최초의 스케치를 그리기 전부터 슈박스 형으로 할 것인지, 아레나 형으로 할 것인지 하는 「형태」에 대한 논의가 이루어지는 것은 보통이고, 일본의 설계자는 특히 슈박스 형에 집착해 왔다. 빈이나 보스턴의 우수한 선례를 본받고자 하는 것은 저항하기 힘든 유혹으로, 설계의도(設計意圖)로서도 이해할 수 있다.

문제는 형태(形態)의 선택에 있는 것이 아니다. 그 전에 있다. 즉, 그 인테리어 디자인의 경향(傾向)이 매우 좁은 범위에 한정(限定)되고 있다는 점이다.

시험 삼아, 「이즈미 홀(いずみホール)」「기오이홀(紀尾井ホール)」「하마리큐아사히 홀(浜離宮朝日ホール)」의 내부 측벽의 사진을 늘어놓고, 어느 것이 어느 홀인지 맞힐 수 있는 사람은, 설계자 이외에 거의 없지 않은가. 측벽에는, 그릭 오더(Greek Order)에 의한 벽기둥(pilaster)의 변종(變種)과 보이는 기둥형이 규칙적으로 리듬을 새겨, 기둥 간의 베이(bay)에는, 고전주의(古典主義) 건축의 에디쿨라(aedicula)를 대신하는 측방 반사음 확산 목적의 요철이 설치되어, 연중에 이와 같은 일련의 패턴을 강조하기 위한 브래킷을 이용한 간접조명이 설치된다. 말하지 않아도 다 아는 포스트 모던의 상투적인 수단(手段)이다.

건축계에서는 이미 과거의 산물(産物)이 된 포스트모더니즘은, 이 세계에서는 재생산되고 있는 것이다. 그리고 무슨 이유에서인지, 어느 홀이든, 규칙적이며 판에 박은 듯이, 표면은 목재 패널로 마감되어 있다. 설계자는 이에 대해 「나무의 온기(溫氣)가 클래식 음악에 어울리기」 때문이라고 설명한다.

「이즈미 홀(いずみホール)」

「하마리큐아사히 홀(浜離宮朝日ホール)」

일본의 설계자가 모범을 찾는 서양의 슈박스형 홀이, 대부분 19세기 후반의 산물이며, 그 시대의 양식으로서 신고전주의(新古典主義)가 널리 이용된 것은 당연했다.

그러나 공간의 형식을 참고로 하는 것과 인테리어 디자인의 양식을 모방(模倣)하는 것은, 전혀 다른 차원의 문제이다. 설계자들은, 매우 안이한 구상력이 부족한 선택을 하고 있는 것은 아닐까. 서양의 사례 모방을 일관한다면, 그것도 설계자로서 하나의 선택일 것이다.

그러나 규범으로 삼은 홀(악우협회 대 홀, 보스턴 심포니 홀, 콘세르트헤보) 중에서, 내장 마감에 나무를 사용하고 있는 사례는 없다. 신고전주의의 정석에 따른 내장은 스터코(stucco) 마감이 일반적이며, 필라스터(pilaster), 코니스(cornice), 페디먼트(pediment) 등은 르네상스 이래의 규칙에 따라 디자인되어 벽면을 장식하고, 일부 금박으로 꾸며진 부분도 있지만, 기본은 모두 스터코로 칠해져 있다.

일본의 「전형적인 슈박스」를 표방하는 홀에서는, 이들 고전주의적인 요소는 모두 진짜 고전주의와는 전혀 닮지 않은 「듯한 것」으로 모습을 바꾸고 있고, 심지어 모든 것이 공손하게 목재 패널로 덮여 있다. 나무로 만들어진 오더라 하면, 예전에 찰스 무어(Charles H. Moore)가 뉴올리언스(New Orleans)의 『베네치아 광장(Piazza Venezia)』에서 시도한, 그릭 오더를 알루미늄 및 나무로 바꾸는 의식적인 매너리즘(Mannerism)을 상기시키는데, 그 작품의 그로테스크(grotesque)한 외관은, 포스트모더니즘의 깊은 병을 느끼게 해주는 것이었지만, 적어도 설계자의 고전에 대한 교양(教養)과 의식적인 위트가 느껴졌다.

그러나 일본의 『나무의 온기를 소중히 한』 슈박스 홀에서는, 그 어느 것도 느껴지지 않는다. 오히려 설계자들은 의식하고 있지 않지만, 결과적으로는 「모방한 작품(Kitsch)」를 생산하고 있다고 말할 수 있을 것이다.

또 하나 목재 패널에 관해서는, 강력한 옹호론(擁護論)이 있다. 이른바 「홀도 하나의 악기이다.」 혹은 「악기와 같아야 한다.」는 것이다. 그러나 다종다양한 악기와 연주자와 관객을 감싸는 공간 전체가 또 하나의 큰 악기여야 한다는 것은, 시적(詩的)인 비유로서는 이해할 수 있어도,

합리적인 설계이론(設計理論)이라고 말할 수 있을까.

또 이러한 비유의 대상으로는 항상 현악기가 상정(上程)되고 있는 것 같은데, 원래 바이올린이나 첼로의 몸 통속에 들어가 음악을 즐긴다는 연상(聯想)은, 이명(耳鳴)이 생길 듯한 기괴한 은유라고 볼 수 있고, 그리고 원래 악기는 현악기만 있는 것이 아니다.

그러면 어째서 이와 같은 획일적인 「모방한 작품(Kitsch)」이, 클래식 음악연주의 배경으로서 정의되어 버린 것일까. 콘서트홀은 연극극장과 달리 공연 중에도 암전(暗電)되는 일은 없다. 즉 설계자든 관객이든, 연주자이든 콘서트 중에, 그 인테리어를 실제로 보지 않으면 안 되는 고정적인 「무대장치」인 것이다. 그래서 이런 종류의 인테리어를 이상하게 느끼지 않고, 오히려 당연한 배경으로서 수용되어 버리고 있는 것은, 그것이 사람들에게 지지받고 있기 때문이라고 주장할 수도 있을 것이다. 이와 같은 주장은, 클래식 음악을 듣는 장소란, 어차피 일종의 테마파크라는 생각으로 이어진다.

최근 유럽에서 슈박스 형이 부활하는 경향이다. 전후 오랫동안 유럽의 각국에서는, 슈박스형 콘서트홀은 건설되지 않았다. 베를린은 말할 것도 없고, 라이프치히에서도 쾰른에서도 뮌헨에서도, 마치 옛 19세기의 선례를 의식적으로 배척(排斥)하듯이, 슈박스를 멀리하고 있었던 것이다. 그것이 최근 양상이 달라졌다. 루체른(장 누벨(Jean Nouvel) 설계), 룩셈부르크(크리스티앙 드 포잠파르크(Christian de Portzamparc) 설계)를 비롯해, 국제 설계공모가 열린 위베스퀼레(Jyväskylä)에서도 슈박스가 설계 조건이 되고 있다. 아마도 음향적인 우월성에서 공간의 형식이 재평가되어 온 것으로 판단된다.

그러나 장 누벨이나 포잠파르크의 디자인은, 옛 형태를 기본으로 하면서도, 완전 새로운 내장의 표현을 추구하고 있다. 포스트모더니즘도 「모방한 작품(Kitsch)」도, 그곳에는 없다. 루체른 콘서트홀은, 세밀한 주름이 새겨진 새하얗고 아름다운 세라믹 타일로 벽면을 덮는, 본 적도 없는 수법으로 사람들을 깜짝 놀라게 만들었다.

게다가 그 공간은 우아하고, 유럽의 전통 있는 음악제 공연장에 어울리는 품격이 신선한 표현 속에 살아나고 있다. 새로운 재료와 형태의 조합으로, 새로운 표현을 추구하는 디자이너의 일이 그곳에는 있다.

장 누벨(Jean Nouvel)의 상상력은, 오페라하우스와 같은 콘서트홀을 능가하는 인습적인 종류의 건축을 설계할 때에도 그 대담함을 잃지 않는다. 리옹 오페라하우스에서는, 공간의 형식은 고전적인 형식을 답습하면서, 칠흑 같은 어둠 속에 붉은 촛불 같은 빛이 점재하여 켜지는 듯한 검은 내장을 디자인하고 있다.

이는 리옹에 전해지는 성모마리아 감사제(感謝祭)에서, 사람들이 어두운 밤에 촛불을 켜는 행사에서 힌트를 얻었다고 본인이 말하고 있는데, 흐릿하게 빛나는 검은 벽면을 가진 오페라하우스는, 의표를 찌르는 신선함으로 오페라에 대한 기대감을 고조(高潮)시키고, 축제성을 높이는 데 성공하였다. 건축가의 발상의 진면목을 생각하게 만드는 실례이다.

○ **부속시설**

	기오이홀	기오이 소 홀
분장실 외	분장실 1 : 17㎡ (화장실, 샤워 룸 ○) 분장실 2 : 17㎡ (화장실 ○) 분장실 3 : 17㎡ (화장실, 업라이트 피아노 ○) 분장실 4 : 41㎡ 분장실 5 : 24㎡ 분장실 6 : 77㎡ (분할 가능, 그랜드피아노 ○) 주최자 대기실	분장실 1 : 14.8㎡ 분장실 2 : 22.4㎡ 분장실 3 : 25.9㎡ 주최자 대기실 샤워실
그 외	당일권 판매장 클로크 바 코너	코인 로커 음료자판기 코너

▶ 부속시설 모습

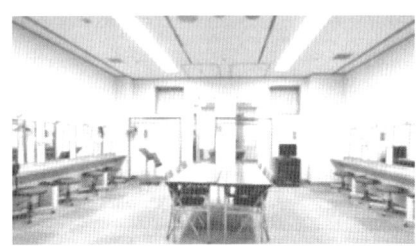

도면

▶ 평면도

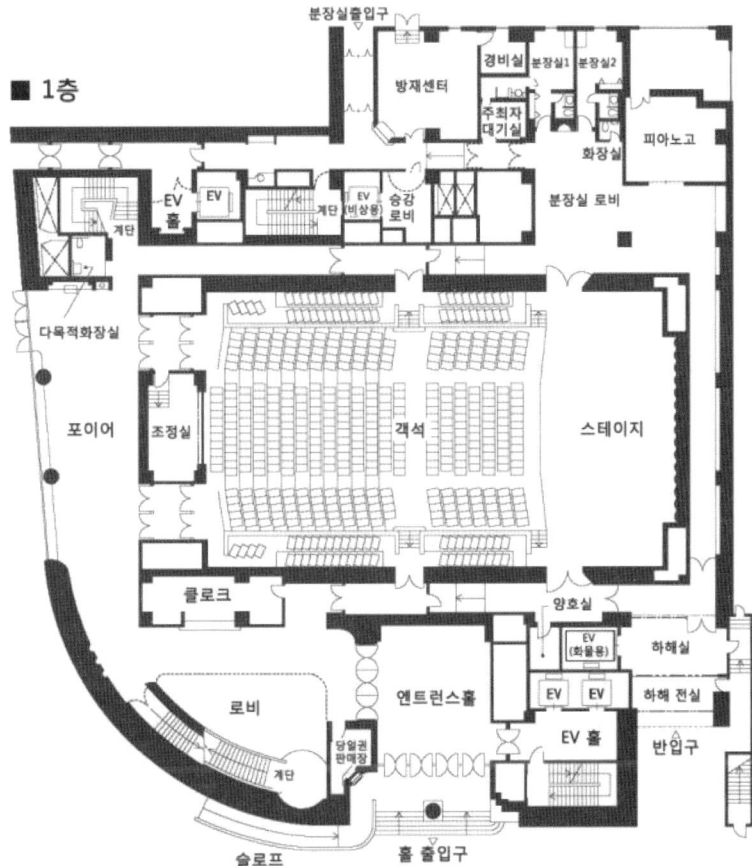

1층 평면도

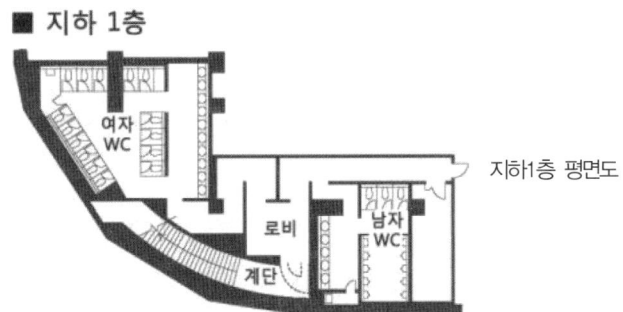

지하1층 평면도

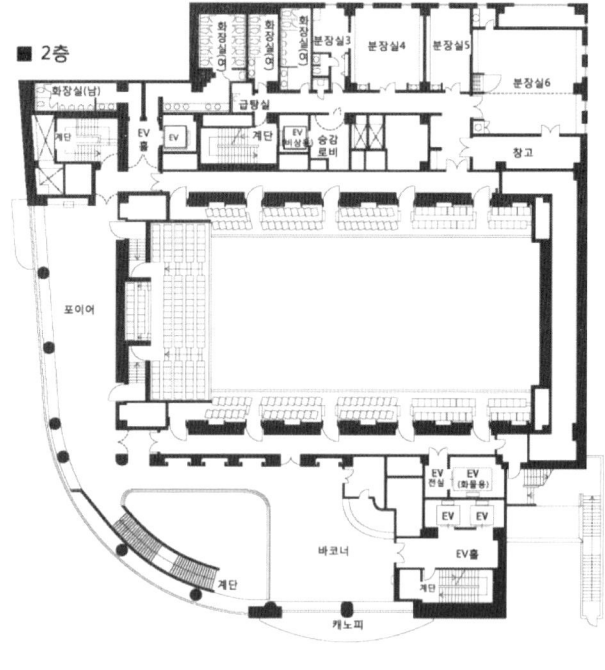

2층 평면도

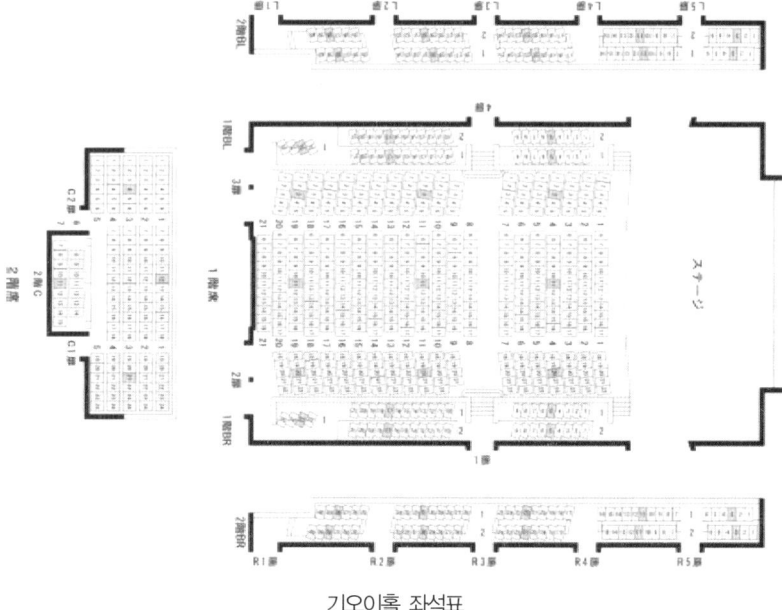

기오이홀 좌석표

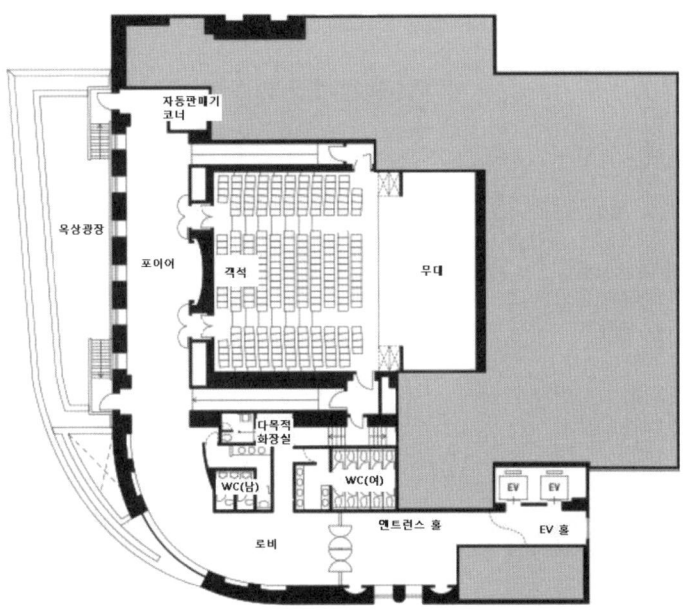

5F 평면도

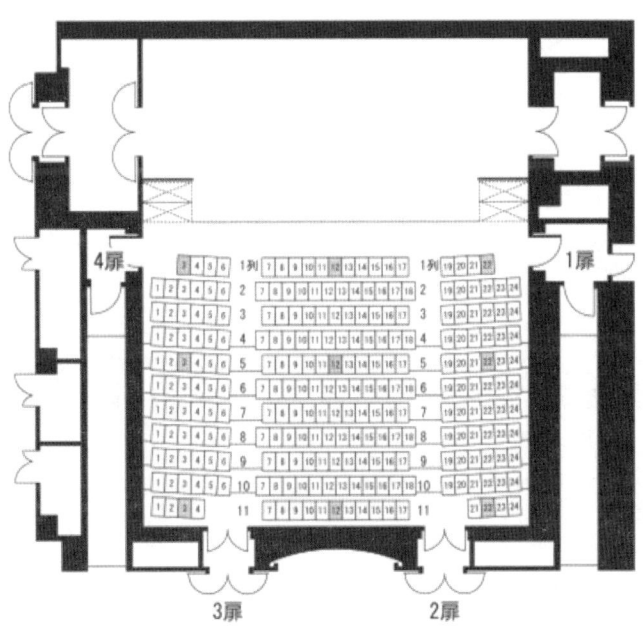

기오이 소 홀 좌석표

01. 기오이홀

기오이홀(Kioi hall) 공연자료

 紀尾井ホール室内管弦楽団
Kioi Hall Chamber Orchestra Tokyo

2025
Kioi Hall
Chamber Orchestra Tokyo
Principal Conductor: Trevor Pinnock
Subscription Concerts

2025年度 定期演奏会のご案内

30th
NIPPON STEEL
KIOI HALL

選択セット券 (4回セット) 各回同一曜日(第144回/月・祝を除く)にお好みの座席でご鑑賞いただけます。
1公演券よりもお得な料金に加え、各種特典もあります。

■ 優先販売(2024年度定期会員限定)　　2024年11月15日㈮
■ 一般販売　　　　　　　　　　　　　2024年12月13日㈮

特別協賛 　　協賛　住友商事株式会社　MITSUI&CO.　三菱商事株式会社

紀尾井ホール室内管弦楽団　2025年度定期演奏会

第142回　The 142nd Subscription Concert

ゲッツェル8年振りの再登場。ブルガリアの名花ストヤノヴァを迎え、
ウィーン作品と前回の2番に続くシューマン第4番をお届けします。

日本製鉄
紀尾井ホール

2025年 4月18日 (金)19時開演 ｜ 19日 (土)14時開演
19:00 on 18th & 14:00 on 19th April, 2025

指揮 Conductor	サッシャ・ゲッツェル　Sascha Goetzel
メゾソプラノ Mezzosoprano	スヴェトリーナ・ストヤノヴァ　Svetlina Stoyanova
ハイドン Haydn	交響曲第39番ト短調 Hob. I:39　Symphony No. 39 in G minor Hob. I:39
ツェムリンスキー Zemlinsky	シンフォニエッタ op.23　Sinfonietta for orchestra op. 23
ベルク Berg	7つの初期の歌　7 Early Songs
シューマン Schumann	交響曲第4番二短調 op.120 [1841年初稿]　Symphony No. 4 in D minor op. 120 [First Version of 1841]

サッシャ・ゲッツェル　　スヴェトリーナ・ストヤノヴァ

聴きどころ　2025年度はゲッツェル8年振りの再登場で幕を開けます。KCO3度目の出演となる今回は、2020年にキャンセルを余儀なくされたプログラムを再編成し、ハイドン、ツェムリンスキー、ベルクというゲッツェルのお国ものとも言うべきウィーン作品と、シューマンの交響曲第4番を組み合わせました。ハイドンの全方位的才能を見事に示す短調交響曲の傑作第39番に、ブラームスに評価され世に出、後にコルンゴルトの師にもなったツェムリンスキーのモダンさが光る《シンフォニエッタ》、ロマンティシズムと官能性を漂わせ、声とオーケストラが濃密な絡み合いを聴かせるベルクの《7つの初期の歌》、そしてシューマンがクララと結婚後、最初の彼女の誕生日にプレゼントした交響曲第4番の初稿版をお聴きいただきます。ソリストには、2020年の企画時と同じく、ウィーン国立歌劇場から世界の舞台へと活躍の場を転じたスヴェトリーナ・ストヤノヴァをお迎えします。

■1公演券発売日　2025/1/10(金)12:00(正午)～

第143回　The 143rd Subscription Concert

ピノックが絶賛するドヴガンとの再共演と、
記念碑的公演と高く評価された《讃歌》に続くメンデルスゾーン第2弾。

日本製鉄
紀尾井ホール

2025年 7月4日 (金)19時開演 ｜ 5日 (土)14時開演
19:00 on 4th & 14:00 on 5th July, 2025

指揮 Conductor	トレヴァー・ピノック　Trevor Pinnock
ピアノ Piano	アレクサンドラ・ドヴガン　Alexandra Dovgan
ラヴェル Ravel	クープランの墓　Le Tombeau de Couperin
ベートーヴェン Beethoven	ピアノ協奏曲第4番ト長調 op.58　Piano Concerto No. 4 in G major op. 58
メンデルスゾーン Mendelssohn	交響曲第4番イ長調《イタリア》op.90, MWV N 16　Symphony in A major "Italian" op. 90, MWV N 16

トレヴァー・ピノック　　アレクサンドラ・ドヴガン

聴きどころ　ピノックの首席指揮者第2期最初の回。日本製鉄紀尾井ホール改修直前にあたり、このホールの唯一無二のアコースティクを多くの方の耳と心に刻み付けていただけるよう、王道にして個性豊かなプログラムをご用意しました。ラヴェルの軽妙と洗練、ベートーヴェンが楽想の聴きやすさと実験的な手法（独奏ピアノによる弱音での開始、楽章ごとの編成の差異等）を同時に成立させたピアノ協奏曲、そして陽光が燦々と降り注ぐような明るさとリズムの喜びに溢れたメンデルスゾーン。これらの作品で、およそ30年にわたって熟成させてきた日本製鉄紀尾井ホールの音をじっくり味わっていただきます。なお、《イタリア》は2023年の《讃歌》に続くピノックのメンデルスゾーン第2弾となります。ソリストは2022年以来2度目となるアレクサンドラ・ドヴガン。ピノックが「今彼女の成長を聴き逃してはならない」と絶賛する才能です。

■1公演券発売日　2025/3/7(金)12:00(正午)～

第144回
The 144th Subscription Concert

シェイクスピア、コルンゴルト、マックス・ラインハルトの連関を
コンセプトにした豪華プログラム。
音楽性と深い知識を併せ持つ阪田知樹がKCOにデビュー。

東京オペラシティ コンサートホール

2025年 9月15日(月・祝) 14時開演
14:00 on 15th September, 2025
※月曜日(祝日)の1日公演となります。

指揮 Conductor	阪哲朗 Tetsuro Ban	
ピアノ Piano	阪田知樹 Tomoki Sakata	
ソプラノI・II Soprano I・II	調整中 TBA	
合唱 Chorus	調整中 TBA	
ヴェーバー Weber	歌劇《オベロン》J.306〜序曲 Overture to the Opera "Oberon" J. 306	
コルンゴルト Korngold	左手のためのピアノ協奏曲嬰ハ調 op.17 Piano Concerto in one movement for the Left Hand in C-sharp op. 17	
メンデルスゾーン Mendelssohn	劇付随音楽《夏の夜の夢》op.21 MWV P 3 & op.61 MWV M 13 [序曲付き全曲] A Midsummer Night's Dream Concert Overture op. 21 MWV P 3 & Music to Shakespeare's Comedy op. 61 MWV M 13	

阪哲朗

阪田知樹

聴きどころ
第144回もビッグ・プロジェクトをお贈りします。指揮はKCOとの相性がすこぶるよく、定期的に客演を重ねている阪哲朗。プログラムはシェイクスピアの名高い戯曲にまつわるヴェーバーとメンデルスゾーンの作品に、コルンゴルトによる珍しいピアノ協奏曲を組み合わせました。同コンチェルトは、これまでに西日本で2回しか採り上げられておらず、これだけでも貴重な機会となります。さらに《夏の夜の夢》は全曲版。妖精が飛び回り、歓喜が爆発するような序曲や、ホルンがたっぷりと歌う夜想曲、どなたもご存知の結婚行進曲はもちろん、ソプラノ2名のきわめて美しい二重唱やかわいらしい合唱も加わるとても魅力的でチャーミングな名作です。なお、この回からKCOは日本製鉄紀尾井ホールをいったん離れます。他会場でのKCOのサウンドにもご期待ください。

■1公演券発売日 2025/5/9(金)12:00(正午)〜

<大阪公演> 9月16日(火)19時開演 住友生命いずみホール(選択セット券対象外)

第145回
The 145th Subscription Concert

若き才能ダンカン・ウォードとのオール「B」プログラム。
長いキャリアを誇るムローヴァが日本で初めてベルクの協奏曲を披露します。

東京オペラシティ コンサートホール

2025年 11月21日(金)19時開演 | 22日(土)14時開演
19:00 on 21st & 14:00 on 22nd November, 2025

指揮 Conductor	ダンカン・ウォード Duncan Ward	
ヴァイオリン Violin	ヴィクトリア・ムローヴァ Viktoria Mullova	
ブリテン Britten	歌劇《ピーター・グライムズ》〜 4つの海の間奏曲 op.33a Four Sea Interludes op. 33a from Peter Grimes op. 33	
ベルク Berg	ヴァイオリン協奏曲 Violin Concerto	
ブラームス Brahms	交響曲第1番ハ短調 op.68 Symphony No. 1 in C minor op. 68	

ダンカン・ウォード　ヴィクトリア・ムローヴァ

聴きどころ
2025年度最後の定期は11月。英国のダンカン・ウォードがKCOにデビューします。サイモン・ラトルもその才能を認め、彼のためにベルリン・フィルのアカデミーにアシスタントのポストを新設したという逸材で、まさに将来を嘱望される若手指揮者です。ソリストはヴィクトリア・ムローヴァ。40年にわたり世界のヴァイオリン界を牽引する、まさにビッグネームです。プログラムはブリテン、ベルク、ブラームスのオール「B」プログラム。前半は20世紀前半の傑作を2つ。ブリテンの傑作オペラ《ピーター・グライムズ》から〈4つの海の間奏曲〉、そしてブリテンが尊敬し、師事を望んでいたベルクの白鳥の歌。「ある天使の思い出に」という献辞でも有名なヴァイオリン協奏曲です。後半はブラームスが着想から完成までに21年もの歳月をかけた大作、交響曲第1番を初演時に近い編成でお届けします。

■1公演券発売日 2025/9/19(金)12:00(正午)〜

※出演者・曲目・演奏順は予告なく変更となる場合があります。予めご了承ください。

Xeno
TRUMPET 35th & TROMBONE 30th ANNIVERSARY CONCERT
2025.10.16 THU 18:30 OPEN / 19:00 START
in ヤマハホール
〒104-0061 東京都中央区銀座7-9-14

伊藤 駿	大西 敏幸	菊本 和昭	後藤 慎介	辻本 憲一	中山 隆崇
[東京都交響楽団]	[日本フィルハーモニー交響楽団]	[NHK交響楽団]	[パシフィック・フィルハーモニア東京]	[読売日本交響楽団]	[東京都交響楽団]

TRUMPET
- G. ロッシーニ/E. モラレス：「セヴィリアの理髪師」序曲
- T. スティーブンス：トライアングルI
- B. ブリテン：聖エドモンズ墓地のためのファンファーレ
- A. プログ：組曲　ほか

青木 昂	葛西 修平	柴田 晃	山口 隼士
[読売日本交響楽団]	[読売日本交響楽団]	[読売日本交響楽団]	[シエナ・ウインド・オーケストラ]

TROMBONE
- J. S. バッハ：前奏曲とフーガ
- S. ラフマニノフ：歌うなかれ、美しい人よ ～6つの歌op.4より～
- D. ファレリス：テイミング・ジャイアンツ　ほか

※曲目は変更となる場合がございます。

料金	【全席指定】一般 5,500円 ／ 学生 3,500円 ※全て税込
	※未就学児のご入場はご遠慮いただいております。
チケット取扱い	【WEBでの購入】チケットぴあ https://t.pia.jp　Pコード【306-308】
	【ご来店での購入】ヤマハ銀座店インフォメーション 東京都中央区銀座7-9-14（営業時間）11:00～18:30（定休日）火曜日
	【お電話での購入】株式会社ヤマハミュージックジャパン アトリエ東京 Tel. 03-3574-0619 平日10:30～18:30
お問い合わせ	株式会社ヤマハミュージックジャパン アトリエ東京 Tel. 03-3574-0619 平日10:30～18:30

チケットぴあはコチラ▶ 　　ヤマハ銀座店 検索

後援：日本トランペット協会、日本トロンボーン協会　協力：ヤマハ管楽器特約店　主催：株式会社ヤマハミュージックジャパン

株式会社ヤマハミュージックジャパン

02. 야마하홀

ヤマハホール – Yamaha Hall

야마하홀(ヤマハホール - Yamaha Hall)

　YAMAHA가 긴자 지역에, 세계적인 건축가 안토닌 레이몬드(Antonin Raymond)의 설계로 도쿄지점으로서 (구)야마하 긴자빌딩을 건설한 것은, 1951년이다. 당시로서는 대단히 참신한 빌딩으로, 반세기 이상에 걸쳐 야마하의 얼굴로서 오랫동안 사랑받아 왔다.

　야마하홀은 1953년 일본악기빌딩(日本樂器ビル) 내에 오픈, 당시에는 2층 524석 규모의 홀이었다. 그러나 노후화가 진행되고 그와 더불어, 지역의 건축 조건의 완화도 영향을 미쳐, 앞으로의 반세기를 내다보고, 새로운 정보발신(情報發信)의 장을 정비하고자, 새로운 빌딩의 건설을 결정하게 되어 2006년에 일시 폐관, 2010년 2월 26일에 리뉴얼 오픈하였다.

　새로운 야마하 긴자빌딩의 건설에 앞서, 고급 부티크가 늘어선 긴자에서, 어떻게 야마하의 정체성을 표현할 것인가를 테마로 다양한 논의가 거듭되었고, 「외관에서 『소리·음악』을 표현할 것」

과 「야마하 특유의 음악공간이 밖에서 보여, 음악의 즐거움을 느낄 수 있는 건물로 할 것」 등의 요망을 수용하여, 이를 구현하기에 이르렀다. 이 소리·음악을 이미지화 하여, YAMAHA 다움을 느끼게 해주는 빌딩에는, 야마하의 소리·음악에 관한 각종 시설이 응축(凝縮)되어 있다.

「어쿠스틱 악기에 최적인 홀」을 만들기 위해, 야마하의 총력을 기울인 야마하홀. 홀 음향설계의 노하우는 물론이고, 악기 제작, 음향기기의 개발 등을 통해, 오랜 세월동안 키워온 다양한 기술을 투입하였다.

구(舊)·야마하홀에서 높이 평가받았던 「음악과의 일체감을 맛볼 수 있는 홀」이라는 전통을 고수하면서, 최량의 소리, 잔향을 얻을 수 있도록, 세부에 걸친 치밀한 대책(對策)이 실시되었다.

좌석 수는 1층 250석, 2층 83석의 333석. 야마하 긴자빌딩 7층에 포이어가 있고, 8층이 홀의 1층석, 9층이 홀 2층석에 해당한다. 세계 유수의 상업지인 긴자 지역에서, 야마하 그룹의 정보 발신 거점·고객과의 커뮤니케이션 거점으로서의 활동을 적극적으로 전개(展開)해 나가고 있다.

[표] 건물의 개요	
구 분	내 용
소 재 지	도쿄도 츄오구 긴자 7-9-14 (東京都中央区銀座7-9-14)
공사발주	야마하 & 야마하 뮤직 도쿄
설 계	닛켄설계 음향설계 : 야마하 주식회사 사운드 테크놀로지 개발센터
시설규모	부지면적 635.43㎡, 연면적 7,582.99㎡
건축구조	철골 철근콘크리트조, 일부 철근콘크리트조, 철골조 지하 3층, 지상 13층, 옥탑 1층
시설종류	콘서트홀 : 실내악 전용 홀 미니콘서트 살롱, 분장실 등

외관 및 로비

新 야마하 긴자빌딩의 전체 길이는 96m. 지상 66m 부분에 상점 및 살롱, 홀, 음악 교실을 갖추고, 지하 14.0m 부분에는 라이브하우스를 가진다. 전혀 용도가 다른 시설을 세로로 쌓아 올린 이 빌딩은 참으로 다양한 구조이다. 요철을 대지 않고 1장의 유리면에 구성한 외벽이, 중앙거리에 면한 「야마하 긴자빌딩」의 구체(構體)를 남김없이 뒤덮고 있다.

벽면은 사선 격자에 의해, 완전한 정방형의 기하도형으로 구분되고, 각 정방형은 금박도 포함하는 윤기(潤氣)와 투명감 혹은 유백색의 쿨함을 나누어 가지며, 꾸며져 있다.

그 촉감은, 디지털 처리된 Texture mapping의 도상(図像)을 확대한 정취가 있다. 거대한 「디지털 도상」은, 자연광과 내부 조명이 대항(對抗)하는 저녁 무렵에, 아름다움을 부각시킨다. 「금관악기의 이미지를 담았다」고 설계자인 지노 호즈마(茅野 秀真)는 말한다.

목재 악기를 연상시키는 내부 공간 및 홀에 비해, 파사드에는, 금관악기를 연상시키는 신개발의 금박 복합유리를 사선 격자의 패턴에 랜덤으로 배치하고, 인상파의 그림을 떠올리게 하는 소리의 반짝임이나 동요, 때의 변양과 변화 등, 「음악적인 것」을 표현하도록 시도하고 있다.

건물은, 다양한 소리 시설의 슈퍼 콤플렉스로, 중앙 거리로 개방된 3개의 오픈 천장을 중심으로 다이내믹한 복합적 공간 구성으로 되어 있다. 이 오픈 천장 공간을 사이에 두고, 거리의 변화함이 내부로 들어오고, 내부의 활기가 거리로 표출되어, 긴자의 거리로 울려 퍼지는 건축을 지향하였다.

설계자 지노 호즈마(茅野 秀真)는 「일본을 대표하는 악기 메이커, 야마하가 만든 세계 최대의 악기」라는 흥미로운 콘셉트라고 밝혔다.

전면 대로 1층을 아트리움의 음악 이벤트 공간으로 꾸미고, 중간층에는 300석 규모의 화려한 「콘서트홀」, 더 위층에는 수강자(受講者)가 모이는 「레슨 룸」의 플로어가 배치되었다. 지하에는 록 음악을 상정한, 라이브도 가능한 스튜디오도 설치되어 있다.

건물 전체가 「울리는」 구성으로, 개개의 목적에 적합한 야마하의 기술을 총집합시킨 「잔향(울림)」이 채용되었다. 음악 애호가라면, 긴자에 그런 빌딩이 존재한다고 상상하는 것만으로, 가슴 설레게 하는 「착상」이자, 「생각」이기도 하다. 그렇다면, 건축 도시이기도 하고, 일반적으로는 음악 도시로서 알려진 빈(Vienna)의 건축 군을 연상시킨 것은, 하나의 예술적 연장선상(延長線上)의 인상이기도 하다.

1층의 아트리움에서 여성 피아니스트의 연주가 시작되었다. 편안한 선율에 매료되어, 지나가는 사람들이 거기에 가세하도록, 연주자와 청중의 방해가 되지 않게 조심하면서 내부로 발걸음을 옮긴다.

▶ 로비 및 카페

메인 홀(Main Hall)

반세기에 걸쳐 긴자(銀座)를 대표하는 홀로서 사랑받아 온 야마하홀이, 2010년 2월 26일에 「어쿠스틱 악기에 최적인 콘서트홀」로 다시 태어났다. 야마하의 소리·음악 전반에 대한 기술과 노하우를 투입함으로써, 악기의 소리가 가장 아름답고, 깨끗하게 울려 퍼지는 풍부한 잔향시간을 실현하게 되었다.

피아니시모에서도 악기 본래의 소리가 두드러진다. 또 스테이지와 객석과의 경계를 최대한 배제한 설계에 따라, 연주가와 청중 사이에 일체감이 생겨, 음악을 가깝게 느낄 수가 있다.

또 내부 마감에서는 악기에서 사용되는 고품질 목재를 많이 사용. 나무의 질감(質感)을 소중히 한 어쿠스틱한 사선 격자 우드 패널은, 긴자 야마하 빌딩의 외장 이미지를 오버 랩 시키고 있어, 마치 홀이라는 악기의 내부에 있는 듯한, 소리와 음악이 넘쳐나는 상징적인 공간이 되었다.

어쿠스틱 악기에 최적인 홀의 음향에 대해, 「상방에서 쏟아져 내려오는 잔향 속에서「중심이 있는 선명한 악기의 소리」라는 콘셉트를 추구(推究)하였다. 설계 시에는 디자인과 음향이 융합된 홀 이미지를 논의하고, 음향 시뮬레이션·모형실험을 통해 소리의 성상을 검토하고, 천장에서 소리가 쏟아져 내리고, 스테이지로부터 선명한 소리가 도달하는, 최상의 소리 공간을 지향하였다.

홀의 음향설계 시에, 가장 먼저 설정한 목표는 「악기의 소리가 더욱더 잘 들리는 음향」으로 홀의 잔향을 중시한다기보다, 그곳에서 연주되는 음악, 악기의 음상이 깨끗하게 들리도록 설계하는 것이었다.

따라서 최대한 천장높이를 높게 해서 체적을 확보하면서, 동시에 측벽은 가급적 부드럽게 소리를 반사시키도록 설정하였으며, 천장 방향으로 빠져나간 소리는, 상부에 체류한 후 풍부한 잔향이 되어 내려오게 실현되었다. 新야마하 긴자빌딩의 큰 특징은, 뭐니 뭐니 해도, 통상의 수준을 훨씬 뛰어넘는, 매우 높은 차음성능이다. 이 차음성능은 참으로 「궁극」이라 말할 수 있다. 야마하 긴자 빌딩은 소리의 슈퍼 콤플렉스로, 고도의 차음 처리를 통해 서로 연결되어 있으면서도 독립된 정적도(靜寂度)를 가지는 공간으로 이루어져 있다. 그리고 중앙거리에 면하는 큰 3개의 오픈 천장 공간을 흡음한 계단으로 연결하여, 공간별로 소리를 리셋하여, 음 환경을 변양(変様)시키면서 연속시키고 있다.

특별한 공간뿐 아니라, 포이어 및 점포, 나아가서는 계단실에 이르는 모든 공간에 그 공간다운 음 환경을 만들어내고자 노력하고 있다.

[표] 메인 홀 개요	
구 분	내 용
객 석 수	총 객석수 : 333석 └ 1층석 250석, 2층석 83석
건축음향	실용적 : 2,520㎥, 표면적 : 1,440㎡ 잔향시간:1.60~1.50초 (공석시, 중음역)(가변문 폐(閉)~개(開)), 2.40~3.00초(AFC : ON) 평균흡음률 : 16~17% 가변문 폐(閉)~개(開))
기 타	① Box-in-Box 구조 　건물의 프레임 위에 각 실이 떠 있는, 이른바 플로팅바닥이라는 방법을 이용한 것으로 높은 차음성능을 가짐 ② 사선 격자 모양의 벽면 월 타일 　측벽에 시공된 사선 격자 모양의 우드 타일이 객석으로 돌아오는 소리를 여러 번 반사시킴으로써 소리의 행로(行路)가 길게 잡혀, 소리에너지를 억제 ③ 소리의 파도를 이미지화한 천장 　천장높이를 높게 하는 동시에 단면 형상을 약간 위로 퍼지도록 설계하였으며, 저주파부터 고주파까지 모든 주파수의 소리를 구석구석까지 반사하도록, 물결의 피치를 바꾸고 있음 ④ 무대 : 너비 11,000mm, 안길이 6,000mm, 높이 600mm ⑤ 악기 : 피아노 2대, 야마하 CFX, 뵈젠도르퍼(Bösendorfer)290 ⑥ 그 외 시설 : 포이어(7층, 72.5㎡), 분장실, 클로크, 드링크코너 등

▶ 내부 전경

▶ 측벽 우드타일

각각의 타일에는 기울기를 조정한 모양을 설치하였다. 이 기울기는 모형 실험에 의해 면밀하게 조정된 것으로, 측벽에 닿은 소리의 대부분은 천장 방향으로 반사되어, 객석에 돌아오는 소리도 몇 차례 반사를 반복하도록 되어 있다.

전하(前下)

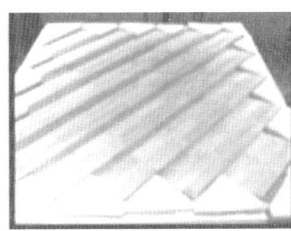
후상(後上)

산형(山型)

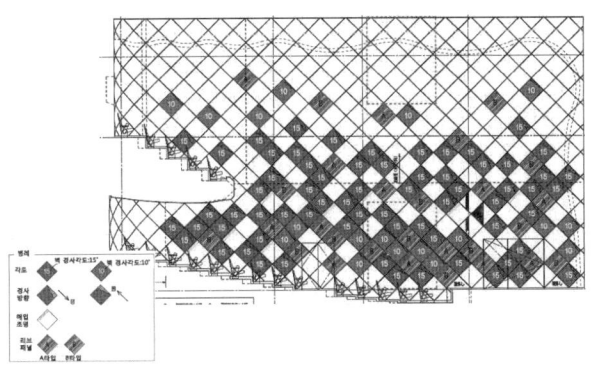

○ 방진 / 차음 설계

부지의 전면도로 바로 아래에는 지하철노선이 주행하고 있다. 구 야마하빌딩에서 철도 주행 시의 진동·고체음을 측정하고, 그 결과에 따라 건물로서 이하의 대책을 계획하였다.

- 건물 전체의 SRC 구조화
- 홀·스튜디오·음향 제 실에 대한 방진 차음구조의 채용

각 실의 상정 목표 NC값을 달성하였다.

홀·스튜디오와 함께, 소규모 콘서트용의 살롱·악기연주 스테이지를 가지는 1F 포털·음악 연습실·점포의 악기 시주실 등 수많은 음원실·수음실이, 전면 대로에 열린 3개의 오픈천장 공간을 중심으로 적층되어, 실 간의 차음성능 확보가 큰 문제였다. 확실한 차음을 위해 SRC구조를 채용하고, 홀·스튜디오·살롱·음악 연습실·일부 악기 시주실에 6면 방진 차음구조를 채용한 것 외에, 각소에 부분적인 방진 차음 조치를 실시하였다. 공조소음·설비 가동음에 대해서도 소음(消音)·방진 조차를 통해 각소 용도에 적합한 정적도를 확보하고 있다. 개요를 그림에 나타낸다.

- 진동·소음원인 지하철로부터 물리적으로 거리를 두는 시도를 고안하여, 7~9층에 걸쳐 홀을 설치
- 빌딩 그 자체의 구체 및 바닥에 사용되고 있는 콘크리트의 양을 늘려서, 빌딩 자체의 중량을 늘림으로써 진동을 막는다는 대책도 구축하는 등, 대대적인 방진·방음 대책을 실시하여 적용
- 홀 주위의 벽·바닥·천장을 모두 이중으로 하고, 그사이에는 진동의 전달을 막는 특수소재 고무를 삽입(插入)

❖ 공기를 관통하는 소리와 구체를 관통하는 진동을 동시에 막기 위한 〈Box in Box〉라 불리는 플로팅구조를, 홀뿐만 아니라, 스튜디오 및 악기 점포·음악 교실, 심지어 화장실에도 채용하는 등, 소리 및 진동이 발생할 만한 부분에 일제히 도입

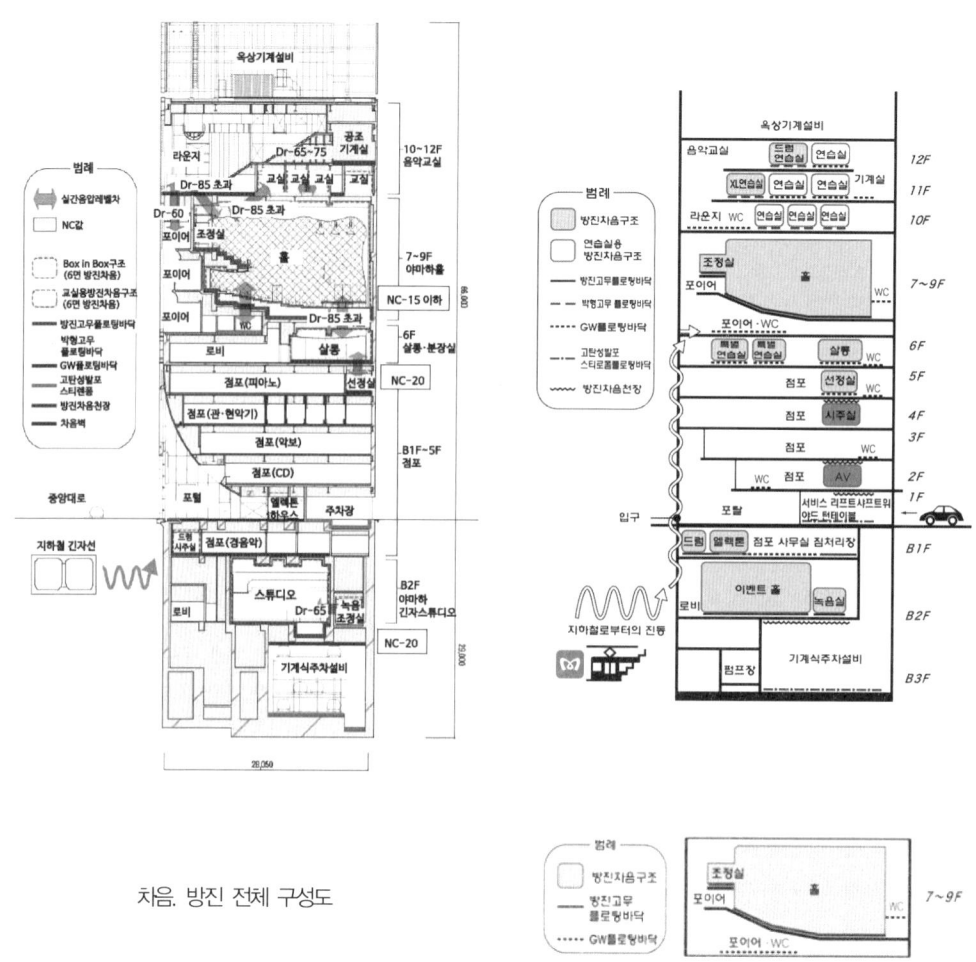

차음. 방진 전체 구성도

○ 메인 홀(Main Hall) 음향설계 – 사람과 공간, 이를 연결하는 소리

소리는 항상 그곳에 있다. 소리가 있으면, 공간에 리얼리티(reality)가 생긴다. 공간이 있으면, 소리에 풍부함이 더해진다. 소리는 항상 그곳에서 탄생되고, 그곳에 있으며, 그리고 공간 속에서 사라져 간다.

공간은 어떻게 인식될까. 먼저 빛 등의 시각정보(視覺情報)에 의해 「그곳에 있다」고 느낀다. 그러나 한번 소리가 사라지면, 자신이 「그곳에 있다」는 인식이 약해진다.

소리는, 자신이 공간에 내포되어 있다는 감각을 주고, 눈앞의 현상을 생생한 정경(情景)으로 변양시키는 촉매(觸媒)라 말할 수 있을 것이다.

음 환경의 대상은 일상적인 인간의 생활환경 자체가 된다. 불필요한 소리를 제거함으로서, 살려야하는 소리가 자연스럽게 부상하여, 명료성·여유 등의 정경을 가깝게 느끼게 된다.

우리는 소리 공간의 창조에 있어서, 용도·장소가 가지는 특성·분위기를 포착(捕捉)하여, 사람에게 작용하는 일상 공간의 풍부함·도시 공간 속의 정숙성·특별한 공간의 잔향과 같은, 장소에 따른 음향설계를 하고 있다.

일상적으로 존재하는 소리를, 어떻게 해방시키고 제어할 것인가를 고찰하는 것은, 소리의 정경이 가져오는 인간의 감수성을 보다 풍부하게 만드는 큰 초석(楚石)이 되지 않을까.

메인 홀의 음향을 실현하는 데 있어서, •풍부한 잔향(잔향감), •중심이 있는 선명한 소리(명료도), •연주하기 편한 스테이지, •잔향의 다양성을 음향설계의 포인트로 하여, 실 형상·내장을 검토하였다. 설계 포인트와 실제 홀 구성과의 대응을 아래 그림에서 알 수 있다.

풍부한 잔향(잔향감)에 대해서는, 부지의 제약이 있는 가운데 천장높이를 최대한 확보하여, 상부로 향해 확산되는 형상으로 함으로써, 7.6㎥로 비교적 기적(気積)이 작은 음장이라 하더라도 상방에서 쏟아져 내려오는 풍부한 잔향감을 얻을 수 있도록 하고 있다.

또 건식 벽 주체이면서 저음역까지 풍부한 잔향을 얻을 수 있도록 측벽 및 천장은 FG보드 4중으로 하고, 특히 초기반사음 생성에 중요한 무대 주변과 측벽 하부는 납 시트를 끼워 넣고 있다.

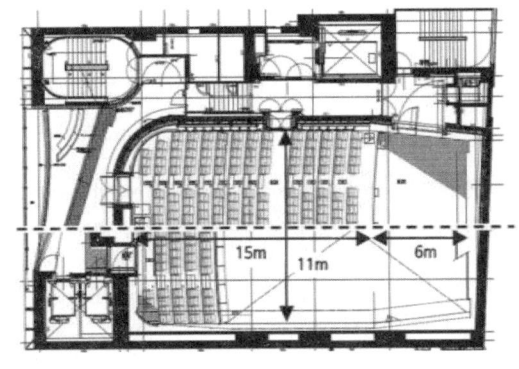
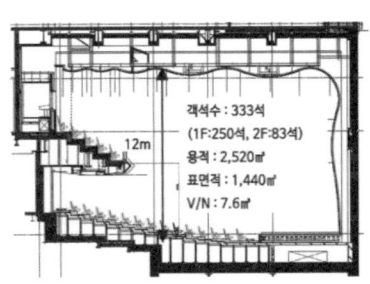

그림 홀 평단면도

연주하기 편한 스테이지에 대해서는, 높은 천장에 의한 상방에서의 초기반사음 부족을 서포터하기 위해 무대 상부에 부운(뜬구름)을 설치하고 있다.

잔향의 다양성에 대해서는, 고흡음의 천장 안쪽으로 이어지는 문을 개폐함으로써 흡음조정을 가능하게 하고 있다. 또 음장지원 시스템 : AFC의 도입으로, 최대 3초까지 잔향 연장이 가능하고, 풍부한 잔향(잔향감)에서 지향한 쏟아져 내려오는 잔향을 더 추구하고 있다.

중심이 있는 선명한 소리(명료도)에 대해서는, 풍부한 잔향 속에서도 피아니시모까지 심이 있는 소리를 객석에 도달시키기 위해, 계단식 바닥, 정면 반사판·부운의 형상을 결정하고 있다. 한편, 확산감 향상에 기여하는 측방 반사음은, 실폭이 좁은 소 홀에서는 너무 강해져서, 소리의 윤곽을 흐릿하게 만들 가능성이 있다.

따라서 특히 측방 반사음의 제어에 착목하여, 음상에 관한 지표인 ASW를 이용하여, 설계 단계에서 모형실험 및 음향시뮬레이션에 의한 측벽 형상의 비교검토를 하였다.

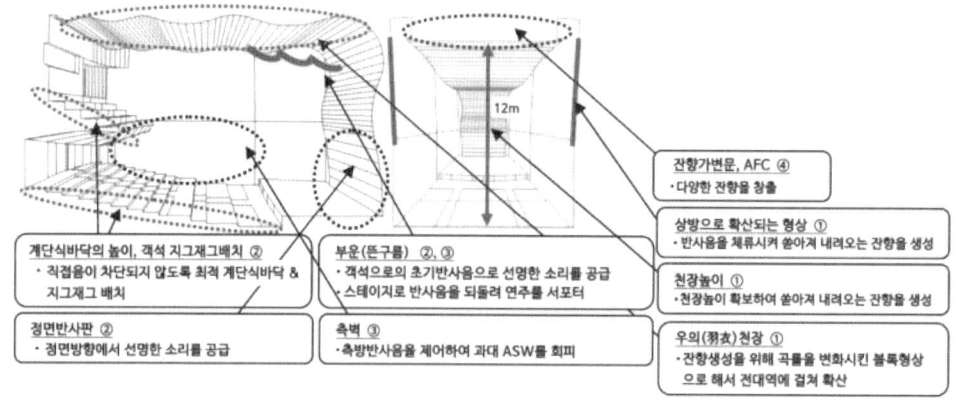

그림 홀 음향설계 개요

- 측벽 형상의 검토

측벽의 디자인은, 음향적으로는 측방 반사음의 제어라는 콘셉트가 있고, 한편으로, 디자인적으로는 시간적인 변화와 흔들림을 표현한 파사드 디자인인 사선 격자의 답습이라는 콘셉트가 있었다. 그래서 사선 격자 간에 형성되는 ◇면을 기울여, 반사음의 방향성·확산성을 제어함으로써 음향과 디자인의 양립을 도모하였다. 각 ◇면은 800㎜ 각(角)으로, 디자인 팀과 협의한 후, 경사는 전하(前下) 방향 또는 후상(後上) 방향으로 하고, 각도는 최대 15도로 하였다.

- 축척 모형실험에 의한 측벽 형상의 검토

측벽의 반사(산란) 특성을 파악하기 위해, ◇면의 1/5 축척 모형(160㎜ 각)을 제작하여, 1.2m 각(실 크기 6m 각)의 틀 안에 배열하여 측벽 패턴을 구성하고, 무향실 내에서 반사음의 폴라 패턴(Polar Pattern)을 측정하였다.

기본적인 성상을 파악하기 위해, 측벽 패턴은, 모두 전하(前下) 방향 : DW, 모두 후상(後上) 방향 : UP, 산형을 비키어 놓은 형상 : MT로 하였다.

DW에서는, 음원의 입사 방향에 대한 ◇면의 기울기에 따른 기하 반사 방향의 에너지(반사방위각 $R\beta = 135°$)가 크다. UP에서는, DW와 동일한 기하 반사 방향 이외에, $r\beta = 30 \sim 90°$ 방향의 반사를 볼 수 있다. 이것은 각 패널의 에너지 부분의 상승면에서의 반사음이 생성되고 있다고 판단된다. MT에 대해서는 다양한 방향으로 확산하고 있는 모습을 볼 수 있다.

이상의 결과와 설계 콘셉트를 토대로, 측벽을 5개의 구역으로 나누고, 각각에 나타내는 기본 방침으로 하였다. 그런 다음 상세에 대해서는 디자인 팀과 조정하여 최종안을 결정하였다.

또, 하부 방향의 플랫면에는 표면에 랜덤 리브를 설치하고, 고음역의 산란에 의해 글레어(glare)를 피하고 있다.

- **음향 시뮬레이션에 의한 검토**

모형실험으로 결정한 패턴에 대해서, 기하음향 시뮬레이션(CATT-Acoustic^{TM})에 의해 타 형상과의 비교 검토를 실시하였다. 검토에는, 음상에 관한 지푯값으로서 ASW에 착목하여, 모리모토(森本) 등이 제안하고 있는 식을 참조하였다.

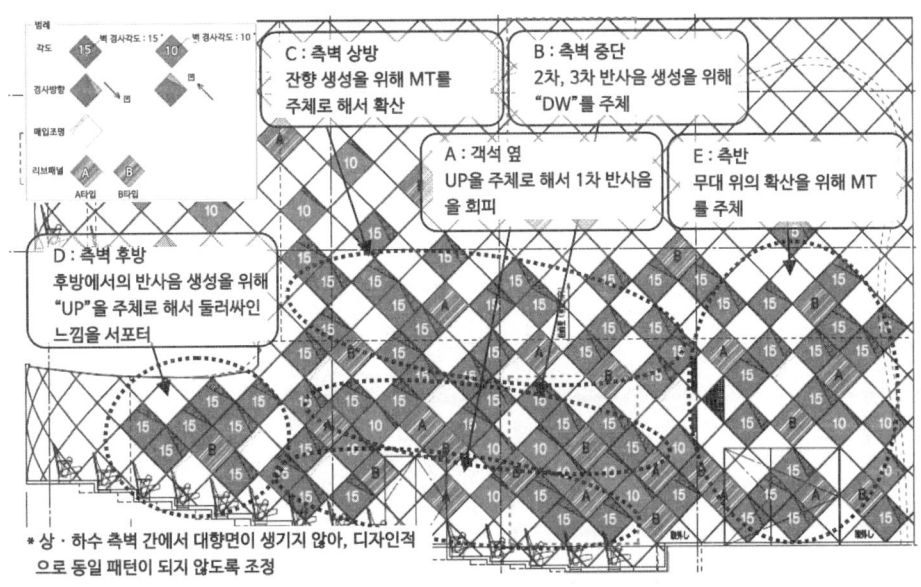

그림 측벽 패턴 (하수 측)

- 홀 디자인과 음향의 융합 포인트

A : 「**부운(뜬 구름)**」 명료함을 보강, B : 「**파형 천장**」 소리를 널리 확산, C : 「**높은 천장**」 쏟아져 내려오는 소리, D : 「**위로 확대되는 측벽**」 잔향을 체류, E : 「**잔향조정 문**」 잔향의 다양성, F : 「**정면 반사판**」 경사를 이루어 소리를 선명하게, G : 「**◇형 확산체**」 반사음을 산란, H : 「**벽 하부 확산체**」 부드럽게 소리에 휩싸임, I : 「**스테이지의 소리**」 목재 개질 처리, J : 「**구배 있는 객석**」 더 잘 보이고, 더 잘 들림

○ 홀 무대 바닥의 설계

무대 바닥에는 악기 제작 기술 중 하나인 ARE 처리를 도입하였다. ARE는, 기압과 온습도를 제어하여, 나무의 물성 값을 변화시킴으로써, 경년변화와 같은 효과를 얻을 수 있는 기술로, 이미 어쿠스틱기타 등의 울림판에 이용되고 있다. 야마하홀에서는, 그림에서 나타내는 무대 바닥 구성 중, 표면의 히노키(노송나무, 무구재 40mm)와 하지의 삼목판(무구재 15mm×2)에 대해서 ARE 처리를 하였다. ARE의 효과를 검증하기 위해, 설계 단계에서 처리를 한 나무와 통상의 나무를 사용해 각각 무대 샘플을 제작한 후 비교검토를 하였다.

임펄스 해머로 진행했을 때의 응답은 그림에 나타낸다. ARE 무대에서는 거의 전 대역에서 레벨이 상승하고 있다. 또 실제 연주(피아노, 첼로 등)에 의한 시청도 실시하였다. 연주자와 청취자로부터는 「음량이 올라갔다, 밝아졌다, 깨끗해졌다」와 같은 코멘트를 얻을 수 있었다.

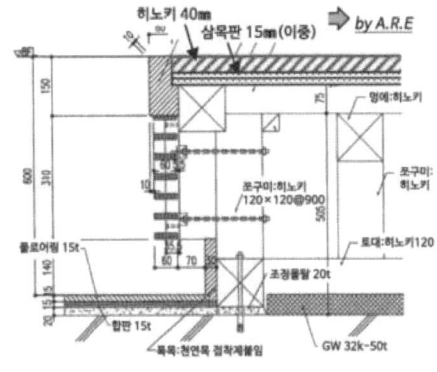
그림 무대 바닥의 구성

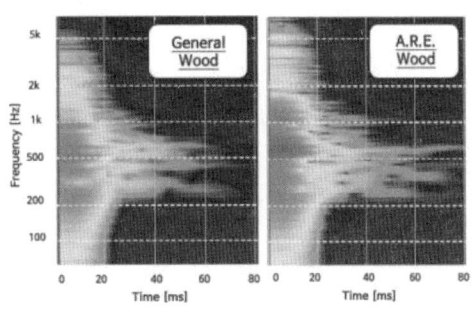
그림 임펄스 해머 진행 시의 응답

- 음향 측정 결과 – 잔향 특성

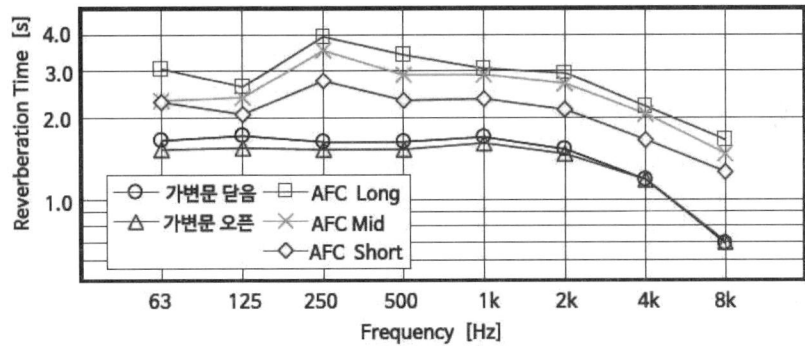

야마하 빌딩 구성

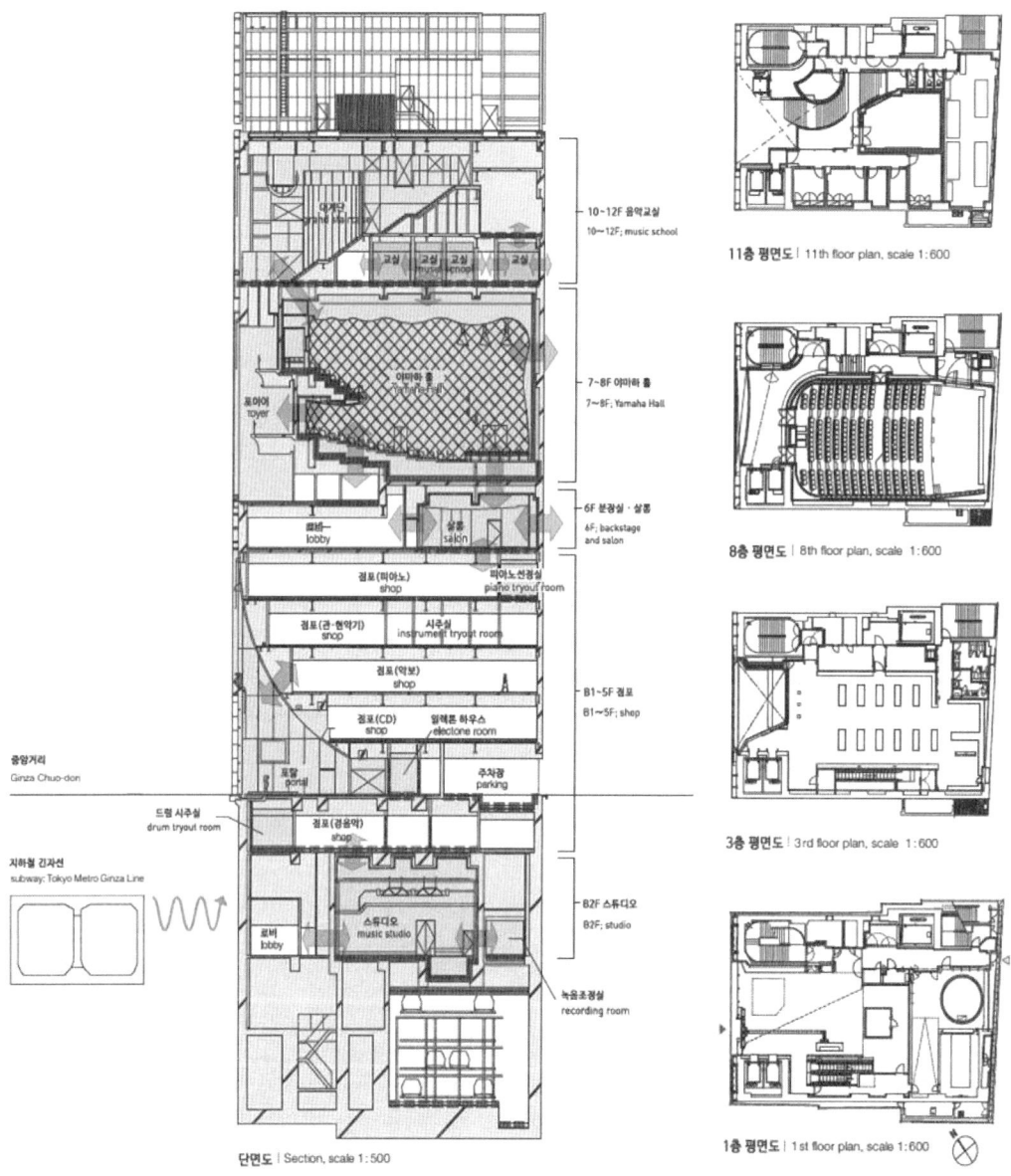

○ **기타시설**

- 야마하긴자 스튜디오

야마하긴자 스튜디오는, 최신 천장높이 약 6m로, 야마하 음향시스템을 이용해, 라이브콘서트 및 강연회에 최적인 소리공간을 실현한 다목적 공간이다. 야마하긴자 빌딩의 지하 2층에 위치하여, 대음량의 연주에도 대응 가능한 충분한 차음 설계가 이루어져 있는 것은 물론이고, 라이브 연주 특유의 스테이지와의 일체감을 얻을 수 있는 공간을 실현하고 있다. 여러 타입의 콘서트, 이벤트에 대응하여, 다양한 공간을 연출하는 승강 스테이지 및 배튼 등도 장비하고 있다.

- 야마하긴자 콘서트살롱

의자 좌석은 최대 94석. 나무의 질감을 살린 인테리어가 인상적인 공간이다. 연주자를 가까이서 느낄 수 있는 살롱콘서트 및 강좌, 전시회 등을 개최하고 있다.

- 야마하 악기전문점

지하 1층에서 지상 5층까지, 일본 국내 최대급의 악기·악보 소프트 전문점이다. 야마하의 출발점이기도 하다. 일본 최대급의 야마하 피아노를 전시. 모든 종류를 갖춘 관악기. 상시 80점 이상의 바이올린. 미술관급의 온습 관리가 이루어지고 있는 약 150개의 기타·베이스. 폭넓은 세대로부터 지지를 받고 있는 엘렉톤, 전자피아노부터, 밴드계의 신시사이저, 드럼까지, 풍부한 악기를 라인업하고 있다.

도면

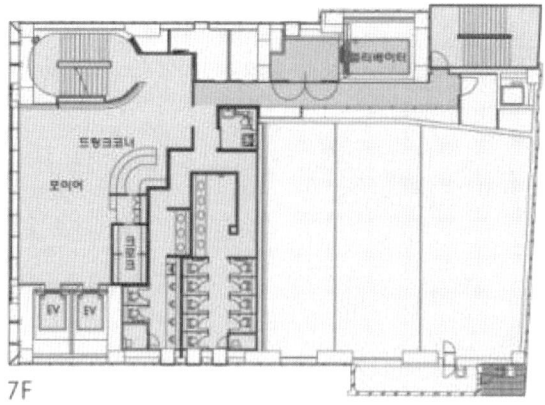

7층 평면도

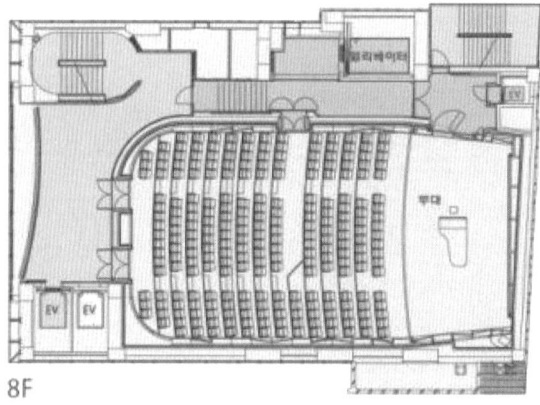

8층 평면도

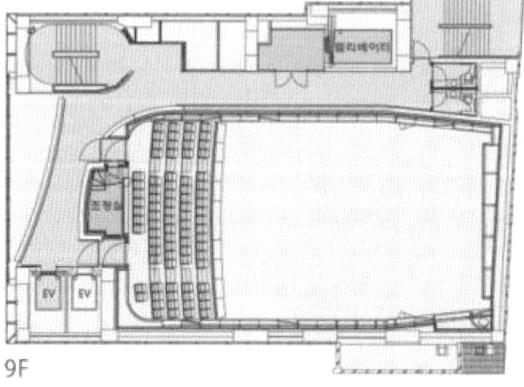

9층 평면도

야마하홀(Yamaha Hall) 공연자료

第3回 小山実稚恵の室内楽 新章

名手たちの響き合う魂の邂逅――
ブラームスの傑作デュオ、トリオ、カルテット

ピアノ　　　　ヴァイオリン　　ヴィオラ　　　チェロ
小山実稚恵　矢部達哉　川本嘉子　宮田 大

12/6 2025 SAT 14:00開演

ヨハネス・ブラームス
Johannes Brahms

ヴィオラ・ソナタ 第2番 変ホ長調 Op.120-2
Viola Sonata No. 2 in E flat major, Op. 120, No. 2

ピアノ三重奏曲 第3番 ハ短調 Op.101
Piano Trio No. 3 in C minor, Op. 101

ピアノ四重奏曲 第1番 ト短調 Op.25
Piano Quartet No. 1 in G minor, Op. 25

全席指定　S席¥5,500　A席¥4,500　B席¥3,500　U25¥1,500(25歳以下)

お申込み
お問合せ
○トリトンアーツ・ TEL:03-3532-5702(平日11:00～17:00)
　チケットデスク　https://triton-arts.net
○チケットぴあ　https://t.pia.jp/

※未就学児のご入場はご遠慮ください。※表示価格には消費税を含みます。
※やむを得ず、演奏曲目、曲順、出演者が変更になる場合がございます。予めご了承ください。

主催：認定NPO法人トリトン・アーツ・ネットワーク／第一生命ホール
協賛：第一生命保険株式会社

5月28日(水)11:00～
一般発売開始

第一生命ホール
(晴海トリトンスクエア内)

03. 다이이치생명홀

第一生命ホール - Dai-ichi Seimei Hall

다이이치생명홀(第一生命ホール - Dai-ichi Seimei Hall)

　1952년, 황궁(皇居)의 수로(水路) 부근에 면한 다이이치생명관의 6층에 「다이이치생명 홀」이 탄생하였다. 원래는, 1938년에 완성한 다이이치생명관 사내의 집회실로, GHQ에게 접수되었던 시절에는, GHQ의 집회, 예배, 연극 등도 이루어지고 있었다. 1951년 여름, 평화조약이 조인되어, 다이이치생명관이 GHQ로부터 반환되자, 야노 이치로(矢野 一郎) 사장의 결단으로, 집회실은 「다이이치생명홀」로서 일반에게 대여되게 되었다. 전후(戰後) 신문사 및 방송, 학교 등 외에는 민간 대관 홀이 없었던 시대였다.

　1952년, 고노에 히데마로(近衛 秀麿)가 지휘하는 고노에관현악단(近衛管弦楽団)의 제1회 정기연주회로 막을 열었고, 1950년대 전반에는 고노에관현악단의 정기연주회 및 NHK교향 실내악단 등의 실내 감상회를 비롯한 공연이 왕성하게 이루어져, 「다이이치생명홀」은 순식간에 일본을 대표하는 실내악 연주공연장의 메카가 되었다. 1950년대 후반에는, 국내 실내악 홀로서의 전성기를 맞았다. 또 「다이이치생명홀」에서 전국으로 라디오 방송된 「음악의 성좌(音楽の星座)」 및 「꽃이

피어있는 동백(나무)의 시간(花椿アワー)』은, 클래식 음악 애호가의 서변을 넓혔다. 1960년대, 70년대에 들어서자, Promusica Q의 일본인 최초 베토벤 현악 4중주 전곡연속(全曲連續) 연주회 등, 일본인 연주가의 활동의 장으로서 널리 지지받을 뿐 아니라, 연극, 방악, 라쿠고(落語) 등, 다양한 공연에도 이용되었다.

1989년, 다이이치생명관의 보존·개축에 따라, 다이이치생명홀도 역시 37년간에 걸친 활동을 마쳤다. 그리고 21세기의 막을 연 2001년, 하루미대로(晴海通り)를 통하여 바다를 향해 나아간 거리, 하루미에 탄생하는 미래 도시 Triton Square에, 유서 깊은 「다이이치생명홀」이라는 이름 의 우수한 음향 공간이 재탄생(再誕生)되어, 새로운 역사를 새기기 시작한다.

다이이치생명홀(第一生命ホール)은 민간 기업이 소유(所有)하는 음악 연주공연장인데, NPO를 통해서 그 지역사회와 밀접하게 결합(結合)되어 운영되는 홀이다.

도쿄만(湾)에 면한 하루미지구(晴海地區)에 위치하는 다이이치생명홀은, 3동의 초고층 사무 빌 딩으로 둘러싼 공간에 설립되어, 도시 중심에서의 접근은 2개의 다리와 지하철을 이용한다.

본 홀은 현악사중주로 중심을 둔 연주공연장을 연결하고 있다. NPO(Triton Arts Network)가 이것을 중심으로 한 연주 종목을 계획하여, 국제적인 음악콩쿠르에서 수상했던 현악사중주단이나 일본 국내에서 주목받고 있는 현악사중주를 초대해서 연주회가 진행되고 있다. 그리고 크리스마 스 전야에는 특별연주회가 개최되는데, 그것에 앞서 연주자를 대상으로 하는 음악 클래스가 2주 에 걸쳐 개최된다.

[표] 건물의 개요	
구 분	내 용
소 재 지	도쿄도 주오구 하루미 1-8-9 (東京都中央区晴海1-8-9)
설 계	기본설계 : 도시 기반정비공단, 닛켄설계(日建設計) 실시설계 (홀 내장설계) : 다케나카공무점(竹中工務店) 음향컨설턴트 : 다케나카공무점 기술 연구소 + Leo. L. Beranek
건축구조	철골 철근 콘크리트조
시설종류	음악 홀 : 실내악을 중심으로 한 클래식 음악홀

외관 및 로비

2001년 오픈된 다이이치생명홀은 21세기의 TOKYO에 탄생한 미래 도시(未來 都市) Harumi Island Triton Square 트리플 타워 사이에 건설되었다.

그랜드 로비, 포이어, 객석 플로어는 원활하게 에스컬레이터로 연결되고, 또 고령자 및 휠체어 이용자 등에게는 포치에서 객석 플로어까지 직행할 수 있는 엘리베이터도 설치하였으며, 장애인용 화장실은 4, 5층에, 여성용 화장실은 파우더 룸을 설치하는 등, 시설 내부는 모든 이용객이 보다 쾌적(快適)하고 안전하게 이용할 수 있도록 설계되어 있다.

▶ 외관 모습

▶ 다이이치생명홀 입구 및 로비 모습

조명으로 라이트업 된 홀 내부의 로비. (야간) 안쪽에는 카페 공간이 있고, 휴식 시간 등에는 밖으로 나와 유리로 마감된 도회적인 외관(사진 우측)을 바라볼 수도 있다.

다이이치생명홀(Dai-ichi Seimei Hall)

최고의 음악 예술을 만끽할 수 있는, 전체 767석의 타원형 홀은, 클래식 음악을 비롯한 다채로운 음악을 보다 많은 분들이 만끽할 수 있는 새로운 공간이다. 밝은 인테리어와 화이트 떡갈나무의 색조가 특징적(特徵的)으로, 천장에서는 빛나는 바다를 이미지화하는 다양한 조명이 풍부한 소리의 잔향과 함께 공명(共鳴)되면서 쏟아져 내려온다.

연주자와 관객이 일체감을 만들어내는 타원형 홀은, 슈박스 형과 빈야드형 각각의 장점을 살려, 지금까지의 실내악 홀을 뛰어넘은, 연주자와 관객의 더욱 친밀한 일체감을 연출한다. 객석에서는 무대가 가깝게 느껴져, 임장감(臨場感) 넘치는 연주를 즐길 수 있다. 또, 무대 위의 연주자들도, 관객에게 둘러싸인 일체감을 얻을 수 있다. 객석은 지그재그 배열로 보기 편하고, 좌석 간격에도 여유(餘裕)를 주어, 쾌적하게 공연을 감상할 수 있다.

국제적으로 최고 레벨의 음향 공간을 실현하기 위하여, 세계적인 음향학자인 Leo. L. Beranek와 공동으로, 컴퓨터시뮬레이션 및 모형실험(模型實驗) 등 최신 음향설계를 구사하여 탄생된 다이이치생명홀은, 관객은 물론이고 연주자에게도 최고의 음향 공간을 실현. 다양한 연주회 및 무대 미술을 가능하게 한다.

홀은 실내악을 중심으로 한 소규모 클래식 음악 전용공간(專用空間)으로 설계되었으며, 슈박스 형의 단면으로 사이드 발코니를 배치한 형태 등 홀 내의 각 부위의 형상, 재질, 자재의 두께 등은 모두 음향설계에 기초(基礎)하여 계획되었다.

TV 드라마의 로케이션에 사용되는 경우도 많은 「하루미 트리톤 스퀘어(Harumi Triton

Square)」라는 비즈니스 타운 내에 있는 이 홀은, 문을 열고 안으로 들어서면, 밝고 여유로운 분위기에 마음이 차분해진다. 스테이지, 벽면, 그리고 좌석 등 대부분이 백목(白木)을 사용하고 있어, 시각적으로도 개방감을 맛볼 수 있는 공간인데, 형상이 「타원형」이라는 점도 큰 특징일 것이다.

「실내악 중심이기 때문에, 역시 악기의 소리 하나하나가 명쾌하고, 또 관객 모두에게 소리가 도달하도록 벽면 등에 다양한 고안이 이루어져 있다.」

[표] 홀의 개요	
구 분	내 용
객 석 수	총 객석수 : 767석(* 714석) / 휠체어용 공간 8석을 포함 * 714석은 돌출무대 사용 시
무 대	폭 16.40m, 안길이 7.30m, 높이 12.10m 무대 재질 : 히노키(편백나무) 집성재 피아노 : Steinway D-274 2대
건축음향	실용적 : 6,800㎥(8.86㎥/명) 잔향시간(RT) : 1.52초(만석 시) / 1.78초(공석 시) 초기감쇠시간(EDT) : 1.46초(만석 시) / 1.75초(공석 시) 음악명료도(C80) : -0.7dB~0.4dB 전에너지레벨(G) : 6.9dB~8.1dB 형식 : 슈박스형, 오픈 엔드 스테이지, 원슬로프 발코니 1층 구조
기 타	① 음의 확산 구조 　초기반사음에 기여하는 모든 반사면을 불규칙적인 요철면으로 처리함 　음의 확산 전달 및 초기반사음 확보 ② 후벽 상부 　타원의 중심 선상의 소리의 집중 현상을 방지하기 위해 흡음처리함 ③ QRD 확산체 설치 　발코니 밑의 후벽부에 에코 방지를 위해서 일부 골에 흡음재를 충진한 QRD를 설치함

○ 현악4중주를 듣는 것이 인생의 양식이 되는 홀

1990년대가 시작되면서, 객석 수가 1,000석 미만의 실내악·리사이틀 홀이 주목받게 되었다.

2001년, 도쿄의 긴자 및 쓰키치(築地)에 가까운 만안 구역 하루미(晴海)에 개관한 다이이치생명홀도 그중 하나이다. 실내악 중에서도 특히「궁극의 앙상블 형태」라 불리는 현악4중주에 스포트라이트를 맞춰, 개관 당초부터 클래식 음악 애호가의 주목을 모아 온 홀이다.

그 전신은, 도쿄의 히비야(日比谷)에서 1952년부터 음악(특히 실내악)의 발전에 기여해 온 동명(同名)의 홀. 다이이치생명보험상호회사(당시)의 본사 빌딩에 있고, 개관한 1989년까지 많은 명연주를 낳아 온 유서 있는 장소이다. 따라서 실내악을 보급하는 것에 대한 긍지와 자부심도 계승되고 있을 것이다.

767석이라는 중규모 홀이면서, 객석 안에 있으면 넓고 여유 있는 공간이라는 인상도 강하다. 천장이 높고, 또 1층석의 횡 폭이 넓기 때문에, 궁출함이 전혀 느껴지지 않는 것이 특징이다. 그 때문인지, 소리도 강약이 명쾌하면서 풍부하고 넓게 확산되어, 청중을 감싸듯 울려 퍼진다.

마치 다른 세계에서 온 우주선을 연상시키는 타원형의 천장인데, 홀 전체에 풍부한 소리를 내려주는 음향판의 역할도 하고 있다.

「특히 호평을 받고 있는 것은 합창단원들이다. 노랫소리가 풍부하게 울려 퍼져 훌륭하다는 의견이 많고, 또 스테이지와 객석이 가깝기 때문에, 가족이나 친구가 노래하고 있을 때 얼굴이 잘 보인다는 의견도 있었다. 유명한 프로 합창단인 도쿄 혼성합창단에게는 오랫동안 정기연주회로 사용되고 있으며, 2018년 여름에는 『도쿄국제합창 콩쿠르』도 이곳의 홀에서 개최되었기 때문에, 실내악과 병행하여 합창의 성지가 되는 것도 기대되고 있다.」

　홀 주최공연은 연간 30건 정도로, 베테랑부터 신예까지 현악4중주단에 의한 콘서트 및 저명한 악기 연주자들의 리사이틀, 그리고 이 홀을 거점으로 하는 「트리톤 하레타우미노 오케스트라(トリトン晴れた海のオーケストラ)」(재경 오케스트라의 일류 연주자 등이 집결한 실내관현악단)가 의욕적인 콘서트를 열고 있다. 평일의 런치타임에 개최되는 토크 콘서트 시리즈 「한낮의 음악 산책」 및 아이 동반 부모를 대상으로 한 「아이와 함께 하는 클래식 시리즈」도 매회 호평이다.
　이 주최공연도 기획·운영하고 있는 것이, 개관 당초에 설립된 인정(認定) NPO법인 「Triton Arts Network」. 다이이치생명홀의 의향도 반영시키면서 이인삼각으로 각종 콘서트를 개최, 많은 클래식 음악 애호가를 매료시키고 있다.

　홀의 관계자들은 다음과 같이 홀을 이야기하고 있다.
　「개관 이래의 근간(根幹)으로서, 『Quartet Weekend』 시리즈 외 현악4중주에 의한 콘서트는 앞으로도 주최공연의 중심일 테고, 현악4중주를 듣는 것이 인생의 양식이라고 느낄 수 있는 환경을 갖추는 것도 우리들의 역할이라고 느끼고 있다. 베토벤의 교향곡 등을 연주하는 『트리톤 하레타우미노 오케스트라(トリトン晴れた海のオーケストラ)』의 존재도 커, 주변 지역의 모든 분들이 "우리 시에는 홀이 있고, 오케스트라도 있다"고 생각해 주시면 감사하겠다.」

　「그러한 분들에게도 음악을 좋아하게 만들 수 있도록, 홀 내에서도 다양한 콘서트를 개최하고 있는데, 동시에 주변의 초등학교 등을 방문하여 아웃리치(outreach)를 하거나 신구 주민분들에게 음악을 통해 교류할 수 있는 커뮤니티 사업도 적극적으로 하고 있다. 민간 홀이면서 행정(주오구)와 연계하여 지역의 문화발전을 서포트하고 있는 예는, 전국에서 보기 드물지도 모른다.」
　하루미 구역의 올림픽선수촌 부지에는, 12,000명이 생활하는 「HARUMI FLAG」라는 거대한 거리가 탄생한다. 또 새로운 도시조성이 현재 진행형으로 이루어지고 있다는 점도 놓칠 수 없다. 2001년에 홀이 개관했을 때와 비교해 주오구(中央区)의 인구는 배로 증가하였고, 특히 아이를 포함하는 패밀리층이 압도적으로 증가함을 보여주었다.
　도쿄라는 거대 도시 안에는 많은 콘서트 전용 홀이 있는 가운데, 지역 특성을 활용하면서 미래에 대한 비전을 지향하고 있는 다이이치생명홀. 음악 전용 홀의 사회적인 역할을 재인식시킬 수 있는, 주목해야 할 장소라 말할 수 있을 것이다.

○ **객석설계 – 무대 시야 평가에 대한 제언**

- 관객의 눈의 위치에서 무대까지의 시야를 평가하는 것을 목적으로, 가시율을 지표로 한, 무대의 시야 방해석의 존재 및 정도를 한눈에 파악할 수 있는 해석·평가 방법
- 관객석에서 본 무대가 보이는 크기를 구하는 방법으로서, 입체각 투사율의 수치해석 방법 중 하나인 헤미스피어법을 채용하였다. 사전에 해석 모델을 미소(微小)면 요소 분할(메쉬 분할)하는 것이 아니라, 해석 과정에서 필요한 면 분할을 실시함으로써, 계산 정확도의 유지와 계산 부하의 삭감을 도모하였다. 또, 헤미스피어법으로 가시율을 구함으로써, 대표적인 입체 각 투사율의 수치 해석방법인 레이 트레이싱법에 비해, 계산시간을 대폭 단축할 수 있다는 것을 알 수 있다.
- 전형적인 다목적홀을 예로, 각 관객석에서의 무대의 시야에 대한 평가를 하였다. 의자 및 난간 등이 건축요인과 더불어, 다른 관객의 몸에 의한 시선의 차단을 고려함으로써, 무대의 시야 평가는 크게 달라진다는 것을 보여주었다. 또, 원안에 해당하는 관객석 형상을 가시율 해석 결과를 토대로 변경함으로써, 개선안에서는 무대의 시야를 합리적으로 개선할 수 있다는 것을 보여주고, 가시율을 이용한 시야 해석·평가 방법의 유효성을 알 수 있다.

공연장에서 객석 공간의 형상이나 좌석 배치를 가동식으로 하는 것은 어렵기 때문에, 장르별로 다른 요구 수준을 밸런스 좋게 만족시키는 관객석 설계를 할 필요가 있다.

설계 단계에서 각종 요구 수준의 달성도를 파악하는 유효한 수단 중 하나가 수치 해석이며, 음향, 조명, 공조 등에 대해서는 다양한 해석·평가 방법이 제안되고 있다. 그러나 기존의 무대에 대한 시야 평가는, 무대 바닥의 선단부 등의 1점을 시초점(視焦点)으로 한 2차원 단면에 의한 사이트 라인(시선) 검증, 또는 임의의 시점에서의 조망 투시도(퍼스도)에 의한 것이 많다.

이들 방법으로는, 3차원적으로 배열되는 관객석에서, 면적으로 확산되는 무대 전체의 예측을 전체적으로 파악할 수 없다. 또 관객석 공간은, 수용인 수, 디자인성, 동선, 피난 안전성, 음향, 조명, 공조 등의 다양한 설계 요건으로부터 도출되는 복잡한 3차원 형상이라는 점에서도, 기존의 방법으로는 무대 예측의 검증 수단으로서 불충분하다고 판단된다.

기존의 공연장에는 「시야 제한석」이라 불리는 발코니나 난간 등에 의해 무대의 일부가 보이지 않는 좌석이 적지 않다. 또, 실제 공연에서는, 앞 사람의 몸이나 머리로 인해 시선이 가려져, 무대가 더 잘 보이지 않게 된다.

공연장에 있어서의 「좌석의 배치·시야」는, 「공연 장르의 내용·요금」 「소리의 우수함」 등을 포함하는 모든 항목 중에서, 가장 고객 만족도에 영향이 크다는 조사결과가 있다. 또 공연 장르에 따라서는 시야 제한석의 비매(非売) 및 할인 등이 이루어진다는 점에서, 공연장이나 공연 단체의 수익에도 영향을 미친다. 따라서 공연장에 있어서의 무대의 시야는 공연장의 평가에 큰 영향을 미치는 중요한 설계 요소라 말할 수 있다.

지표로서 가시율을 이용하여, 설계 단계에 모든 관객의 눈의 위치에서 무대까지의 시야를 평가하고, 무대의 시야 제한석의 존재나 그 정도를 검증할 수 있는 해석·평가는 다음과 같이 구분할 수 있다.

- 가시율의 정의

가시율이란, 「어느 시점에서 건물, 광고물, 사인 등(이하, 평가대상)이 어느 정도 보이는가」를 나타내는 기하(幾何)적 파라미터이다.

그림 1에서 나타내는, 어느 시점에서 평가대상을 봤을 때의 「평가대상 이외에 시선을 차단하는 장애물이 아무것도 없다고 가정한 경우의 평가대상이 보이는 크기(그림 1(2))」에 대한 「실제로 장애물이 있는 경우의 평가대상이 보이는 크기의 비율로서 구한다. 시점과 평가대상 간에 장애물이 전혀 없고, 평가대상이 모두 보이면, 100%, 장애물에 완전히 가려져 전혀 보이지 않는다면 0%가 된다.

- 평가대상이 보이는 크기의 산출 방법

어느 시점에서 주위를 돌아봤을 때의 주위 물체가 보이는 크기는, 그 시점에서 본 물체의 입체각에 해당된다. 또, 시선을 한 방향으로 고정했을 때 보이는 크기는, 이 입체각을 시선을 법선(法線)으로 하는 평면에 정면 투영한 입체각 투사율(형태계수)로 나타낼 수 있다.

따라서 가로(街路)의 개방감·압박감의 평가 및 자연의 양의 인상평가, 건물 내의 관엽 식물 및 사인의 인식도 평가 등의 대상물에 대한 겉보기 평가에 관한 연구에서는, 실물을 어안 카메라로 촬영하여 구한 평가대상의 입체각, 혹은 입체각 투사율이 지표로서 이용된다.

한편 가시율의 산출에는, 평가대상 이외의 장애물이 없는 경우라는 가상의 상태에서의 평가대상이 보이는 크기가 필요하다는 점에서, 실물의 촬영 화상이 아니라, 가상의 3차원 형상 데이터에서 CG 소프트웨어로 작성한 투시도가 이용되는 경우가 많다.

예를 들어, 우라베 등은, 관객석에서 무대를 본 투시도를 작성하여, 투시도 상의 무대의 면적에서 사람이나 물건에 의한 무대가 보이는 결함 정도를 구하고, 관객의 심리평가와의 관계를 조사하고 있다. 그러나 투시도법으로 평가대상이 보이는 크기에 가까운 그림을 그릴 수 있는 것은 시야각(화각) 45° 정도까지로, 무대에 가까운 좌석에서는 무대 전체를 하나의 투시도에 담을 수 없다. 시야각을 넓히면 보이는 크기의 평가가 부정확해지는 한편, 시야각을 제한한 채로는 묘화 범위 밖에서 시야 제한을 검지하지 못하기 때문에, 관객석 설계를 위한 시야 검증 수단으로서는 불충분하다고 판단된다.

이상으로부터, 설계 단계에서 작성되는 3차원 형상 데이터를 이용해, 각 관객의 시점에서 본 무대 공간의 입체각 투사율을 수치 해석적으로 산출하고, 가시율 산출에 이용하는 평가대상이 보이는 크기로 설정하였다.

무대 전체가 사용되는 연극 등과 같이, 관객이 무대 위의 전역에 시선을 움직이는 것을 상정하면, 무대 공간의 전체 구역이 보이는 크기를 동등하게 평가하는 입체각에 의한 평가도 생각할 수 있다. 그러나 관객의 시선이 무대의 중앙 부근에 집중되는 공연 장르도 많고, 원호 배열이나 절선 배열 등의 좌석의 평면 배열 방식에서는 좌석이 무대 중앙 부근을 향하고 있는 점, 우라베 등의 연구에서 무대 중앙부를 초점으로 하는 투시도를 채용하고 있다는 점을 고려하여, 관객이 무대 중앙부를 보고 있는 상태에서의 입체각 투사율에 의해 평가하는 방안을 적용하면, 투시도에 의한 방법과 달리, 입체각 투사율에서도 무대 전체를 포함할 수 있는 광시야각(단 180도 미만)까지 평가할 수 있다는 점에서, 무대 중앙부일수록 가중치가 큰 무대 전체의 시야 평가방법이라고 말할 수 있다.

- **장애물의 투영과 가시율의 산출**

평가대상이 등록된 셀 수 $N_1(i)$을 구한다. 이어, 동일한 조작을, 장애물을 구성하는 면요소에 대해 실시한다. 그리고 장애물에 등록 갱신되지 않고 남은 평가대상의 셀 수 $N_2(i)$를 구하고, 시점 i에서의 가시율 $V(i)$를 다음식으로 구한다.

$$V(i) = \frac{N_2(i)}{N_1(i)} \times 100 \, [\%]$$

여기서 $N_1(i)$ $N_2(i)$를, 반구 저면 전체의 면적 π로 기준화하면 입체각 투사율이 된다.

방사 전열해석 등으로 입체각 투사율을 구하는 경우는, 입체각이 $2\pi(sr)$의 반구 전 방향에 있는 모든 면요소를 반구저면으로 투영, 가시율은 셀 분할 범위에 투영되는 장애물만을 투영하면 된다. 셀 분할 범위의 한정으로, 해석의 고속화 및 가시율 계산 정확도에 영향을 미치는 가시/불가시 판정 단위인 셀 분할의 고해상도화를 도모할 수 있다.

- 사례 검토

2종류의 관객석 공간의 형상에 대해 해석을 하였다. Shape 1(짙은 실선)을 원안으로 하고, 그 해석 결과를 토대로 수용인 수(좌석수)는 바꾸지 않고, 가시율이 작은 좌석의 시야를 개선하고자 하였다.

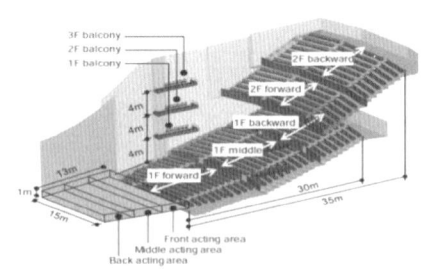 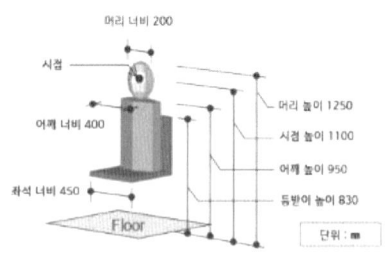

1) 오디토리움과 무대의 등각투영도   (2) 사람과 좌석 형상 모델

그림 분석 모델

- 필요한 셀 분할 수(해상도)의 검토

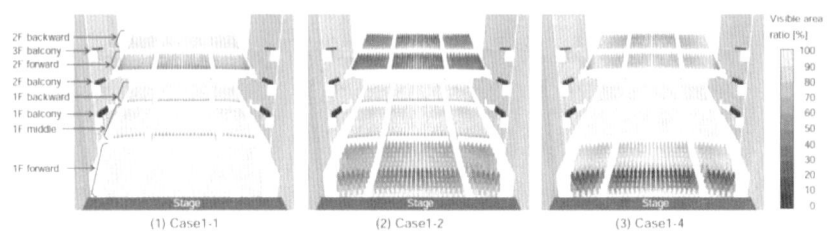

그림 Shape 1의 가시영역 비율 분포(무대 위쪽에서 바라본 관점)

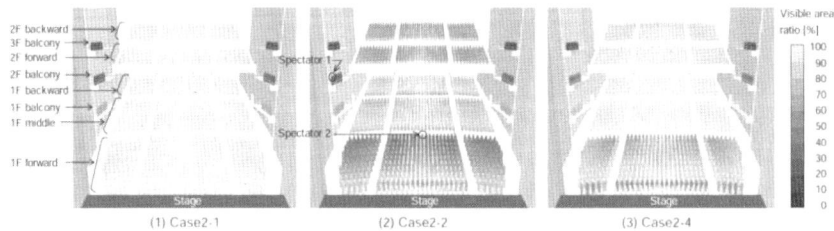

그림 Shape 2의 가시영역 비율 분포(무대 위쪽에서 바라본 관점)

- 해석결과

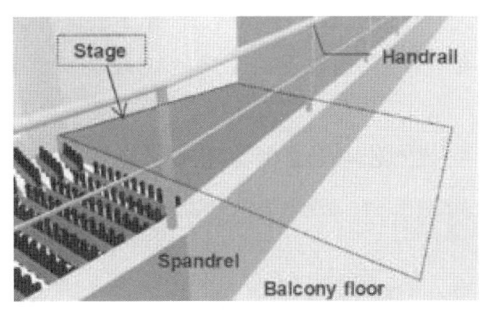
(1) 관객 1이 본 관점

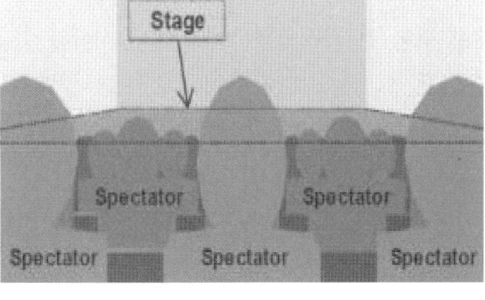
(2) 관객 2가 본 관점

그림 오디토리움에서 무대까지의 관점의 예

그림에서 각각 Shape 1, Shape 2의 각 관객석의 가시율 분포를 나타낸다. 각 좌석에 배치한 해석용 인체형상 모델에 그 좌석의 가시율의 값에 해당하는 농담을 넣어 표현하고 있다. 후에 게재하는 그림에서 나타내듯이, 무대 중앙과 무대 후방의 액팅 구역에 대한 가시율 분포는 유사했기 때문에, 여기서는 무대 전방과 무대 후방의 결과만 나타낸다.

상기 그림은 가시율이 상대적으로 작은 2좌석의 관객의 시점에서 무대 방향을 본 퍼스도이다. 난간 및 바닥 등의 건축요인이 시선을 차단하는 장애물이 되는 좌석이고, 다른 관객의 머리가 장애물이 되는 좌석이다.

객석에 의한 시선의 차단을 고려하지 않은 경우는 Shape 1이라도 대부분의 좌석에서 무대를 충분히 볼 수 있다. 2층 전방 계단석에서 가시율이 40~60% 정도의 좌석이 있는데, 2층석 선단부의 요벽에 의한 시선의 차단으로 인한 결과로, Shape 2로 요벽을 내리고 2층석 계단식바닥의 구배를 크게 함으로써 해소하고 있다.

이에 대해 같은 무대 전방의 시야라 하더라도, 관객에 의한 시선의 차단을 고려함으로써, Shape 1, Shape 2 모두, 1층 전방 계단석, 2층 후방 계단석에서는, 무대가 잘 보이지 않게 된다(가시율이 작아진다)는 것을 알 수 있다. 특히, 다른 관객의 머리가 장애물이 되는 1층석 전방 계단의 최후 끝에서는, 관객에 의한 시선의 차단을 고려하지 않은 경우의 가시율이 90% 이상이었던 것에 대해, 고려한 경우에는 45% 정도까지 저하되고 있다. 또 Shape 1에서 2층석에서의 무대 전방에 대한 가시율은, 최소 20% 정도의 시야가 나쁜 좌석이 있다.

2층석의 계단식 바닥 구배의 변경으로, 가시율은 개선되었지만, Shape 2라도 아직 완전하게 보이지 않는 결과가 되었다. 구배를 크게 하면 가시율을 100%로 할 수도 있는데, 여기서는 전도 시의 안전성의 확보 및 극단적으로 내려보는 시선은 공연의 감상에 적합하지 않다는 점 등을 고려해, 단상 구배는 각소에서 약 30° 이하가 되도록 하고 있다.

이상과 같이, 가시율을 이용한 본 평가 방법에 따라, 관객석 공간의 형상 및 좌석 배치의 검토안에 대해, 전 관객석에서의 무대의 시야를 한눈에 파악할 수 있게 된다.

- 무대 상부 반사판 - 무대 상부로 전달된 음의 초기반사음 보강을 위한 형태 구성

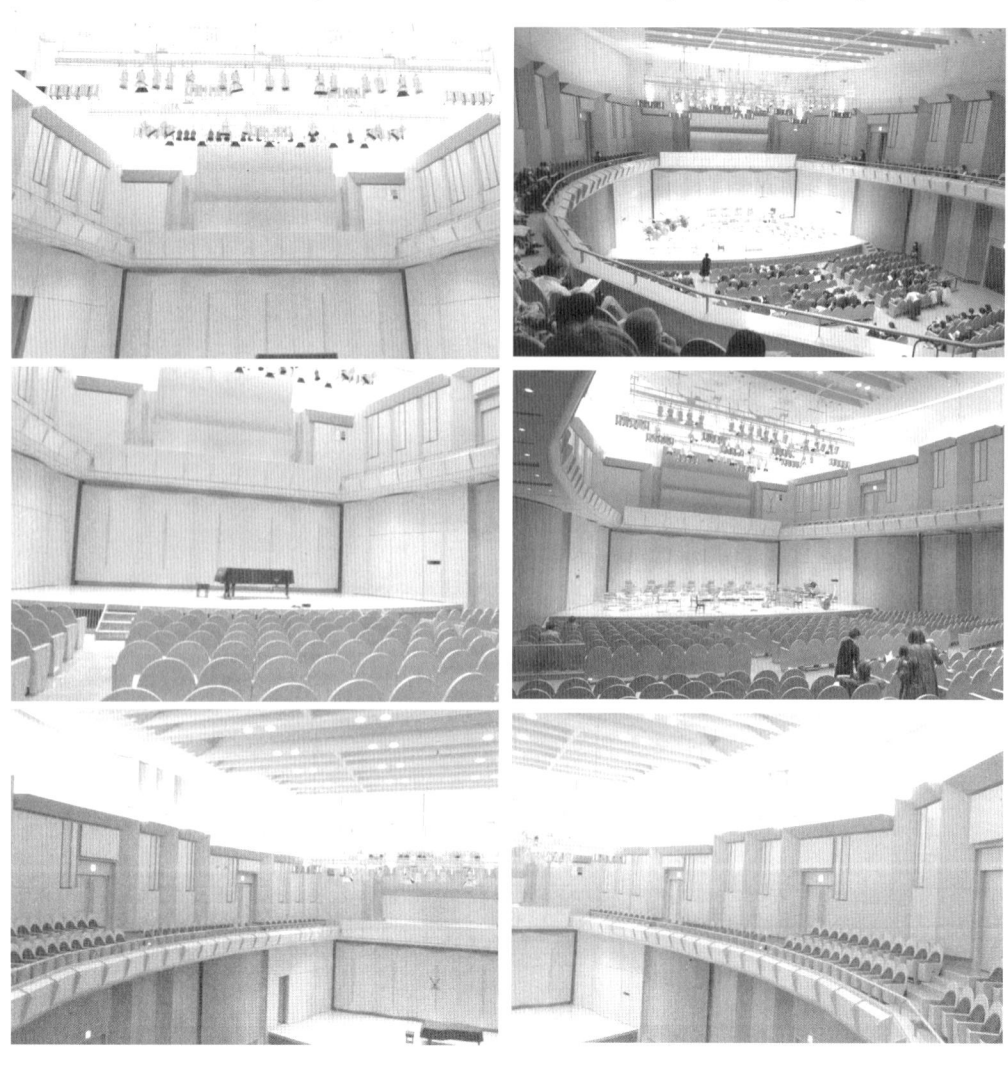

▶ 무대 관계자 및 피아노 출입구

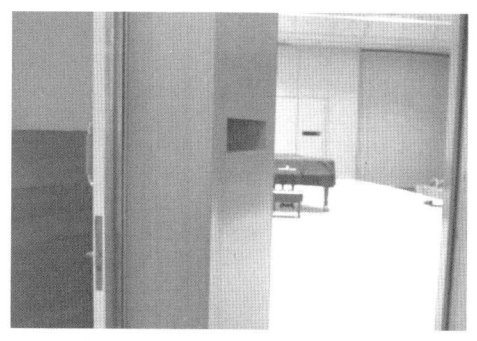 

▶ 무대 벽체 – 연주자간의 앙상블과 객석으로의 음 전달을 위한 벽면 형태 구성

▶ 무대부 난간 – 무대부 쪽으로 기울어진 확산형태로 무대 및 객석에 초기 반사음을 보강함

❖ 무대 천정 설비 시설

· 장식 바튼 : 전동 2봉
· 조명 바튼 : 전동 3봉
· 라이팅 오브제 승강장치
· 앞무대 승강리프트 장치
· 매입식 스크린 장치
· 기타 조명시설

▶ 무대+객석 모습

○ 부속공간

▶ 분장실 및 지휘자 및 솔리스트가 사용하는 대기실

▶ 분장실

▶ 가족 관람실

▶ 휴게실 및 대기실

▶ 연습실 - 가동 칸막이벽을 이용하여 실의 분리가 가능함

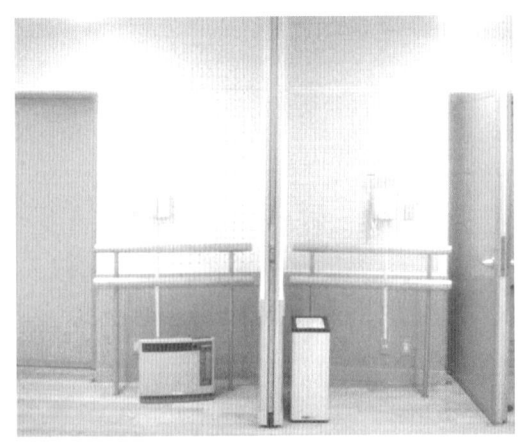

▶ 리허설실

도면

▶ 각 층 평면도

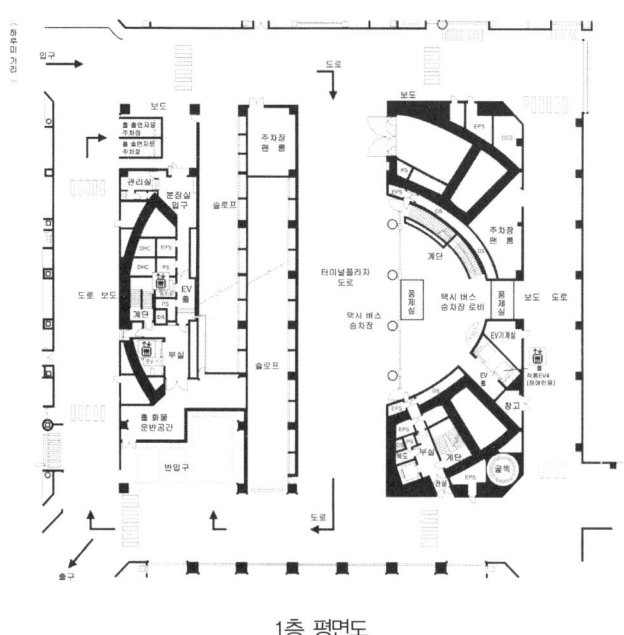

1층 평면도

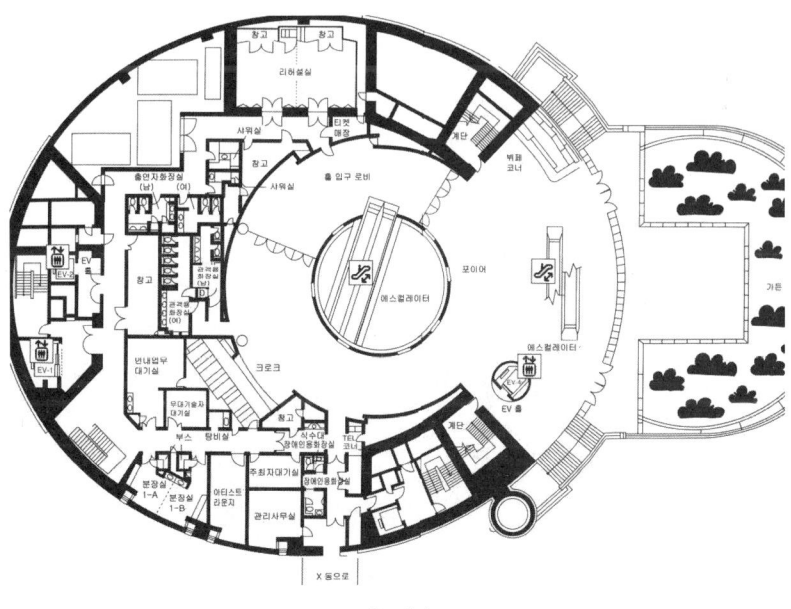

4층 평면도

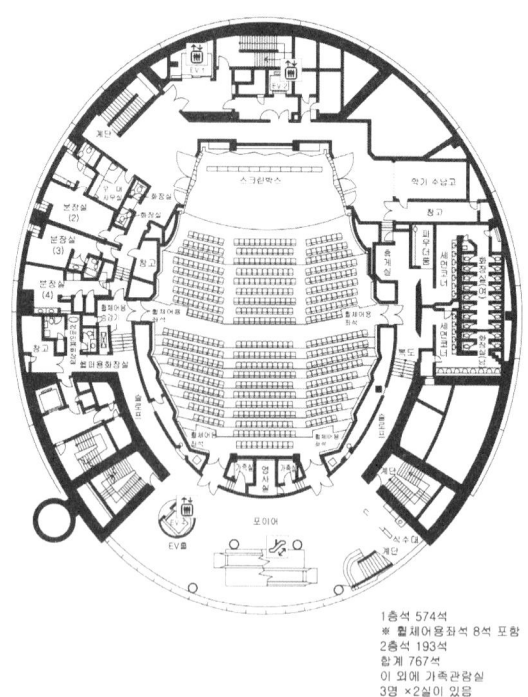

1층석 574석
※ 휠체어용좌석 8석 포함
2층석 193석
합계 767석
이 외에 가족관람실
3명 ×2실이 있음

5층 평면도

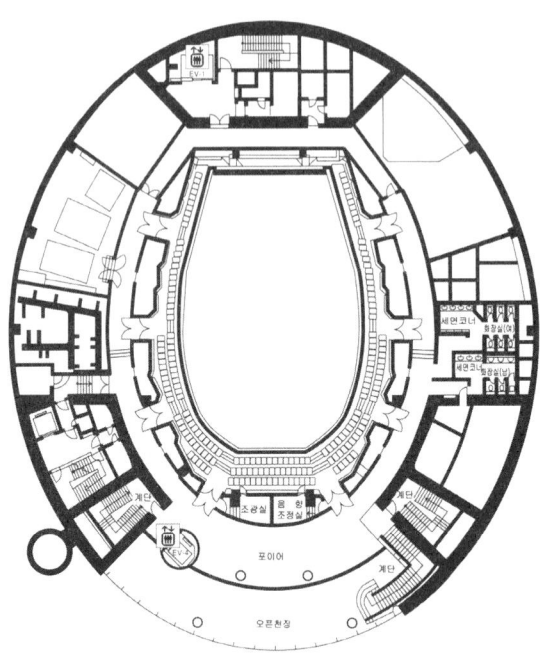

6층 평면도

154 일본의 실내악홀 Japan Chamber Music Hall

▶ 홀 무대 평면도

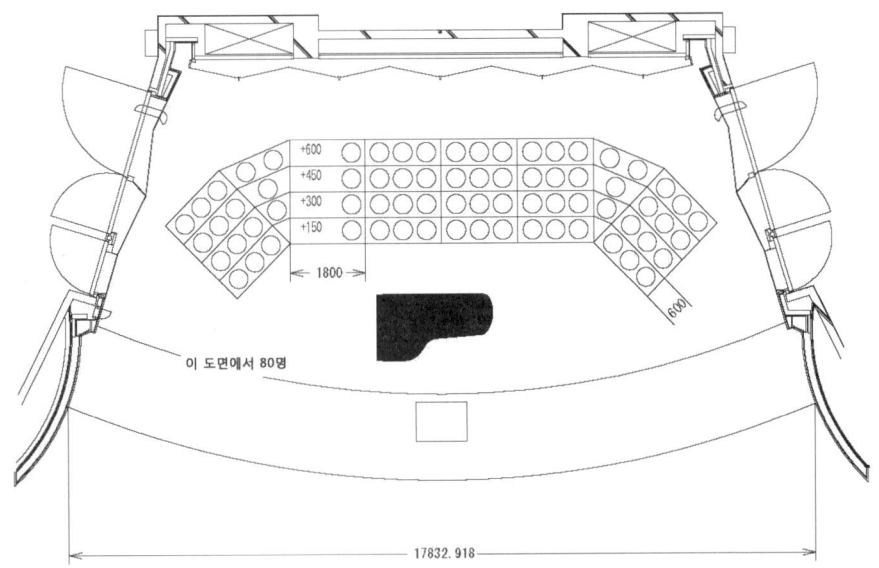

홀 무대도 1 (apron stage 있음) - 코러스단(壇) 도면(80명) 1/100

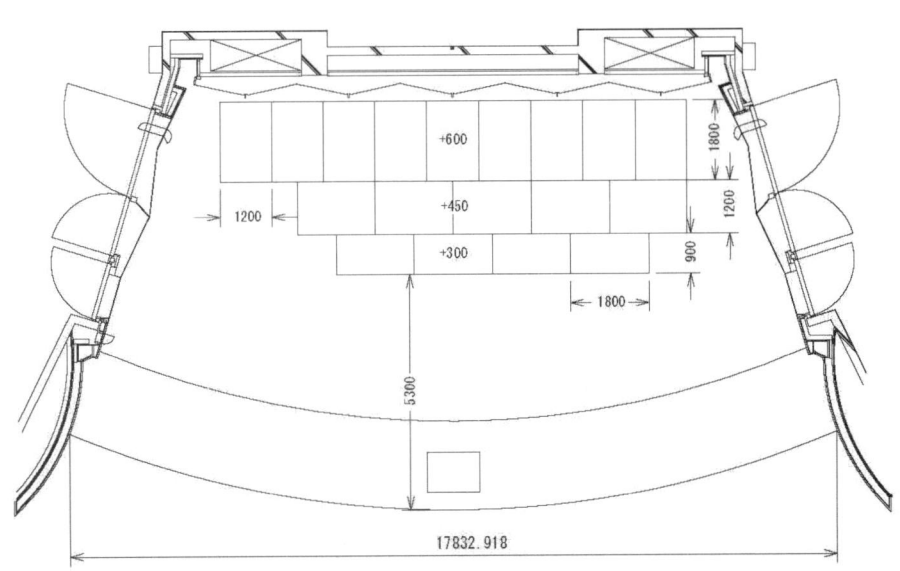

홀 무대도 2 (apron stage 있음) - 오케스트라 단(壇) 1/100

▶ 배치도

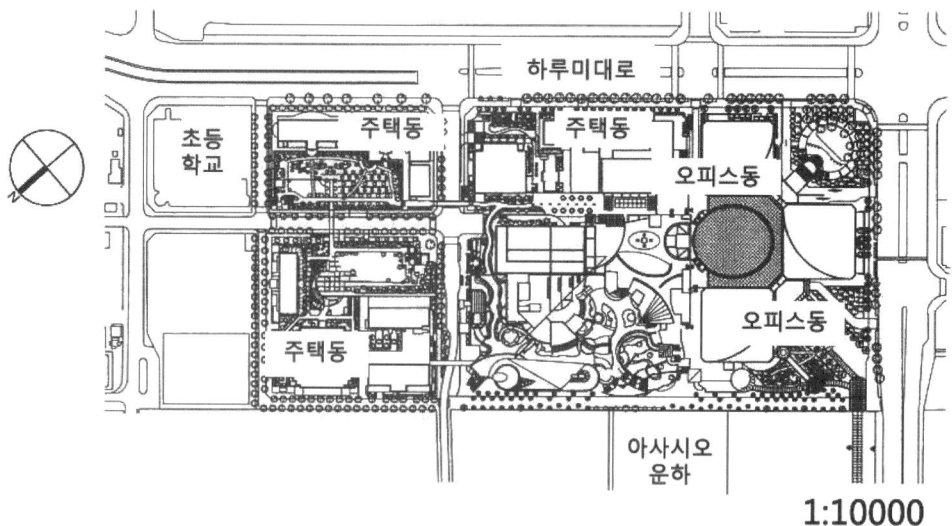

배치도

▶ 단면도

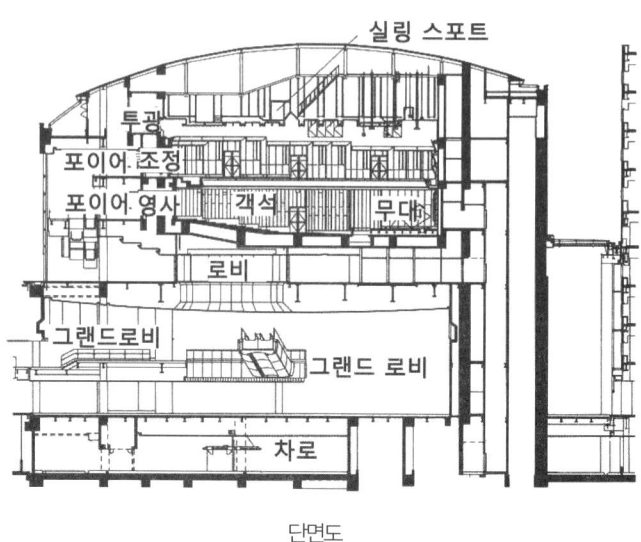

단면도

다이이치생명홀(Dai-ichi Seimei Hall) 공연자료

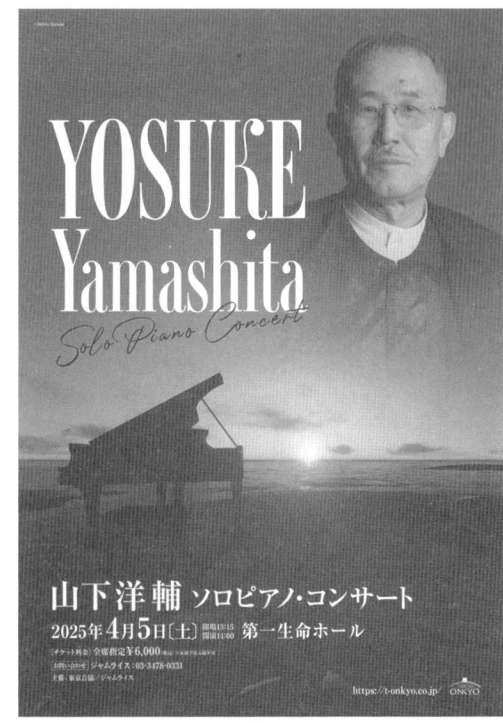

浜離宮ランチタイムコンサート

2026 1月〜3月

vol.258 1/21(水)
荒木奏美 オーボエ・リサイタル
ピアノ：五十嵐薫子

心を包み込む天上の響き。歌心満載なアンサンブルで届けるオーボエの名曲。

R.シューマン：《ミルテの花》op.25より第1曲「献呈」
F.ライゼンシュタイン：オーボエとピアノのためのソナチネ op.11
ラヴェル：ハバネラ形式の小品
A.パスクッリ：ドニゼッティの《ポリュート》の主題による幻想曲 ほか

vol.259 2/12(木)
原田英代 ピアノ・リサイタル

ロシア・ピアニズムの継承者が、トークと演奏で紐解くラフマニノフの魅力。

レクチャートーク 〜ラフマニノフの演奏について〜
ラフマニノフ：前奏曲「鐘」嬰ハ短調 op.3-2、10の前奏曲より ニ長調 op.23-4、ト短調 op.23-5
楽興の時より ハ長調 op.16-6、練習曲集「音の絵」より ハ短調 op.39-7
ピアノ・ソナタ第2番 変ロ短調 op.36 ほか

vol.260 3/26(木)
種谷典子 ソプラノ・リサイタル
ピアノ：齋藤亜都沙

新時代を駆ける歌姫が、愛に生きる人々の心をドラマティックな声で紡ぐ。

團伊玖磨：はる　プーランク：平和への祈り　デュパルク：戦争のある国へ
C.シューマン：おお 別れの辛さよ　モーツァルト：オペラ《魔笛》より「ああ、わたしは感じる」
グノー：オペラ《ロメオとジュリエット》より
　「神よ！なんという戦慄が！… 愛よ、勇気をお与え下さい」 ほか

各回11:30開演(11:00開場)　**浜離宮朝日ホール**

料金(全席指定・税込) / **3公演セット券 8,000円** / **各1回券 3,000円**

各1回券・3公演セット券 **10月18日(土) 10:00から 一斉発売！**

チケットのお申し込み：朝日ホール・チケットセンター 03-3267-9990 (日・祝除く 10:00〜18:00) 朝日ホール・チケットセンター 検索
イープラス(各1回券のみ)：https://eplus.jp/asahihall/　teket(各1回券のみ)：https://teket.jp/

主催：朝日新聞社／浜離宮朝日ホール　お問合せ：朝日ホール・チケットセンター 03-3267-9990 (日・祝除く 10:00〜18:00)

※就学前のお子様はご入場いただけません。託児サービスをご利用くださいませ(要予約)／託児サービスのお問合せ・お申込み／イベント託児・マザーズ：0120-788-222 ※都合により公演内容が変更となる場合がございます。

04. 하마리큐 아사히홀

浜離宮朝日ホール - Hamarikyu Asahi Hall

하마리큐 아사히홀
(浜離宮朝日ホール - Hamarikyu Asahi Hall)

아사히신문사(朝日新聞社)가 도쿄 본사 내에 새로운 음악문화의 발신기지로서 계획한 실내악 전용 콘서트홀이다. 설계단계부터 악기 및 목소리의 섬세한 울림을 살리기 위해 최고의 기술을 투입하고 있다.

신문 발행 기능의 혁신, 경영의 다각화와 OA화에 따른 공간 확충과 더불어, 집무환경의 변화에 대응한 고기능 오피스와 문화 활동의 거점이 되는 클래식 음악 전용 홀의 복합시설로서, 설계단계부터 건축주는 조언가로서 피아니스트 야스카와 가즈코(安川加壽子), 바이올리니스트 에토우 도시야(江藤俊哉), 아즈마 료코(東 涼子)를 초청했다. 세 사람의 의견을 통해「피아노가 아름답게 울리는 홀을 희망한다」라는 구체적인 콘셉트가 제시되었고, 그 결과 잔향시간의 목표치(目標値)를 1.60~1.70초로 설정하여 실내악 전용 홀을 기준으로 시공이 이루어졌다. 실내 오케스트라, 실내악, 솔로 등의 연주에는 청중과의 긴밀한 관계가 매우 중요하다.

따라서 아사히홀은 소리를 가공하는 것이 아니라 악기로부터 나오는 소리를 중시(重視)하여 공간의 구석구석까지 울려 퍼지게 하는 "가공(加工)시키지 않은 라이브 음"을 얻기 위한 음향 기술에 도전을 하였고, 연주자에게 만족감을 주고, 연주자와 청중이 일체감을 가질 수 있는 홀이 되도록 특히 공간과 무대, 객석의 균형(均衡)에 유의하여 슈박스 형태의 홀로 설계되었다.

1996년에 미국 물리학회로부터「Excellent」라는 평가를 받으며 세계 Best 9에 랭크되었으며, 연주가들로부터도「연주의 뉘앙스가 그대로 전달된다.」며 평판이 높다. 일본 및 해외의 일류 연주가들의 공연 외에, 다양하고 새로운 시도(試圖)가 이루어지고 있다.

[표] 건물의 개요	
구 분	내 용
소 재 지	도쿄 주오구 쓰키지 5-3-2, 아사히신문 도쿄 본사 신관 2층 (東京都中央区築地5-3-2 朝日新聞東京本社 新館2階)
공사발주	아사히 신문사
설 계	다케나카 공무점 음향설계 : 다케나카 공무점 기술 연구소 + Leo. L. Beranek
시설규모	건축면적 5,735.2㎡ 연면적 59,693.4㎡
건축구조	철골 철근 콘크리트조
시설종류	음악 홀 : 음악(실내악) 전용 홀

외관 및 로비

1979년에 준공된 아사히신문 도쿄 본사의 후기(後期) 공사로 1992년에 준공된 건물로 오피스와 문화시설이 복합적(複合的)으로 이루어져 있다.

▶ 1층 입구 주변의 외관

▶ 하얀 돌과 도장으로 마감된 로비 - 휴게실 하부에서 본 오픈 스페이스

○ **사람이 모이는 장소(場所)에 음악이 있었다.**

메소포타미아 및 이집트 등의 고대문명에서 출토(出土)된 악기나 그림에서는, 인류가 어느 시대이든 음악을 즐기고 있던 모습을 엿볼 수 있다. 사람이 무언가 목적을 가지고 모이는 장소에서 음악이 연주되었을 때 음악공간은 시작되었다. 우리가 음악공간이라는 말로 떠올릴 수 있는 것은 콘서트홀로, 오늘날에는 중세부터 현대까지의 음악을 음악전용 홀에서 듣는 것을 당연(當然)하게 여기게 되었다.

그런데 클래식 음악의 본가(本家)로 알려져 있는 빈 필하모니나 악우협회 대 홀은, 모차르트나 베토벤의 시대에는 아직 존재하지 않았고, 음악을 듣는 방식도 지금과는 크게 달랐다. 음악은 사람이 모이는 장소에서 연주되어 온 것으로, 음악공간 그 자체가 시대와 함께 양상(樣式)을 바꾸어 온 점에 다시 한번 주목(注目)했으면 한다.

○ **공연장은 모임의 장소**

공연 공간의 루트는, 그리스 및 로마시대의 야외극장(野外劇場)까지 거슬러 올라간다. 그리고 앞에서도 언급했듯이, 이탈리아의 비첸차(Vicenza)에 있는 Teatro Olimpico와 영국의 소위 셰익스피어극장이라는, 무대와 객석을 분리하느냐, 동화시키느냐에 따른 공연장 건축의 2대 조류(潮流)가 탄생되었다.

1600년경에는 베네치아에서 오페라가 탄생하여, 눈 깜짝할 사이에 유럽 대륙의 각지(各地)에 오페라하우스가 건설되는 붐이 일었다.

일본에서는, 100년이 넘는 서양음악 수용 역사의 최후에 전용시설로서 등장한 오페라하우스는, 사실 콘서트홀보다 훨씬 이전에 출현하였고, 계급을 뛰어넘어 사람들이 한자리에 모이는 장소로서의 기능을 가진 다목적홀이기도 했다. 유럽의 작은 마을에서는, 지금도 오래된 말굽형 극장이, 일본의 공회당(公會堂)과 같이 집회나 콘서트, 음악의 연습 등에 사용되고 있다.

대륙(大陸)보다 한발 빠르게 시민사회가 확립된 영국에서는, 상류계급이 공개로 콘서트를 열게 되어, 17세기 후반부터 음악전용(音樂專用)의 공간이 탄생하였다. 음악공간은, 이 시기부터 극장과는 다른 길을 걷게 되었다고 볼 수 있다.

이와 같이 극장이 민중에 의해 변용을 이룬 것에 비해, 음악공간은, 산업혁명이 초래한 시민계급이, 도시문화(都市文化) 속에서 정기적으로 모이는 장소로서 발전시킨 것이다.

○ **시민사회(市民社會)가 낳은 콘서트홀이라는 그릇(器)**

인간이 음악을 듣는 행위의 원점(原點)은, 사람들이 모인 장소에 연주가 더해졌다고 보는 편이 자연스럽다. 교회, 광장, 극장, 귀족(貴族)의 건물, 박람회장 등 각각 다른 용도의 공간에서, 음악은 항상 주역(主役)이 될 수는 없었다.

사람들이 음악을 듣는 것을 주목적으로 만들어진 가장 초기의 사례 중 하나로, 라이프치히의 게반트하우스가 있다. 오페라하우스가 완성된 후에 음악 홀을 원하는 시민의 요망을 수용하여, 직물상회관(織物商會館)의 2층 도서실을 홀로 개수한 것이다. 요한 칼 프리드리히 다우테(Johann Karl Friedrich Dauthe)의 설계로, 1781년 완성한 초대 게반트하우스는, 객석이 무대 방향이 아니라, 중앙 통로를 사이에 두고 좌우가 서로 마주보도록 배치(配置)하고 있다.

100곡이 넘는 교향곡을 남긴 하이든이 초연한 홀과 교향악단의 변천(變遷)에 따르면, 18세기의 후반의 겨우 40년간에 오케스트라의 인수가 16명에서 59명으로, 연주회장의 크기는 150㎡에서 433㎡로, 청중은 200명에서 1,000명 이상으로 늘어나게 된다. 이는, 하이든의 활약이 에스테르하지 궁전에서의 닫힌 세계에서 런던의 흥행주(興行主)에 의한 오늘날적인 콘서트로 변화된 시대의 반영이기도 했다.

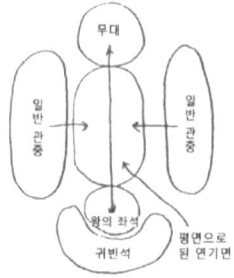
「공연장의 구도」 제시한 바로크극장의 공간의 구조

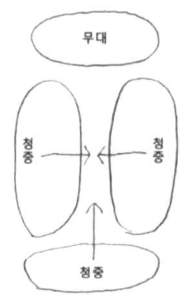
초대 게반트하우스 음악공간의 구조

○ 일본이 모범(模範)으로 한 음악공간

게반트하우스는, 1884년에 재건축(再建築)되어, 소 홀은 초대와 같은 공간에 재현되었지만, 객석은 무대를 향해 배치되고 있다.

당시 세계 최고라 칭송(稱頌)되었던 대 홀은, 좌우에 벽을 등지고 객석을 가지는 전형적인 슈박스 스타일을 하고 있다.

19세기 후반에는, 지금까지 이어져 온 콘서트홀의 원형으로 알려진 슈박스 형의 홀이, 서구의 주요 도시에 잇달아 건설되었다.

메이지(明治)의 일본이 목표로 한 서양문화의 꽃으로서, 이들의 대부분은 오늘날에도 음악전용 홀의 본보기로 평가되고 있는데, 당시의 생활습관에서 보면, 그곳에는 아직 무도회나 연회 등과 같이, 많은 사람들이 모이는 몇 가지 목적이 있어, 그를 위해 음악을 연주하는 오케스트라가 존재하였다. 악우협회 대 홀에서 매년 개최되고 있는 무도회 등은, 그러한 분위기를 오늘날까지도 전하고 있다.

19세기 말에는, 오늘날적인 의미에서의 음악전용 홀이 성립하게 되었다. 근대 프로시니엄 극장의 조상(祖上)이라 불리는 바이로이트 축제극장은, 모든 객석이 균일하게 무대와 대치시켜 보이지 않는 오케스트라의 소리로 가득 찬, 이공간(異空間)을 실현시켰다.

보스턴의 심포니 홀은 무대와 객석이 완전히 분리(分離)되어, 음향설계를 증명한 콘서트홀의 기준이 되었다. 이렇게 전문화가 진행됨에 따라 관객 간의 콘택트가 희박해져, 지금까지 음악공간이 계속 가져온, 관객이 서로 무대를 둘러싸는 장소성(場所性)이라는 중요한 요소가 서서히 사라져 간 사실은 매우 중요하다고 볼 수 있다.

○ **장소성의 상실(喪失)이 낳은 역지배(逆支配)**

근대 공연장이나 홀의 객석에서, 옛날 왕의 자리라는 가시적(可視的)인 중심이 배제되어 각 좌석이 무대와 균일한 관계를 가지게 되자, 무대의 중심을 차지한 자에 따라, 객석의 전원이 역으로 지배되게 되었다고 건축가 이소자키 아라타(磯崎 新)는 지적하고 있다. 20세기 전반의 반사음선 이론에 의한 홀이나 영화관의 출현은 필연적으로 객석 전체를 음원에 집중시키는 공간이 되어, 이 역지배를 더욱 강화시켰다.

근대 프로시니엄 스테이지가 성립한 후에도 극장공간에서 오픈 스테이지가 사라지지 않은 것과 마찬가지로, 음악공간에서는, 베를린 필하모니에서 한스 샤로운이,「음악이 중심」이라는 콘셉트를 내걸고 무대와 객석을 크게 동화시킨 것은 하나의 혁신(革新)이었다.

음악계는 스타주의의 시대를 맞이하여, 카라얀으로 대표되는 무대 위의 지휘자 및 독주자에게 관객의 흥미의 중심이 옮겨져, 음악공간은 시각이 중요시되게 된다. 카라얀이 제작한 콘서트 영화에서는, 그에 의한 전 관객에 대한 역지배의 상황이 여실히 반영되고 있다.

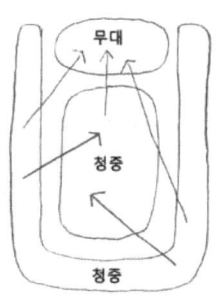 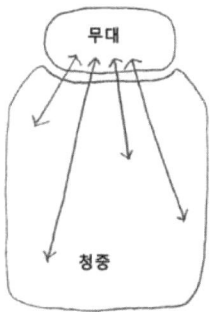

전형적인 슈박스 형식 홀의 공간구조   역지배의 공간 구조

○ 20세기에 콘서트는 어떻게 변화하였는가.

20세기에 음악공간은 크게 변용하는데, 동시에 에디슨으로 시작되는 가상(virtual) 음악공간 발전의 100년이기도 했다.

글렌 굴드(Glenn Herbert Gould)와 같은 녹음만 압축(壓縮)한 연주가가 나타났고, 그의 사후에도 현역 피아니스트의 콘서트에도 필적할 만큼의 빈도로 전 세계의 사람들이 그의 음악을 듣게 되는 시대를 누가 상상이나 했을까.

사람들이 음악을 접하는 방법은, 20세기 후반에 크게 바뀌어, 콘서트홀은 확실히 근본적인 변혁을 강요당하게 되었다. 먼저 콘서트 그 자체가 변질하였다. 오케스트라의 정기공연처럼, 매회 같은 사람들이 동일한 홀에 (콘서트를) 감상하러 모여 사교(社交)하는 원풍경에서, 홀에 모이는 관객들끼리는 서로 모르더라도 듣고 싶은 음악가의 콘서트에 가는, 즉「모이는 콘서트」에서「보는 콘서트」로의 시프트가 급속히 진행되었다.

그 배경에는, 방송이나 녹음에 의해 개인이 연주가와 1 대 1의 관계를 맺을 기회가 늘어난 사실도 영향을 미치고 있다. 그 연장으로서, 잘 보이는 것이 음향의 우수성과 비슷할 정도로 중요하게 되었다.

연주 측에서도, 지금까지는 도시에 자리를 잡은 존재였던 오케스트라가, 다른 도시나 타국(他國)의 오케스트라와도 비교되게 되어, 세계적인 평가를 얻기 위해서는 연주여행이 필수가 되어 왔다.

20세기의 이동과 정보의 혁명은 콘서트홀을 단순한 오케스트라의 본거지에서, 전 세계의 음악가들을 맞이하는 날마다 바뀌는 무대로 바꾸어 버린 것이다.

○ 현대음악(現代音樂)과 음악공간

테크놀로지의 진화는, 작곡가에게도 큰 영향을 미쳤다. 후기 낭만파의 확대된 음악에서, 한정된 소재에 의한 음세계가 재검토되어, 전기적(電氣的인) 음창조가 음악공간의 의미를 크게 바꾸게 되었다.

작곡가 자신이 연주 공간을 규정하는 작품이 속속 탄생되어, 그 대부분은 관객을 음원으로 둘러싸고, 공간에 소리를 분배하는 방법을 취하고 있다.

20세기의 만국박람회에서는, 이러한 파빌리온(pavilion)이 여러 개 건축되어, 새로운 음악과 음악공간의 실험이 시도(試圖)되었다. 1970년의 오사카 만국박람회의 철강관(鉄鋼館)은, 일본 최초의 현대음악을 위한 홀이었다.

컴퓨터를 이용한 음악 연구시설에서도, 왕성하게 창작 활동이 이루어지게 되었다. 그 대표적인 것이, 1969년에 파리의 퐁피두센터(Centre Pompidou)에 병설된 음향 음악 종합 연구소(IRCAM)로, 6개의 제작 스튜디오와 최신 전자기기가 갖추어진 환경에서 제작, 연구, 교육활동이 진행되고 있다. 이곳에서는 매년 다수의 작곡가가 전 세계에서 모여들어, 작품을 제작하고, 전속 악단인 앙상블·엥테르콩탱포랭(Ensemble·InterContemporain)이 창작 활동의 서포터 및 콘서트를 주최하는 등 제휴(collaborate)의 정도를 강화시키는 현대음악 홀의 전형이 되고 있다.

○ Hub 구조에서 Web 구조의 음악공간으로

이와 같이 음악공간은, 20세기에 그 의미를 크게 바꾸어왔다. 「모이다」라는 요소가 옅어짐에 따라, 전 객석이 무대하고만 관계하는 Hub의 구조로서의 음악공간이 형성되는 경향이 강해져, 무대에서의 역지배를 낳았다. Hub 구조에서는, 대부분의 청중은 자신이 무대를 홀로 차지하고자 하는 욕망이 우선시 되고 있다. 그런데 대형 화면으로 누구나 자택에서 그것이 가능한 시대를 맞아, 콘서트장에 찾아갈 필연성(必然性)이 크게 변하려 하고 있다.

관객에게 있어, 시간과 공간을 공유하고 있는 다른 청중의 존재를 의식함으로써 형성되는 Web 형상의 구조가, 단순히「보는」것을 뛰어넘어 매우 중요한 의미를 가지게 되었다. 사람이 모인다는 의미가 변질된 현대의 음악공간에서는, 일기일회(一期一会)로 구성되는 관객이 그 장소의 양상을 결정적인 것으로 만들기 때문이다.

위트레흐트의 브레덴뷔흐(Vreedenburgh)음악센터에서는, 헤르츠버거(Herman Hertzberger)가 정팔각형의 공간에서 관객이 다 같이 둘러싸고 연주를 감상하는 관객의 존재 그 자체가 중심이 되는 콘서트홀을 제안하여, 무대와 객석과의 관계를 객석 상호의 관계로까지 확대시킨 Web 형상의 음악공간을 통해, 현대에 「모이다」라는 요소의 부활(復活)을 시도하고 있다.

음악가를 대상으로 한 인터뷰에서는, 청중의 반응을 매우 민감(敏感)하게 느끼고 있는 연주가의 심리가 명확해진다. 대부분의 연주가는, 소리가 홀의 제일 뒤 좌석까지 도달하고 있다는 확신이 생기면, 어느 방향에서 보든, 무대에서 청중을 하나로 파악할 수 있는 음악공간이 연주의 환경으로서 필수(必須)라 말하고 있다. 이를 위해서는, 역지배에 의한 중심성보다도 관객이 음악공간에 만들어내는 Web 형상의 기운이 매우 중요하며, 홀의 형식과 관계없이 청중이 무대를 둘러싸는 장소성이 회복, 무대와 객석의 새로운 구도가 요구되고 있다.

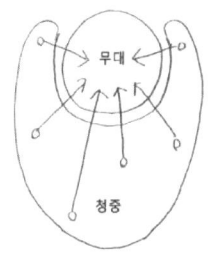
Hub 형상의 음악공간 구조

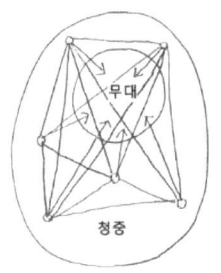
Web 형상의 음악공간 구조

아사히홀(Hamarikyu Asahi Hall)

하마리큐 아사히홀은 세계에서 가장 잔향이 아름다운 홀 중 하나로 평가받는 슈박스 형의 실내악 홀이다. 1996년에 미국 음향학회는 세계 22개국의 76개의 홀을 조사하였다. 그 결과, 빈 악우협회 홀 등 3개의 홀이 최고의 「Superior」 평가를 받았고, 하마리큐 아사히홀 및 뉴욕 카네기 홀 등 6개의 홀이 「Excellent」에 선정되었다. 이 조사는, 잔향·청중과 스테이지와의 관계의 친밀도(親密渡)·소리의 밸런스·음색의 빛남·투명감·온기·질감 등을 기술적으로 측정하는 한편, 연주가 및 음악평론가의 의견도 수용하여 종합적으로 판단한 것이다. 약음(弱音)에 의한 섬세한 연주를 전 좌석에서 만끽할 수 있는 홀로서, 연주가 및 청중 모두로부터 사랑받고 있다.

홀은 실내악을 중심으로 한 소규모 클래식 음악 전용 공간으로 설계되었으며, 슈박스 형의 단면으론 사이드 발코니를 배치한 형태 등 홀 내의 각 부위의 형상, 재질, 자재의 두께 등은 모두 음향 설계에 기초하여 계획되었다. 특히 천정은 유럽의 전통적인 콘서트홀의 형태를 모방(模倣)해서 격자형 천정으로 했으며 격자 천정으로 인한 폐쇄적인 압박감(壓迫感)을 없애기 위해 천정 자체가 빛나도록 했다.

착공에 앞서, 건축주로부터는 「피아노가 아름답게 울릴 것」, 「소리를 뒤집어쓰듯이 들을 수 있을 것」 등의 요구사항이 있었다. 당시, 공간의 잔향과 음향파라미터와의 관계에 대한 지식은 현재의 수준에는 미치지 못했기 때문에, 병행하여 기초적(基礎的) 연구를 실시하여, ① 소리의 텍스처(결)의 실현, ② 초기반사음의 확산, ③ 중저음 잔향시간의 밸런스, ④ 연주음의 반사와 같은 음향속성을 중시하는 방침을 정하고, 음향파라미터의 수치(數值) 목표를 설정하였다.

[표] 홀의 개요

구 분	내 용
객 석 수	총 객석 수 : 552석 (1F 448석, 2F 104석) (휠체어 대응좌석 2석) 안길이 : 32.00m ■ 좌석 폭 : 1층석 13.50m, 2층석 16.00m ■ 좌석 면적 : 1층석 337.50㎡, 2층석 133.70㎡ 　　　　　　합계 : 471.20㎡ ■ 천장높이 : (단층에서부터) 12.55m~13.05m
건축음향	실용적 : 5,800㎥(10.5㎥/명) 잔향시간(RT) : 1.70초(만석 시/500Hz) / 1.80초(공석 시) 초기감쇠시간(EDT) : 1.64초(만석 시) / 1.81초(공석 시) 음악명료도(C80) : -0.8dB 전 에너지레벨(G) : 6.0dB~8.3dB 형식 : 슈박스형, 오픈 엔드 스테이지, 원슬로프 발코니 1층 구조 소음레벨 : NC-20 이하
기 타	① 음의 확산 구조 　잔향음 에너지의 확산을 위해 표면을 파형으로 가공한 대리석상의 불연성재료를 사용하여 연직방향에 대해 수직으로 설정함으로써 1,500Hz 이상의 음파를 흩어지게 해서 잔향음 성분으로 변환하는 역할을 하였다. 　- 경면적 초기반사음에 포함된 고주파 성분이 감소해서, 초기반사음의 음질을 부드럽게 함 ② 격자 천장 구성 　1차 반사음을 흩어지게 하여 잔향음의 확산에 기여함 ③ 발코니석 측벽 하부 내부에 흡음재 처리 　500Hz~2000Hz의 음을 흡음하기 위해 발코니석 측벽 하부에 흡음재 설치

▶ 대 홀 내부 전경- 무대에서 본 객석 전경(원 슬로프 형태의 객석 배치)

　콘서트홀의 객석면 바닥 구배는, 청각적, 시각적으로도 결정되고 있다. 무대가 잘 보이는 좌석은 일반적으로 소리도 잘 통하는 좌석이라고 말할 수 있기 때문에, 통상(通常)은 객석 후부로 갈수록, 바닥 구배가 커지고 있다. 이와 같은 형태를 구성하면, 무대에서의 직접음(直接音)은 비교적 감쇠가 적은 상태로 객석에 도래한다. 한편, 아사히홀과 같이 비교적 바닥구배가 평평한 홀에서는 직접음의 감쇠(減衰)가 크고, 직접음에 비해 천장, 벽에서의 반사음이 귀에 들리는 비중이 높아지고 있다. 나아가, 구배가 올라간 홀과 평평한 홀의 큰 차이는 후벽(後壁)에서의 반사음의 밀도가 다르다는 점으로, 평평한 홀에서는 후방(後方)에서의 반사음 밀도가 약간 크다. 객석 내에서의 에너지 전후 비도 실내음향효과의 요인 중 하나로서 판단된다.

▶ 대 홀 내부 전경- 객석에서 본 무대 전경

○ 홀의 최적 잔향시간(最適 殘響時間)

잔향시간은 실용적, 실표면적 및 내장 재료의 평균흡음률 등, 건축 조건 그 자체에 의해 일의적으로 결정된다. 회화나 강연 등은 잔향이 너무 길면 명료(明瞭)하게 들을 수 없는 반면, 음악에서는 풍부한 잔향이 필요한 것처럼 잔향시간에는 실의 사용 방식(使用 方式)에 따라 최적의 값이 있다.

이를 최적 잔향시간이라고 부르고 있다. 최적 잔향시간은, 실의 사용 목적, 주파수, 실용적 등에 따라 달라지는데, 소리의 기호(선호도)에도 관계하기 때문에, 최적값에는 상당한 폭이 있다. 일반적으로는 사용 목적에 대한 최적 잔향시간은 실용적의 관수로 주어지고 있다.

그림 1에서 나타내듯이, 같은 음악이라 하더라도 크기가 큰 실에서는 작은 실보다 잔향이 길고, 목적별로는, 교회음악, 콘서트홀, 오페라극장, 강연을 메인으로 한 강당의 순(順)으로 작아지고 있다.

확성장치의 사용을 메인으로 한 다목적홀에서는, 하울링이라든가, 전기 음향장치를 효과적으로 사용하는 점 등에서, 잔향시간이 의외로 짧은 편이 사용하기 편리(便利)하다.

경험적(經驗的)으로는 그림 1에서 나타난 Knudsen-Harris의 음악을 위한 권장값보다 10~20% 짧은 편이 적당하다.

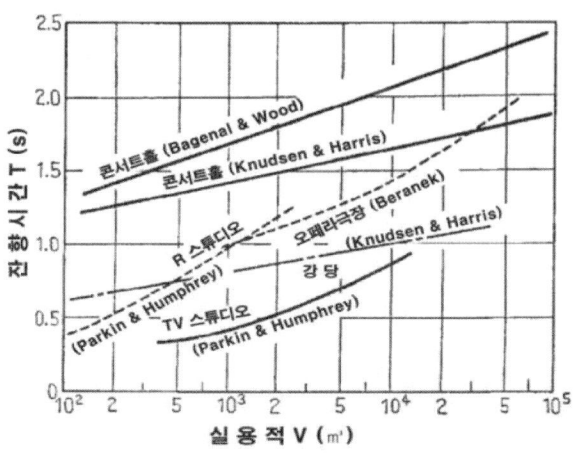

[그림 1] 500Hz에서의 사용목적별 최적 잔향시간

또한 잔향시간 주파수특성에 대해서도 많은 제안(提案)이 있는데, 음악 홀에 대해서는, 대략 중음역에 대해 125Hz에서 1.5배 이하의 비율로 저음역의 잔향시간이 약간 긴 특성(特性)이 바람직하다. 이에 비해 확성장치의 사용을 주로 하는 다목적홀에서는 평탄한 특성이 좋다고 한다.

▶ 무대 상부 조명 및 기계장치 설치 모습

▶ 무대 하부 – 확산마감형태로 연주자들 간의 앙상블을 높이고 객석으로의 음 전달을 보강함

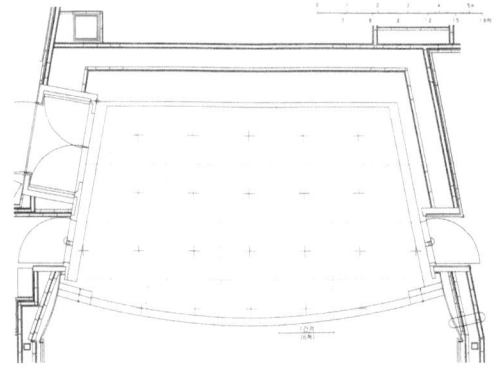

❖ **무대 크기 및 마감 재료**
- 무대 : 길이 – 6.90m
- 개구 : 앞 12.00m~깊이 10.00m
- 면적 : 78.2㎡
- 높이 : 75.00㎝
- 바닥마감 : 자작나무 플로어링 15㎜
   + 전나무 합판

○ 부속공간

- 리허설 룸

하마리큐 아사히홀 리허설실은 장르를 불문하고 다양한 용도로 사용할 수 있는 공간으로 수용 인원은 70명이다. 그랜드피아노, 보면대와 의자, 지휘자 스탠드, 지휘자 보면대 등 음악 연습에 필요한 장비 외에도 합창단석, 간이 무대, 화이트보드로 사용할 수 있는 이동식 평면 플랫폼이 있다.

- 사양

폭: 15.9m × 깊이 10.8m / 바닥면적: 약 154m² / 천장 높이 5.0m / 수용 인원 70명

합창 연습을 위한 편곡(예)

오케스트라 연습 배치 (예) ※ 50명 정도

도면

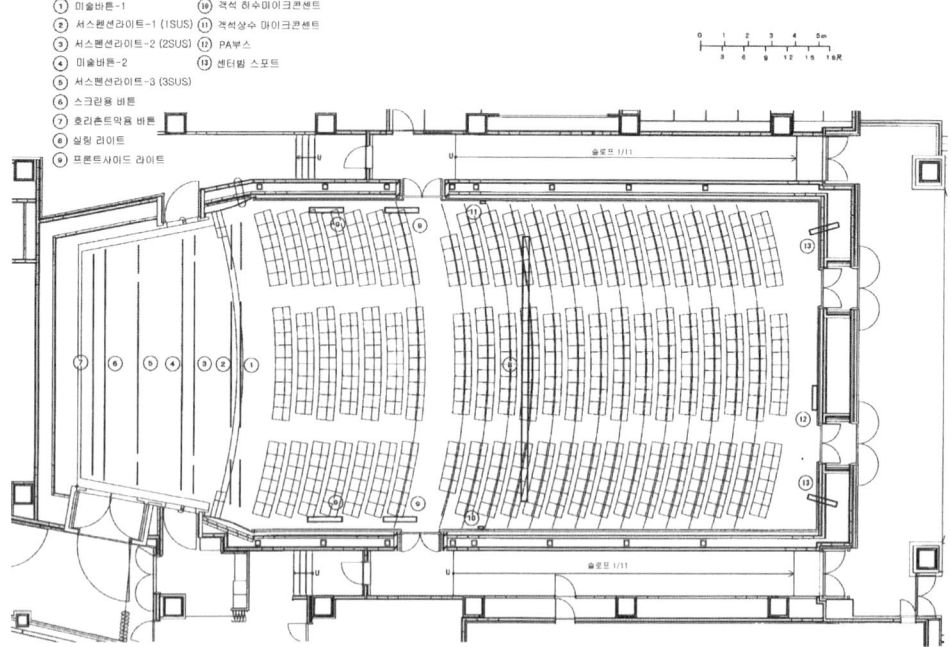

아사히홀 평면도

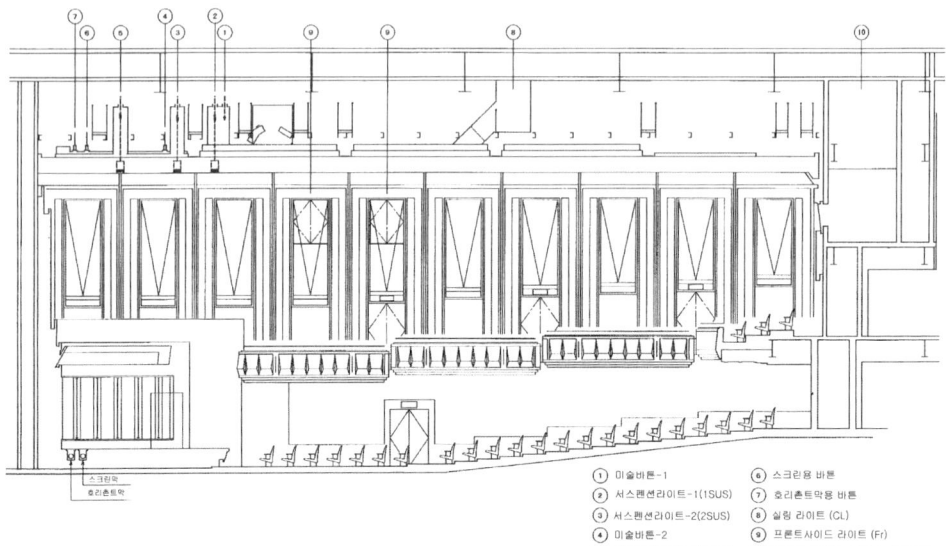

아사히홀 단면도 (1/100)

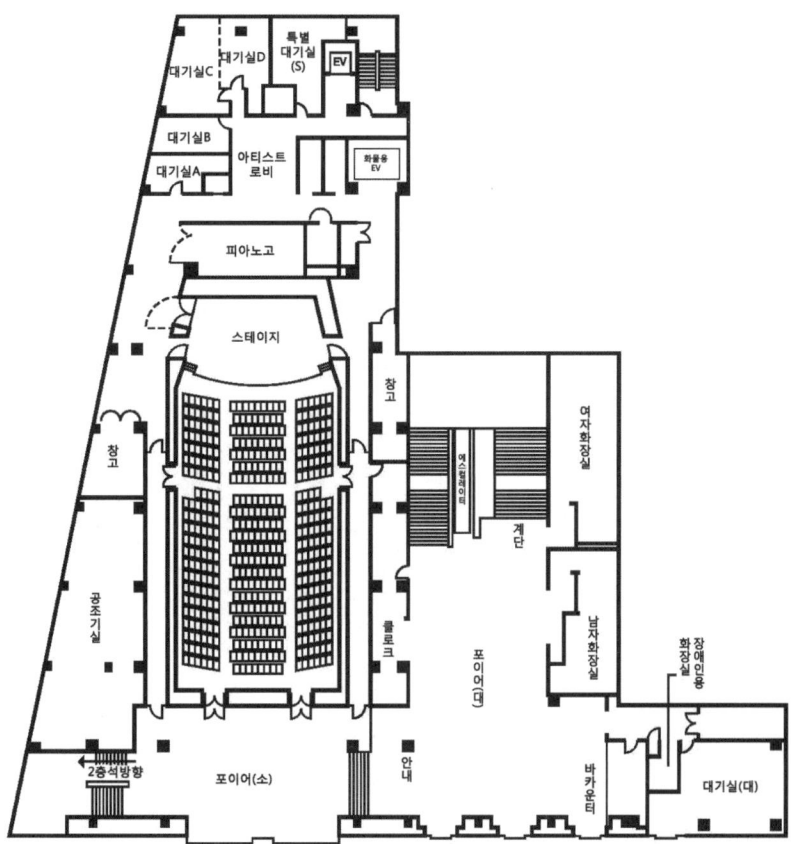

플로어 평면도

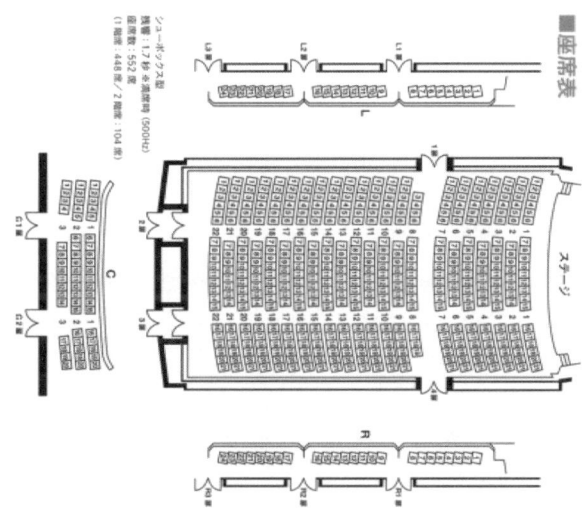

객석 배치도

04. 하마리큐 아사히홀

아사히홀(Hamarikyu Asahi Hall) 공연자료

Toppan Hall New Year Concert 2026

1909年製ベーゼンドルファーとの邂逅

兼重稔宏 | piano
Toshihiro Kaneshige

川口成彦 | piano
Naruhiko Kawaguchi

嘉目真木子 | soprano
Makiko Yoshime

山根一仁 | violin
Kazuhito Yamane

20世紀前半ウィーンに響いたピアノが、100年の時を経てTOPPANホールで甦る!馥郁たる音色が、名曲に新たな光を照射する

ベートーヴェン:ヴァイオリン・ソナタ第5番 ヘ長調 Op.24《スプリング》
Beethoven: Sonate für Klavier und Violine Nr.5 F-Dur Op.24 "Frühling" [山根/川口]

ベートーヴェン:ピアノ・ソナタ第30番 ホ長調 Op.109
Beethoven: Sonate für Klavier Nr.30 E-Dur Op.109 [兼重]

ブラームス:《5つの歌曲》より〈調べのように私を通り抜ける〉Op.105-1
Brahms: 'Wie Melodien zieht es mir' aus "Fünf Lieder" Op.105-1

ブラームス:《4つの歌曲》より〈永遠の愛〉Op.43-1
Brahms: 'Von ewiger Liebe' aus "Vier Gesänge" Op.43-1

モーツァルト:クローエに K524
Mozart: An Chloe K524

R.シュトラウス:《8つの歌》より
〈献呈〉Op.10-1/〈万霊節〉Op.10-8
R.Strauss: 'Zueignung' Op.10-1/ 'Allerseelen' Op.10-8
aus "Acht Gedichte aus Letzte Blätter" [以上、嘉目/兼重]

—

シューベルト:4つの即興曲集 D899
Schubert: Vier Impromptus D899

ショパン:ワルツ第1番 変ホ長調 Op.18《華麗なる大円舞曲》
Chopin: Valse No.1 en mi bémol majeur Op.18 "Grande valse brillante"

ショパン:夜想曲第2番 変ホ長調 Op.9-2
Chopin: Nocturne No.2 en mi bémol majeur Op.9-2 [以上、川口]

1/7 2026 [水] 19:00開演 TOPPAN HALL
Wednesday, 7 January 2026 19:00

全席指定 6,000円
U-25 3,000円

発売:9月17日(水)
[会員:9月13日(土)]

TOPPAN HALL since 2000 — 25th

05. 토판홀

トッパンホール – Toppan Hall

토판홀(トッパンホール - TOPPAN HALL)

　이케부쿠로(池袋)에서 수도 고속도로 5호선으로 차를 타고 달리면, JR 이이다바시역(飯田橋駅) 바로 앞에서 크게 우측으로 돈다. 그 바로 앞 좌측에 유리벽으로 이루어진, 외벽이 아름다운 타원형의 21층 건물이 눈에 들어온다. 그것은 바로 TOPPAN 고이시카와(トッパン小石川)빌딩이다.

　창립 100주년을 맞이한 돗판인쇄(凸版印刷)주식회사가 기념사업의 일환으로서 예전부터 계획·건설을 진행해 온 것으로, 2000년 4월 7일에 준공하였다. 고속도로의 아래를 흐르는 간다강(神田川)에 면해 고층의 오피스동이 배치되고, 그 배면의 주택지 측에는 저층의 뮤지엄동이 배치되어 있다. 저층동의 지상 부분이 바로 TOPPAN HALL이다. 참고로 그 지하층은 일본 최초의 본격적인 인쇄박물관으로 구성되어 있다.

　나무의 온기로 가득 차고, 편안함이 느껴지는 TOPPAN HALL은, 인쇄와 클래식 음악의 깊은 관계에서 돗판인쇄(凸板印刷)가 창업 100주년 기념으로 오픈하였다. 음향성능을 철저히 추구한, 클래식 중심의 콘서트홀로, 홀 전체를 플로팅구조로 함으로서, 외부의 소음 및 진동을 차단시킨 408석 규모의 이상적인 음악공간이다. 속삭이는 듯한 피아니시모, 연주자의 호흡까지도 전해지는 공간으로, 연주 후의 박수까지 한순간의 정숙은 시간이 멈춘 듯하다. 새로운 세기를 위한, 풍부한 「감성」을 키우는 공간으로서, 음악 면에서도 사회·문화에 공헌하고자 하는 염원을 담고 있다.

한편 독창성이 가득한 다채로운 자주 공연으로, 콘서트홀 최초의 산토리 음악상(제47회)을 수상하였다.

[표] 건물의 개요

구 분	내 용
소 재 지	도쿄도 분쿄구 스이도 1-3-3 (東京都文京区水道1-3-3)
공사발주	돗판인쇄주식회사(凸版印刷株式会社)
설 계	(주)오카다신이치설계사무소(岡田新一設計事務所) 음향설계 : 주식회사 나가타 음향설계
시설규모	부지면적 12,541㎡, 건축면적 5,028㎡, 연면적 54,219㎡
건축구조	S조, SRC조 / 지상 21층, 지하 3층, 옥탑 1층
시설종류	메인 홀 : 클래식 음악 전용 홀 분장실, 인쇄박물관, 카페·레스토랑·주방 등

외관 및 로비

건물의 부지에 보도 형상의 공터 등을 설치, 공개하여, 보행자의 안전을 도모하고 나아가 수목의 식재를 통해 지역의 환경 개선에 배려하고 있다. TOPPAN HALL(1층)은 주위를 인쇄박물관(지하 1층), 카페·레스토랑·주방(2층) 등으로 둘러싸고 있다.

▶ 외부 전경

▶ 로비

메인 홀(Main Hall)

TOPPAN HALL은 2000년 10월에 설립된 리사이틀 및 실내악을 주목적으로 하는 클래식 전용 콘서트홀이다. 홀로 한 걸음 들어서면, 그 조용함에 아마 깜짝 놀랄 것이다. 홀 전체를 「플로팅 구조」로 함으로써 도시의 여러 소음 및 진동을 차단하여, 정밀(静謐)함으로 가득 채운 신성한 공간을 실현하였다.

홀의 내부는 목재가 많이 사용되었으며, 벽에는 벚나무 목재, 바닥에는 모과나무 목재가 따뜻한 분위기를 연출하고 있다. 무대 및 객석 주위의 벽에는 음향적인 확산을 의도하여 목재 리브를 사용하였다. 천장은 섬유강화 성형 시멘트판(GRC)으로, 이곳도 확산을 의도한 요철이 들어가 있다. 리브의 형태 및 천장의 형상 등에 곡면이 많이 사용되고 있는데, 이는 홀 계획 단계부터 참여한 고문의 요구로 도입된 것으로, 선단이 돌출된 형태는 최대한 배제되었다.

홀의 평면형은 직사각형(矩形)이지만, 무대 안쪽의 벽이 약간 좁게 이루어져 있는 점과 장방향이 그리 길지 않기 때문에, 홀 안에 있으면, 소위 슈박스 형상이 느껴지지 않는 공간이다. 또 단면형은 원 플로어로, 최대 천장높이는 9.5m로, 콘서트홀로서는 충분하지 않지만 최소한의 높이는 취하고 있다.

이 높이를 확보하는 것이 설계·시공을 진행하는 데 있어 가장 큰 과제였다. 부지 주변의 조건으로 인해, 건물의 높이는 여유 있게 잡을 수 없었기 때문에, 천장 안쪽 공간을 얼마나 줄이느냐가 키 포인트(key point)였다.

그중에서도 가장 큰 공헌자는 공조 덕트였다. 객석 의자 하부와 벽으로부터 송풍하여 천장 안쪽으로 배기하는 치환 환기·성층 공조방식을 채용함으로써, 보통은 천장 안쪽의 넓은 범위를 차지하는 덕트를 한 번에 배제할 수 있기 때문에 전술한 천장높이가 확보된 것이다. 천장 안쪽의 캣워크도 몸을 앞으로 구부리고 보행해야 하는 등의 많은 난점이 있지만, 기능면과의 절충되는 범위에서 콘서트 공조 천장높이가 확보되었다.

홀의 음향 면에서의 특징 중 하나로, 대대적인 잔향 가변장치가 설치된 것을 꼽을 수 있다. 클래식 콘서트홀이라 하더라도 피아노, 현악기, 관악기, 성악 등, 그 음향 및 음질 등은 가지각색이다. 또 리사이틀부터 실내악까지 편성도 다양하다. 그 외에도 강연회 및 식전 등에 대해서도 어느 정도 대응하지 않으면 안 된다. 각종 콘서트에 대해 음향적으로 유연하게 대응하기 위해, 스피치의 명료도 확보를 목적으로 잔향가변장치를 설치하였다. 방식은 개폐식으로 90°까지 열 수 있다. 닫힌 상태의 잔향시간(500Hz)은 1.4초(만석 시), 잔향 가변장치를 엶으로서 잔향시간이 서서히 단축되고, 90도 열었을 때는 1.1초(만석 시)이다. 명료도 확보의 기본 조건으로는, 적절한 스피커의 기종 선정과 배치를 꼽을 수 있다. TOPPAN HALL에서는, 명료도 확보에 대해 천장에 소형스피커를 분배 배치하는 방식을 채용하였다.

[표] 메인 홀 개요

구 분	내 용
객 석 수	객석수 : 408석 (휠체어용 3석 설치 시 통상 403석) 객석 면적 : 473㎡
건축음향	실용적 : 3,700㎥ 잔향시간 : 1.3초~1.6초(공석 시) 1.1초~1.4초(만석 시) * 잔향 가변 패널을 이용해 조정 가능 실내 소음 : NC-15 (차음구조 : 바닥·벽·천장을 플로팅 구조, 개구부는 방음 구조)
기 타	① 각종 콘서트에 대해서 음향적으로 유연하게 대응하기 위해, 스피치의 명료도 확보를 목적으로 잔향 가변장치를 설치 (개폐식 잔향 가변장치 90°까지 오픈 가능) ② 피아노 : 스타인웨이 D-274 2대 보유 ③ 무대 : 너비 17.4m, 안길이 8.0m, 높이 0.6m 무대 바닥 재질 : 노송나무(히노키) ④ 홀 면적 : 580㎡, 포이어 110㎡

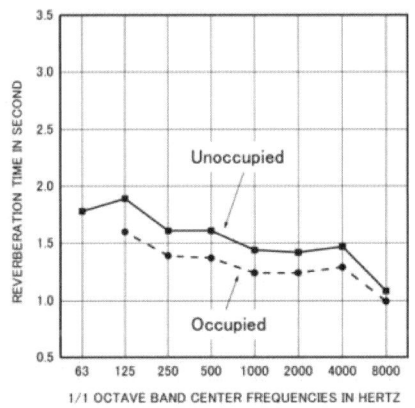

잔향 가변장치 닫은 상태

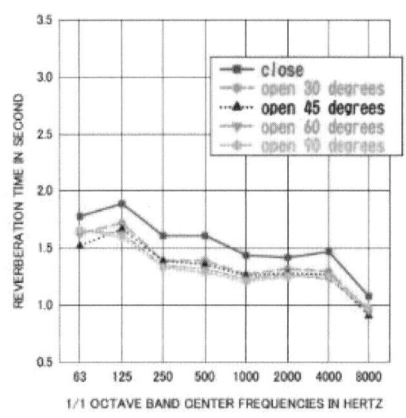

잔향 가변장치 연 상태

잔향시간 주파수 특성

▶ 내부 전경

○ 홀 음향의 가청화(Auralization)

가상 현실(virtual reality)이라는 말이 일반화되어, 각종 감각에 대해 유사 체험하기 위한 기술이 발달되고 있다. 시각에 관한 "visualization"에 대해, 청각에 관한 새로운 용어로서 "auralization"이라는 영어가 사용되기 시작해, "가청화"라는 일본어 번역이 일반화되어 있다. 1997년에는, 이들 두 단어를 딴 국제 심포지엄 "International Symposium on Acoustic Simulation, Visualization and Auralization : ASVA 97"이 개최된 것은 기억에 새롭다.

그러나 "auralization"은 특별히 새로운 아이디어가 아니라, 예를 들어 1934년에 열린

Spandock에 의한 홀의 모형실험에서도, 홀의 잔향을 실제로 귀로 확인하는 것이 이미 시도되었다. 그 이후의 실내 음향모형실험의 개발 연구에서도, "auralization"은 큰 목적 중 하나였다.

홀의 음향 분야에서는, 설계 지침을 얻기 위한 기초적인 연구, 혹은 실제 음향설계를 위한 실험 도구로서, 반사음이나 잔향음의 효과를 청감적으로 조사하기 위한 시뮬레이션 수법이 다양하게 시도되어 오고 있다.

- 객석에서의 음장의 시뮬레이션

홀의 음향이라고 하면, 우선 객석에서의 음향, 즉 청중의 입장에서 음악 등을 감상하는 시점에서 생각하는 것이 보통으로, 지금까지 실내 음향 분야에서 이루어져 온 연구도 이 입장으로 이루어진 것이 대부분이다. 그러한 관점에서, 현실의 홀 음장, 어떠한 예측 방법을 토대로 시뮬레이션 된 음장, 혹은 특정 음향 조건의 영향을 조사하기 위한 가공의 음장 등을 대상으로 하여, 각종 음장 시뮬레이션이 고안되어 있다. 바이노럴 방식과 멀티채널 방식으로 대별하여 소개한다.

- 바이노럴 방식

양이(兩耳) 효과에 중점을 둔 수음·재생 방식으로서, HATS(head and torso simulator : 더미헤드)를 이용해, 두부(頭部) 전달관수를 포함하여 수음한 2채널의 양귀 신호를 헤드폰 혹은 스피커로 재생하는 방식을 총칭해 바이노럴 방식이라 부르기로 한다. 그중 헤드폰 재생에 의한 것이 가장 간단하지만, 음상의 정위, 거리감 등의 면에서 약간 어려운 점이 있다.

한편, 무향실(혹은 그에 가까운 실내)에 설치한 두 스피커로부터, 수음 시와 같은 음압이 수청자의 좌우 귓가에 재현되도록 신호처리를 한 2 계통의 소리를 재생하는 방법이 고안되어 있다. 이것은 일반적으로 트랜스 오럴 방식(trans-aural system)이라 불리고 있고, 이것을 실내음향의 연구에 이용한 사례로서 Schroeder에 의한 유럽의 콘서트홀의 비교 연구가 잘 알려져 있다. 방법은, 음장의 물리특성과 주관평가와의 대응을 조사하기 위한 실험 도구로서는 획기적인 것으로, 현재도 OSS(Orthostereophonic System) 등의 연구에 계승되고 있다.

이 트랜스 오럴 방식에 대해서는, 음향전송계통의 취급이 물리적으로 명확하고, 이론적으로는 양귀에 원하는 음향신호를 재현하는 것이 가능하지만, 엄밀히는 수청자마다 두부 전송관수를 설정해야만 하고, 또 수청 시의 자세가 구속되는 점(엄밀히는 두부를 고정), 무향실 혹은 그에 준한 음장이 필요한 점 등, 실제적인 면에서는 상당한 제약이 있다.

또, 신호처리의 과정에서 일종의 위상 제어를 하고 있기 때문에, 그 정확도가 불완전한 경우에는 청감적으로 위화감이 남는다. 최근, 하마다(浜田) 등의 연구 그룹에 의해, 이 시스템의 실용화를 목적으로 한 시도로서 스테레오 다이폴 시스템(stereo dipole system)이라 불리는 재생 방식의 개발이 이루어지고 있고, 관련 제품도 발매되고 있다.

하나의 연구 그룹에서는, 홀의 음향설계 시에 이루어지는 1/10 축척 모형실험에 트랜스 오럴 방식을 응용한 시도를 하고 있다. 이 실험에서는, 먼저 축척 1/10의 미니어처 더미헤드를 통해 모형 홀 내부에서 바이노럴 임펄스응답을 계측하였다. 그 데이터와 드라이 소스를 디지털 합성에 의해 합성하는데, 그때 트랜스 오럴 재생에 필요한 크로스 신호의 취소 및 피험자의 두부 전송관수의 합성도 실시한다. 이렇게 해서 합성한 신호를 무향실 내에 둔 두 스피커를 통해 재생하고, 홀의 음향 특성에 관한 주관적 인상을 조사한다.

이 수법이 일본에 최근 건설된 몇몇 콘서트홀의 설계에도 실제로 응용되고 있다.

- **멀티 스피커 방식**

바이노럴 시스템에서는 기본적으로 양 귀에 대한 입력 신호를 제어한다는 개념에 입각해 있는데 대해, 많은 스피커를 이용해 수청 위치의 근방 구역에 원하는 음장을 재현하는 방법도 있어, 이를 멀티스피커 방식이라 부르기로 한다. 연구자는 이와 같은 개념을 이론적으로 정리하여, 경계음장제어에 근거한 음장 재현 시스템을 제안하고 있는데, 홀 음장의 시뮬레이션에 실제로 응용되기까지는 이르지 못하고 있다.

멀티스피커 방식에 의해 홀의 음장을 시뮬레이션하는 경우에는, 수청자를 둘러싸서 배치한 유한개의 다채널 스피커로부터, 방향별로 소리를 재생하는 비교적 간단한 방법이 이용된다. 그 방향별 소리의 할당 방법으로서, 공간을 입체각으로 분할하여, 각 방향에서 도래하는 반사음열을 포함하는 임펄스응답에 드라이 소스를 합성하여, 대응하는 방향에 설치한 스피커를 통해 재생하는 방법이 일반적이다. 이 방법에서는, 시스템의 성질상, 수청자 귀의 위치를 그리 엄밀히 고정할 필요가 없고, 트랜스 오럴 방식에 비해 더 자연스러운 청감 인상을 얻을 수 있는 등의 이점이 있다. 단, 재생 스피커의 필요 채널수에 대해서는, 아직 검토의 여지가 남아 있다.

멀티스피커 방식에 의한 음장 시뮬레이션에서는, 음장의 전달관수를 구하는 방법이 중요하다. 실제 음장(원음장)의 정확한 재현을 목적으로 해서, 방향별 임펄스응답을 구하는 방법이 몇 가지 고안되고 있다. 또 홀의 음향설계를 위한 도구로서 이용하는 경우에는, 각종 컴퓨터 시뮬레이션(기하 음선법, 수치해석 등)을 이용해 건축 조건에 대응한 방향별 임펄스응답을 (근사적으로) 계산하는 방법이 고안되어 있다. 그 중, 실측에 의해 방향별 임펄스응답을 구하는 방법으로는, 입체적으로 배치한 복수의 마이크로폰의 출력으로부터 각 반사음에 대응하는 가상 음원의 공간 분포를 계산하는 방법이 니혼대학의 연구 그룹에 의해 고안되고 있다. 이 수법에 따르면, 각 반사음의 조건 제어·가공이 용이하게 이루어진다는 점에서, 반사음의 공간적 분포와 주관평가량의 대응을 조사하는 연구에도 응용할 수 있다.

방향별 임펄스응답을 구하기 위한 다른 방법으로서, 지향성 마이크로폰을 이용하는 방법이 있다. YAMAHA의 연구 그룹은, 수평면 내 8방향, 사선 상방의 4방향, 총 12채널의 초지향성 마이크로폰을 수음에 이용하는 방법에 대해 연구하고 있다. 동일한 방법으로서, 필자의 연구실에서는 6채널의 단일지향성 마이크로폰을 이용한 수음·재생 시스템에 대해 검토하고 있어, 다음 항에서 소개한다.

홀을 건설하는 경우, 설계 단계에서 공간의 잔향 등을 시청할 수 있다면 강력한 설계 지원 도구가 된다. 그러한 목적으로, 한때, 건설회사를 비롯한 음향설계의 실무에 종사하는 기업에서 가청형(可聽型)의 음장 시뮬레이션 시스템의 개발이 활발하게 이루어졌다.

이들의 응용으로, 후술하는 스테이지 위를 대상으로 한 실시간 음장 합성 방법 및 시각정보를 부가한 시스템 등도 개발되어 있다. 또, 이들 수법에 의한 시뮬레이션 음장에 대해, 각종 음향 물리 지표의 검토 및 청취 실험 등에 의해 성능 평가가 이루어진 보고도 있다.

- **6채널 수음-재생방식**

홀뿐만 아니라, 각종 공간에서의 환경 음을 대상으로 한 심리평가 실험이 실시되고 있다. 이를 위한 수음-재생 방법으로는, 바이노럴 방식도 이용되고 있는데, 최근에는 다른 방법으로서 직교하는 축 위에서 근접시킨 6개의 단일지향성 마이크로폰 시스템을 이용해 수음하고, 무향실 내에서 그 방향에 대응하는 6개의 스피커를 통해 재생하는 "6채널 수음-재생방식"을 개발하여, 각종 평가 실험에 응용하고 있다. 이 방식의 원리는 매우 단순하여, 특별히 복잡한 신호처리 등은 필요로 하지 않음에도 불구하고, 매우 자연스러운 음장감(3차원적인 입체감과 방향 정위성)이 얻어지고, 또 수청시의 자세에 대해서도 제약이 완화되는 이점을 가지고 있다. 본 시스템을 이용한 경우의 물리적, 청감상의 시뮬레이션 성능에 대해서, 이하에 약간의 검토 결과를 나타낸다.

우선 그림 1은, 무향실 내에서 수평면 내 15°마다 입사 각도를 변화시켜 측정한 신호를 시뮬레이션 음장으로 재생하여, 중심 위치에서의 음향 강도(intensity)를 측정한 결과이다.

이것을 보면, 중음역까지는 인텐시티 벡터의 방향은 원 음원의 방향과 거의 일치하고 있다.

고음역에서는 벡터의 재현성이 나쁘지만, 이는 수음 계통의 마이크로폰 간격이 유한(15㎝)한 점에 따른 오차로, 고음역까지 정확도를 유지하기 위해서는, 마이크로폰 간격을 좁게할 필요가 있다. 이 시스템을 이용한 경우의 청감적 검토로서, 방향정위 실험에 의해 소리의 도래방향의 재현성에 대해 검토하였다.

이 실험에서는 상기의 실험과 마찬가지로 30° 별로 입사 각도를 변화시켜 측정한 임펄스응답에 계속시간 1초의 노이즈(3회)를 합성 처리하여, 그것을 시험음으로써 피험자에게 소리의 방향감을 판단시켰다. (단, 피험자는 머리를 자유롭게 움직여 판단할 수 있도록 하였다)

그 결과를 그림 4에 나타내는데, 실제 음원의 방향(가로축)과 피험자가 판단한 방향(세로축)은 거의 일치하고, 전후의 오판 정도 비교적 적은 결과를 얻을 수 있었다. 이 수음·재생 방법을 이용해, 현재 홀의 음장을 대상으로 해서 물리적 및 청감적 정확도를 검토하고 있다.

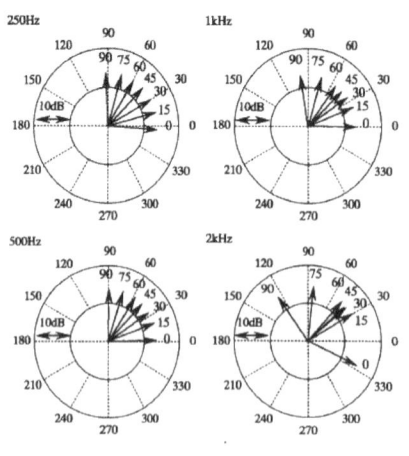

[그림 1] 음향 강도 측정결과

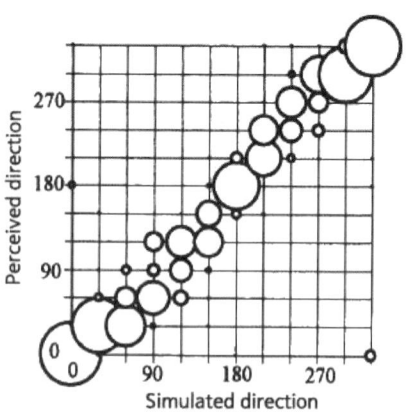

[그림 2] 방향 정위 실험결과

■ 스테이지 위 음장의 시뮬레이션

실내음향의 분야에서는 객석의 음향에 주안점이 둬 왔는데, 스테이지 위 연주자의 입장에 시점을 둔 검토도 필요하다. 콘서트홀에서 뛰어난 음악연주를 성립시키기 위해서는, 오히려 일차적으로 필요하다고 말할 수 있다. 그러나 이를 위한 연구는 실내음향 분야에서는 비교적 뒤처지고 있다. 그 이유는 몇 가지 생각할 수 있는데, 객석의 음장을 대상으로 하는 경우에 비해, 실험(시뮬레이션) 기술로서는 훨씬 어렵다는 점을 꼽을 수 있다. 즉, 연주자를 대상으로 해서 평가 실험을 하는 경우에는, 연주음에 대해 리얼타임으로 홀의 응답을 피드백할 필요가 있다. 구체적으로는, 연주음에 대해 청감적으로 중요한 반사음을 수 ms 내로 처리하여 재생해야 해서, 이와 같은 기술적인 점이 스테이지 음향의 연구를 진행하는 데 있어서 난점 중 하나가 되고 있었다.

그러나 최근에는 디지털 신호처리기술이 비약적으로 진보하여, 합성 연산용의 DSP를 갖춘 전용 하드웨어가 시판되게 되어, 앞서 설명한 바와 같은 신호처리도 비교적 용이하게 할 수 있게 되었다. 이것이 불가능했던 시대에는, 현실의 음장을 재현한다는 것은 불가능한 일로, 지연 에코 등 특정한 현상에 한정하여, 그에 관한 파라미터를 변화시키면서 연주자의 반응을 조사하는 것이 주요 내용이다.

- **공연장 컨설팅**
- 공연장의 건립에 있어서 설계/시공/완공 단계에 이르기까지 건축음향·전기음향, 소음진동, 무대특장에 관해 전반적인 것을 검토
  - 공간음향(Room Acoustics) = 공간에서 소리의 발생(Source), 이동(Propagation), 인지(Perception)의 과정들을 과학적으로 분석 정의하고 공간의 기능과 목적에 부합되도록 다루는 것을 의미 = 건축음향(Architectural Acoustics)
  - 음향 요소의 필요성 : 4대 음향 요소(흡음, 반사, 잔향, 차음) + 구조(공간구성의 크기, 시야 확보)
- ❖ 공연장 잔향시간을 결정함(공연 장르에 따라서 요구조건이 달라짐)
- ❖ 공연장의 구조와 체적, 마감 요소에 따라 실의 공간감이 달라짐
- ❖ 공연장 내부 공간구조를 통해서 높은 수준의 소음 환경 기준을 확보하여야 함
  (적절한 분산구조를 통해서 반사와 흡음의 문제를 다루고 잔향 값을 조절해가는 흡음과 반사의 기술을 적용해야 함)

- 공연장 컨설팅의 필요성
- ❖ 건축가, 설계자, 시공자, 운영 관계자의 수많은 협의와 논의를 통해 필요로 하는 공간을 만들기 위해서는 문제에 부딪혔을 때 공연장 분야에 대한 계획, 설계, 장비, 설치 등의 풍부한 경험을 가진 전문 컨설턴트의 조언을 필요로 함
- ❖ 콘셉트 단계의 일부로서 건축가와 재단 관계자들이 그들의 건축적인 접근방식을 올바로 인식하고, 역사적으로 중요한 공연장 및 현대 공연장과 관련된 배경지식을 쉽게 이해할 수 있도록 여러 공연장을 견학할 수 있는 기회가 마련되어야 함
- ❖ 초기 설계단계에서는 재단 관계자들이 목표로 하는 공연장의 수준을 파악하여, 공연장 등급에 맞는 적절한 규모 및 필요 실에 대한 검토가 이루어져야 함
  (건축 설계자와 함께 공연장과 무대 주위의 제반 관련 실이 어떻게 배치되는지 알 수 있는 모식도와 공간 배치 계획을 진행할 수 있는 팀이 필요함)
- ❖ 설계 시에서는 가상 공간의 컴퓨터 시뮬레이션을 통해 건축음향 제조건의 목표치를 만족할 수 있도록 검토 되어져야 하며, 설계한 공간의 공사에서는 시공 시 건축음향 설계 목표치와 실제값이 상이하게 되는 경우를 각 단계별 측정 및 검토를 통하여 수정/보완함으로써 목표로 하는 공연 공간을 완성할 수 있음
- ❖ 각 단계(초기 설계, 기본설계, 실시설계, 시공실시)별로 건축음향 시뮬레이션 및 현장 측정,

검측을 통해 수정, 보완 과정의 업무를 진행하는 것은 건축음향 설계 목표치를 만족시키는 데 매우 중요한 역할을 하여 좋은 **공연장**을 만드는 역할을 담당

기타 공간

▶ 분장실

분장실 A – 면적 17㎡ : 화장실, 샤워실 설치
분장실 B – 면적 20㎡ : 그랜드 피아노(야마하 AIL) 설치, 화장실, 샤워실 설치
분장실 C – 면적 18㎡ : 화장실 설치
분장실 D – 면적 52㎡ : 업 라이트 피아노(야마하 YU5) 설치, 2분할 가능, 녹음실 겸용

분장실 B

분장실 D

▶ 그 외

포이어   110㎡
보유 악기   스타인웨이 D-274 2대
클로크   있음

- 스타인웨이 D-274
- 2,740 X 1,560mm
- 480kg

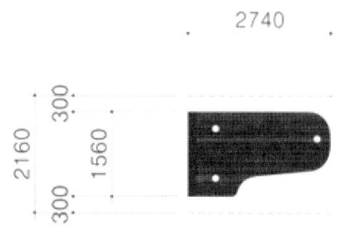

도면

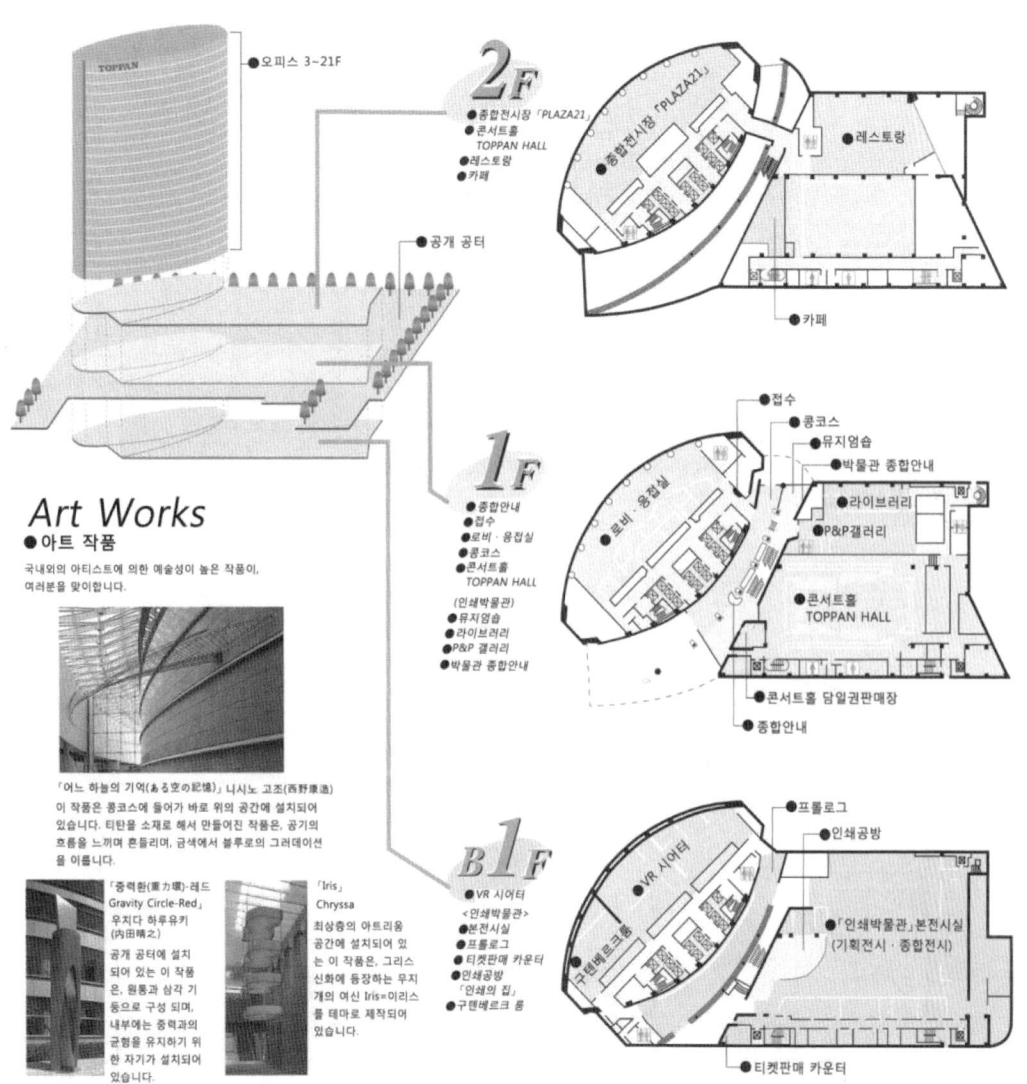

시설 배치도

▶ 좌석표

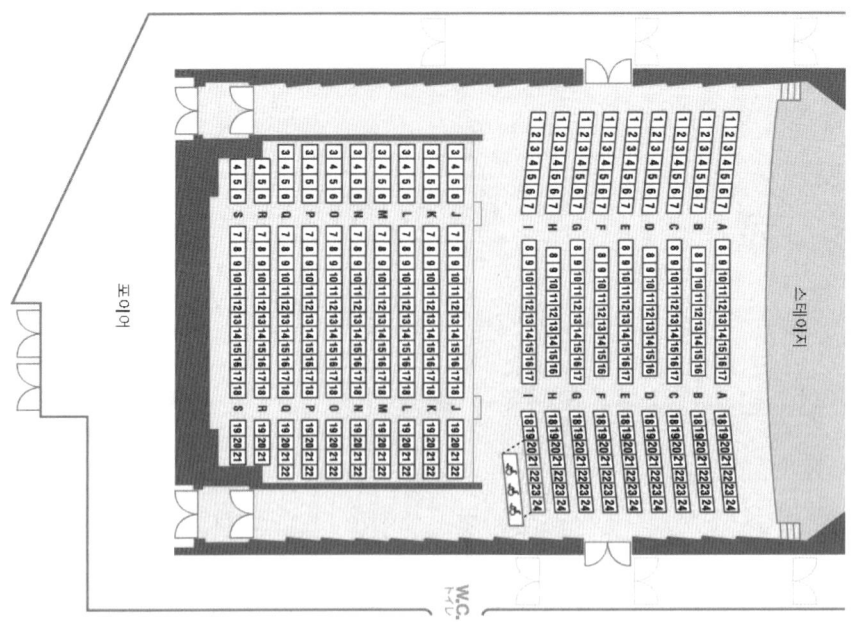

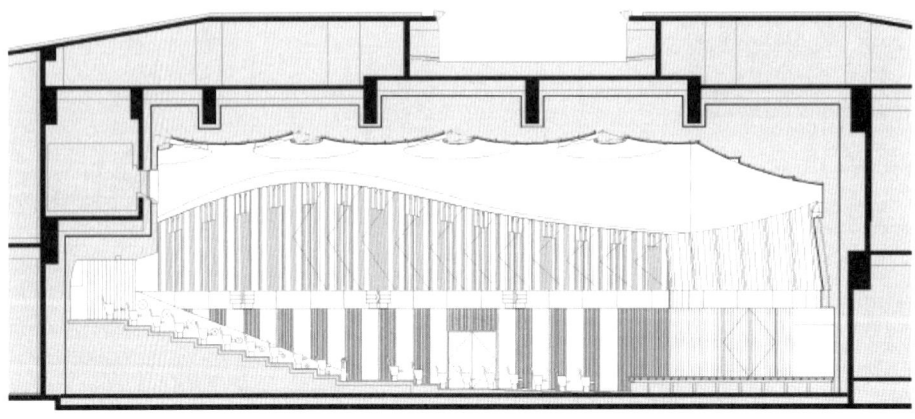

종단면도

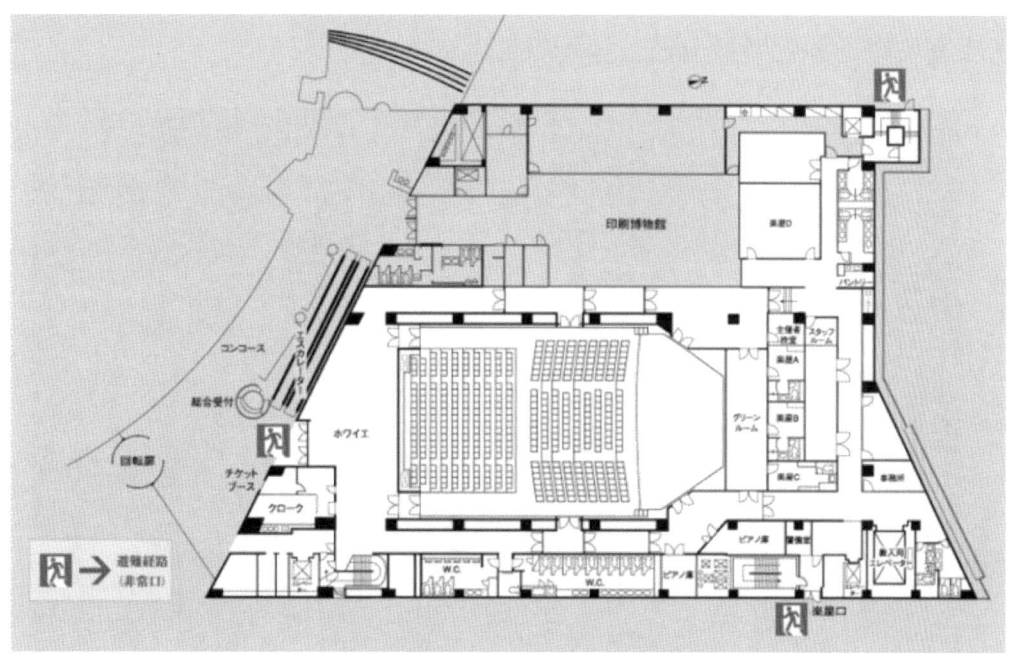

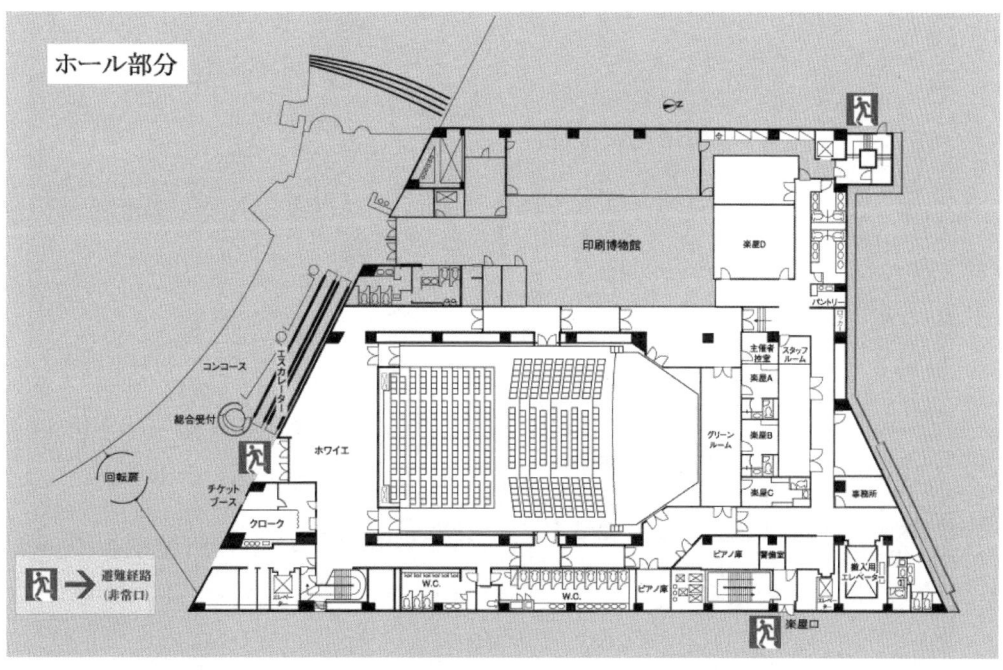

토판 홀(TOPPAN HALL) 공연자료

2023ロン=ティボーの覇者、初来日。

transit Vol.21

BOHDAN LUTS

ボーダン・ルーツ Violin　田村 響 Piano

J.S.バッハ：無伴奏ヴァイオリン・パルティータ 第2番 ニ短調 BWV1004より「シャコンヌ」
J.S. Bach: Chaconne from Partita for Solo Violin No.2 in D minor, BWV1004

グリーグ：ヴァイオリン・ソナタ 第3番 ハ短調 Op.45
Edvard Grieg: Violin Sonata No.3 in C minor, Op.45

ラヴェル：ヴァイオリン・ソナタ ト長調
Maurice Ravel: Violin Sonata in G major

イザイ：無伴奏ヴァイオリン・ソナタ 第3番 ニ短調 Op.27-3「バラード」
Eugène Ysaÿe: Sonata for Solo Violin No.3 in D minor, Op.27-3 "Ballade"

サン=サーンス／イザイ：ヴァイオリンとピアノのためのワルツ形式の練習曲 Op.52-6
Camille Saint-Saëns / Eugène Ysaÿe: Study in Form of a Waltz for Violin and Piano Op.52-6

2025 11|8 [土] 15:00 (OPEN 14:00)

〖発売〗2025年6月28日(土)12:00　王子ホールチケットセンター 03-3567-9990　全席指定 ¥4,500

06. 오지홀

王子ホール - OJI Hall

오지홀(王子ホール - OJI Hall)

　도쿄의 중심, 긴자 4초메(銀座4丁目)에 위치하는 오지홀(王子ホール)은, 오지제지주식회사(王子製紙株式会社)(현·오지홀딩스 주식회사(Oji Holdings Corporation))가 1991년에 사옥을 신축하는 데 있어, 사회공헌·메세나 활동의 일환으로서 건설한 홀로, 오지제지본사빌딩 건물의 2층에 오지홀을 병설하고 1992년 10월에 오픈하였다. 그 정책은 「음악문화에 대한 공헌과 음악 팬의 확대」이며, 본 홀은 기본적으로 클래식연주를 주체로 하는 콘서트 전용이다. 다만 풀 오케스트라를 수용할 수 있는 대규모 홀은 아니다. 홀 면적은 377㎡, 객석 수는 315석으로, 콤팩트한 부류에 속한다. 실내악이나 솔리스트의 연주에 적합한 사이즈라 할 수 있을 것이다.
　오픈 이래, 세계 각국의 아티스트가 오지홀을 무대로 공연을 실시해 왔다. 조금 예를 들자면, 현악에서는 베를린 필하모닉 옥텟(Berlin Philharmonic Octet), 줄리아드 스트링 콰르텟, 피아노에서는 예프게니 코롤리오프(Evgeni koroliov), 성악에서는 3대 테너 중 하나인 호세 카레라스(Jose Carreras), 바리톤 크리스티안 게르하허(Christian Gerhaher), 소프라노 바바라 헨드릭스(Barbara Hendricks) 등이 있다.

이와 같은 콘서트 이외에도 본 홀에서는 다양한 시리즈 기획을 실시하고 있다. 인기가 있는 것은, 19시 30분 개연의 『오지홀 라이브하우스 시리즈 G 라운지』. 개연 시간이 약간 늦은 편이기 때문에, 퇴근 후 들리기 쉽다. 또 평일 낮, 긴자 거리를 거닐다 잠깐 휴식을 취하며 콘서트를 즐길 수 있는 『긴자 깜짝 콘서트』나 시노자키 후미노리(篠崎史紀) 씨(NHK교향악단 콘서트마스터)를 메인으로 유명 게스트에 의한 실내악을 즐길 수 있는 『MARO 월드』도 화제를 모으고 있다.

1992년 오픈 이후 10년이 지난 2003년에 개수를 실시하여 보다 잘 울리고, 그리고 더 깊은 스테이지와의 일체감을 실현. 클래식 실내악으로서, 이상적인 콘서트 환경을 정비하였다.

한편, 오지홀은 대관 홀로서의 사업도 시행하고 있어, 이들 공연 수는 연간 160 작품이 넘을 정도라고 한다. 톱 아티스트의 공연뿐 아니라, 유망한 신인 아티스트에게도 활약할 수 있는 공간을 제공하고 그 외, 재즈 연주 및 교겐(狂言) 등이 공연되는 경우도 있다.

개관한 지 20년 남짓, 오지홀은 국내외의 일류 연주가를 초청한 자주 공연과 더불어, 임대 홀 사업을 통해 많은 음악가에게 표현의 장을 제공해 왔다. 앞으로도 긴자를 문화 발신의 기지로 해서, 음악 문화의 발전에 기여하기 위해, 수준 높은 홀 운영을 목표로 하고 있다.

[표] 건물의 개요(오지홀딩스 본관, 오지제지 본사)

구 분	내 용
소 재 지	도쿄도 츄오구 긴자 4-7-5 (東京都中央区銀座4丁目7番5号)
공사발주	오지제지(王子製紙) 주식회사(현 · 오지홀딩스 주식회사)
설 계	오지부동산(王子不動産) · 가지마(鹿島) 공동 설계실 음향설계 : 가지마기술연구소(鹿島技術研究所)
시설규모	연면적 : 22,090㎡ 높이 81.4m
건축구조	철골조, 철근콘크리트조, 철골철근콘크리트조 지하 4층 지상 15층
시설종류	오지홀 : 클래식 콘서트

외관 및 로비

일상을 벗어나 다가서는 여유로운 공간.
오지홀딩스 본관의 엔트런스는 탈·일상으로의 입구.
높은 천장과 대리석 바닥으로 둘러싸인 여유로운 공간에서, 여러분을 따뜻하게 맞이한다.

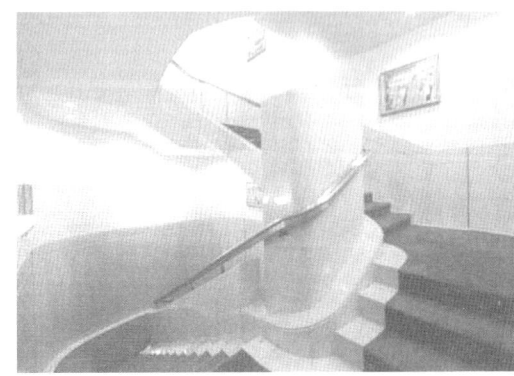

▶ 외부 및 전경

▶ 로비 및 휴게공간

포이어는 음악애호가의 사교장. 때로는 출연자와 대화를 나누며 드링크나 스낵을 즐기는 경우도 있다.

포이어(홀 로비)로 이어지는 나선계단. 음악을 모티브로 한 기획이 콘서트에 대한 기대감을 높여준다.

오지홀(王子ホール)

평온함과 감동은 이곳에서부터 …

도쿄의 중심, 긴자 4쵸메에 위치하는 오지홀(王子ホール).

오지제지주식회사(王子製紙株式会社)(현 · 오지홀딩스(王子ホールディングス) 주식회사)가 1991년에 사옥을 신축할 때, 사회공헌 · 메세나 활동의 일환으로서 건설되었다.

1992년의 오픈 후, 10년이 지난 2003년에는 개수를 실시하여, 더 잘 울려 퍼지고, 스테이지와의 더 깊은 일체감을 실현. 클래식 실내악을 주체로 해서, 이상적인 콘서트 환경을 정비하였다. 개관으로부터 20년 남짓, 오지홀은 국내외의 일류 연주가를 초청한 자주 공연과 더불어, 대관 사업을 통해 많은 음악가에게 표현의 장을 제공하여 왔다.

> "앞으로도 긴자를 문화 발상의 기지로 해서,
> 음악문화의 발전에 기여하기 위해,
> 수준 높은 홀 운영을 목표로 해 나가겠습니다."

오지홀은 연주가를 위해 숨소리까지 음악이 되는 객석 수 315석의 살롱풍의 공간으로, 실내악을 중심으로 한 국내외의 일류 연주가의 공연을 들을 수 있다. 잔향을 가장 중시한 슈박스 스타일의 구조이다. 1좌석 당의 공간도 여유를 가지고 있어 편안하게 콘서트를 즐길 수 있다.

오지홀에서는, 홀 내부를 「아티스트」와 청중을 연결하는 창조공간으로 규정하고 있다. 무대 주변은 시각적으로 객석 측과의 통일성이 의도되어, 그 콤팩트한 사이즈와도 어우러져 연주자와 청중과의 일체감을 만들어내고 있다. 또 잔향시간에도 신경을 쓴 설정이 이루어져, 「소 홀이 가지는 소리의 세세한 뉘앙스가 두루 전해지는 잔향」이라고 아티스트, 청중 모두로부터 호평을 받고 있다.

2003년에 실시된 무대 개수(改修)로, 실내악에 대해 이상적인 음향으로 조정되었다. 좌석은 폭, 앞뒤 간격도 넓어, 매우 여유 있는 공간을 확보하고 있다. 또 시각적으로도 편안한 색조로 통일되어 있다.

연간 40차례의 자주 공연을 시행하고 있으며, 양질의 음악을 제공하는 공간으로서 많은 음악 팬들로부터 사랑받고 있다. 긴자(銀座)라는 장소도 매력 중 하나이다.

[표] 오지홀의 개요

구 분	내 용
객 석 수	총 객석수 : 315석
건축음향	실용적 : 2,700㎡ 잔향시간 : 1.20초(만석 시 · 500Hz) 주용도 : 클래식 콘서트 형식 : 슈박스형
기 타	① 홀 면적 : 377㎡ ② 무대 : 70㎡ (너비 13.5m, 안길이 최대 6.0m) 　　　　바닥 재질 : 히노키(노송나무) 집성재 ③ 객석 바닥 : 너도밤나무 벚나무 집성재 ④ 피아노 : Steinway D-274 / Bösendorfer 275 ⑤ 그 외 시설 : 분장실 4실, 로비, 포이어, 클로크, 노벨티 숍, 드링크 코너 등

▶ 내부 전경

○ 객석. 관객 흡음특성과 건축재료

콘서트홀 및 다목적 홀, 강당 등에 있어서 실내음향설계의 주요 과제는, 시의 형상 검토와 마감 재료의 선정이다. 전자는 공간적인 소리의 확산에 영향을 미치는 초기반사음의 분포와 관계하고, 후자는 잔향의 길이와 관계하는 잔향시간에 영향을 미친다.

여기서는 마감 재료의 일부로서, 홀 내에서 가장 넓은 면적을 차지하고 있는 객석의자(청중을 포함)를 중심으로, 알아보고자 한다.

그 외에 연주 면에 가장 가까운 무대 바닥과, 디자인적인 처리에도 관계하는 벽면의 확산 형상에 대해서 알아보기로 한다.

- 객석의자(客席椅子)

홀 내부에서 가장 넓은 면적을 차지하고 있는 흡음체는, 바닥에 배치되어 있는 객석의자이다. 대형 홀에서는 수천 석의 같은 형태의 의자가 규칙적으로 배치되어 있다는 점에서, 음향조건에 대한 영향은 매우 크다. 무대에서 객석에 대한 소리의 전반특성에는 의자의 배열, 객석바닥의 경사 등이 관여하고 동시에, 홀의 잔향특성에는 의자의 구조 및 흡음특성이 크게 관계하고 있다. 이와 같은 관점을 토대로 이전부터 의자의 음향특성에 관한 연구가 여러 연구자들에 의해 이루어지고 있다. 의자에 대한 음향적인 과제, 연구의 대상을 크게 나누면, 배열 조건에 따른 저음역의 과잉 감쇠와 흡음특성의 예측으로 정리할 수 있다.

- 저음역의 과잉 감쇠(seat dip effect)

대부분의 홀에서는, 의자는 앞뒤 간격 0.9~1.0m 정도로 배열되어 있다. 이 열상(列狀)으로 배열된 의자 위를 소리가 전반할 때 저음역에서 과잉감쇠를 일으키는 것은 이전부터 잘 알려져 있다. 이것은 과잉 감쇠효과(seat dip effect)라 불리고, 많은 연구자들에 의해 홀에서의 실측, 모형실험 등이 실시되었고, 수치해석에 의한 메커니즘의 해명이 시도되고 있다.

그림 1은 Shultz and Watters에 의한 보스턴 심포니 홀에서의 실험 결과로, 200Hz 부근의 매우 넓은 주파수대역에서 큰 감쇠를 일으키고 있는 것을 알 수 있다. 과잉감쇠의 발생 메커니즘은 직접파와 열상(列狀)으로 배열된 좌석면에서의 반사파와의 간섭으로 발생한다고 알려져 있고, dip 주파수는 소리의 입사각도, 의자의 높이 및 열 간격, 의자의 사양에 관계하고 있다고 알려져 있다.

그러나 의자의 구조가 복잡하다는 점도 있어 충분한 설명은 어렵다고 한다. 또 과잉 감쇠의 경감 방법에 대해서도, 열 간격을 넓게 하고, 의자의 등받이를 음향적으로 투명한 것으로 하는 등, 몇 가지 방안이 제안되고 있지만, 현실적인 방법은 아직 찾지 못한 것이 실정이다.

- **음향물리량과의 대응**

홀의 음장평가를 위해서는 정확도가 높은 임펄스응답의 예측이 필요하다는 관점에서, 초기반사음 성분에 대해 저음역의 과잉감쇠를 고려하는 방법을 제시하고, 실험값과 계산 값이 적합한 점과 음향물리량에 seat dip effect가 관여하고 있는 결과를 제시하고 있다.

- **청감에 대한 영향**

연구자들은 실험실에서 과잉 감쇠에 관한 청감 실험을 실시하고 있다. 실험결과에서는 200Hz에서의 검지한(檢知限)은 −3.8dB±0.2dB라고 보고되고 있다. 또 과잉 감쇠의 영향은 수치적으로는 보여도 청감적으로는 직접파의 입사 각도가 거의 수평에 가깝지 않으면 판별할 수 없고, 또 좌석 열이 영향을 미치는 주관량은 음색과 크기라고 보고하고 있다.

실제 홀에서는 직접음뿐 아니라 벽이나 천장 면에서의 반사음도 객석에 도달하기 때문에, 그 영향을 파악하는 것은 더 어려울 것으로 판단된다.

콘서트홀에서 저음역 성분의 중요성은 Beranek 및 Barron도 지적하고 있고 "Warmth"를 얻기 위해서는 저음역 잔향의 결핍은 좋지 않다고 설명하고 있다. 이러한 점에서도 연구의 성과가 더욱 기대된다.

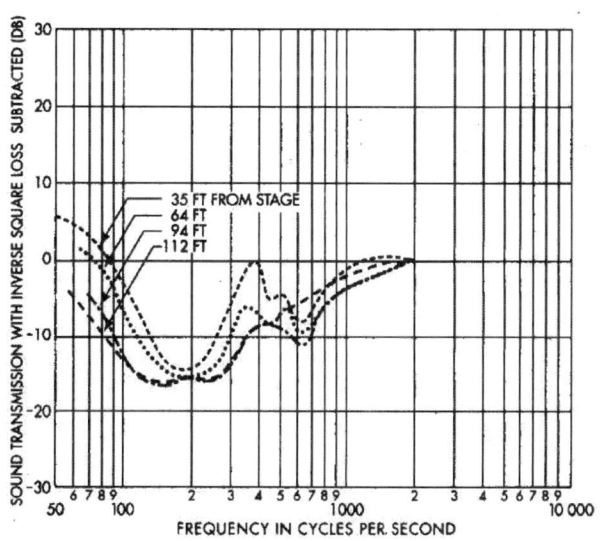

그림 1 Shultz and Watters에 의한 보스턴 심포니 홀에서의 직접음 전반특성 측정 결과

- 의자 및 사람의 흡음특성

콘서트홀 등에서는, 공석 시와 착석 시의 잔향 상태가 크게 달라지지 않도록 흡음성의 의자가 설치되는 경우가 많다. 이와 같은 흡음성의 의자가 바닥 전면에 배치된 상태에서는, 의자 전체의 흡음력은 홀 전체 흡음력의 30~50%를 차지하기도 해서, 음향설계를 진행하는 데 있어서 의자에 관한 검토는 중요한 과제이다. 또, 설치되는 의자는 모두 동일 형태의 사양이 되므로, 예를 들어 어느 특정 주파수에서의 흡음이 크거나 혹은 작은 특수한 흡음특성을 가지는 의자가 설치된 경우에는, 홀의 잔향시간은 그 특정 주파수에서 짧거나 혹은 길어져 버린다. 또, 예측값이 다른 경우에는 초기 잔향시간 계산값과는 꽤 차이가 나는 값이 되어 버린다. 객석의자 및 청중의 흡음특성에 대한 정확도 높은 예측은, 콘서트홀 등의 음향설계에서는 중요하면서 불가결한 사항이다.

- 잔향실에서의 흡음력과 홀에서의 흡음력

객석의자의 흡음특성도 일반 건축재료와 마찬가지로 잔향실에서 측정을 하고 있는데, 실험실에서의 값이 실제 홀에서의 값보다 커지는 일은 꽤 예전부터 알려져 있었다. 이는, 잔향실에서 측정하는 의자 수가 홀의 실제 의자 수에 비해 매우 적다는 점에서 기인한다.

개정 전의 JIS에는 의자 등의 개별 흡음체의 측정 방법이 명확하게 규정되어 있지 않았기 때문에, 일본에서는 일반 건축재료의 시험 면적과 동일한 정도의 설치 면적이 되도록, 4개×5열 정도의 배열을 홀에 대한 설치 조건과 같은 열 간격으로 잔향실 중앙에 배열한 측정이 관습적으로 이루어져 왔다.

이 경우에는 대부분의 의자의 전면이나 측면이 실험실의 음장에 노출되게 된다. 한편, 실제 홀에서는 1블록의 배열은 대부분의 경우에는 12개×20열 정도가 되므로, 음장에 노출되는 의자의 비율은 실험실보다 꽤 작아진다. 이와 같이 잔향실에서의 측정값이 홀에서의 값보다도 커지는 원인으로는, 면적 효과의 영향이 가장 크다고 판단된다.

- 잔향실에서의 의자의 흡음특성 측정 방법

ISO 및 개정 후의 JIS에서는, 잔향실에 배열된 의자 단체(單体) 및 사람 착석 상태의 흡음 측정을 하는 경우에는, 면적 효과의 영향을 없애기 위해 배열 끝부분을 반사성의 재료로 덮도록 규정하고 있다. 또 펜스의 높이는, 의자의 측정에서 1.0m 이하가 권장되고 있다.

마찬가지로 배열 끝부분에 펜스를 설치하여 실시하는 방법은, Kath and Kuhl에 의한 방법은 의자 배열을 실의 코너부에 설치하고, 펜스를 측면만, 전면만, 측면+전면에 각각 설치하여 흡음률을 구하는 방법이다. 의자의 설치면적으로는 실제 시료면적에 대한 $(\lambda/8)^2$의 보정을 하는 것으로 하고 있다.

Davies 등도 동일한 실험을 하고 있어, 연구의 유효성을 확인하고 있다. 한편, 다른 연구자들은 시료 두께(t)에 대해 충분히 높은 펜스(deep well)가 면적효과의 제거에 유효하다는 점, 나아가 모델에 의한 해석에서 비확산 상태의 영향을 보정하여 확산 상태에서의 흡음력을 추정하는 방법(PLD)을 제창하고 있다.

펜스의 높이로는 $H \geq H_0 + t$ 정도가 필요하며, H_0로는 0.8m 정도를 권장하고 있다.

이에 따르면, 의자의 높이를 0.9m로 하면 펜스의 높이는 1.7m가 되고, ISO 등이 권장하고 있는 1.0m에 비해 꽤 높은 펜스가 필요하게 된다.

Bradley는, 좌석 배열의 주변 길이 / 설치면적을 1.4~2.4로 몇 가지 바꾼 배열에 대해 흡음 측정을 실시하고, 그 결과를 토대로 잔향실 내에서의 소수의 의자에 의한 측정결과로부터 홀에서의 다수석의 흡음률을 예측하는 방법을 제안하고 있다. Barron은 이를 모형실험으로 확인하고, 그림 2와 같이 주변 길이 / 면적에 대응하여 흡음률이 변화하는 결과를 얻고 있다.

그러나 정확도가 높은 예측에 대해서는 P/A를 바꾼 많은 측정이 필요하다는 점도 시사하고 있어, 이 부분이 실제 현장에서 대응하는 경우에 어려운 점이라고도 판단된다.

- **의자의 사양으로부터 예측하는 방법(공석 시의 잔향시간 예측)**

Beranek 등은, 실제 홀에서 의자의 설치 전후의 잔향시간 측정값에서 의자의 흡음률을 구하고, 흡음률의 크기에 따라 4그룹으로 분류한 의자의 사양과 평균 흡음률을 나타내는 동시에, 의자의 사양으로부터 공석 시의 잔향시간을 계산하는 방법을 제안하고 있다.

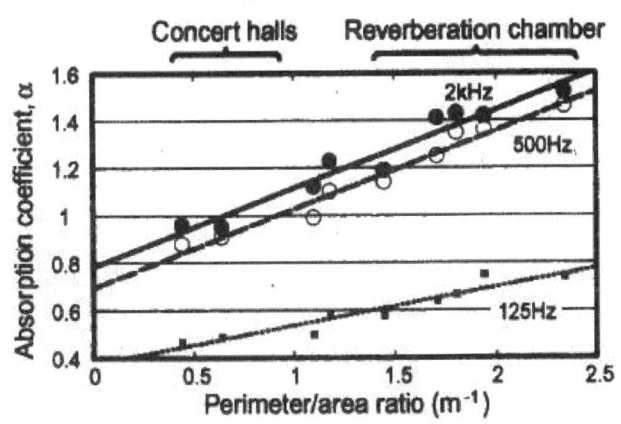

그림 2 Barron에 의한 측정결과 : 다양한 의자 배열의 주변길이/설치면적에 대한 흡음률의 변화

이곳에서의 의자의 설치 면적은 면적 효과를 고려해 좌석 배열 주변에 0.5m의 폭을 더한 면적으로 하고, 잔향시간의 계산은 Sabine 식을 적용하는 것으로 하고 있다.

세이지 게이츠 홀(영국)

○ 무대 바닥 재료

무대 바닥은 피아노나 첼로 등의 악기가 접하는 부분으로, 무대 바닥 구조에 관한 연구는 음향적으로 매우 중요하다고 볼 수 있다. 무대 바닥의 마감 재료에 관해 나타낸다.

[표 1] 일본의 홀의 무대 바닥재

바닥재료	홀 수
히노키(노송나무)재	97
히노키집성재	120
졸참나무재	19
사쿠라(벛나무)재	2
계수나무재	1
그 외의 목재	14
그 외	11

- 무대 바닥재

표 1에 일본의 홀에서의 무대 바닥재의 조사 결과를 나타낸다. 이 표는 일본의 937 시설에 대한 조사 중에서 264군데의 홀로부터 받은 답변을 정리한 것이다. 히노키(노송나무)재는 집성재를 포함하면 전체의 82%를 차지하고 있다.

각종 바닥구조, 마감재에 대한 연주자의 시주(試奏)·시청 실험 결과에서도 히노키가 선호되고 있다는 것을 보여주고 있다. 표 1과 맞춰보면, 익숙함 등의 영향도 생각할 수 있어 흥미로운 부분이다. 한편 본 실험에서는, 두께 40㎜ 정도의 초배가 없는 1장 붙임 마감이 호평이었던 점도 보고되고 있다. 그런데 그림 4는, 개수 공사가 이루어진 시카고 심포니 홀의 개수 후의 바닥 단면이다. 비교적 얇은 판재가 4겹으로 붙여진 구조로, 일본의 홀의 일반적인 2겹 구조와는 다른 면이 있다.

- 도쿄문화회관의 바닥구조

도쿄문화회관은, 1961년에 오픈한 일본을 대표하는 콘서트홀이다. 개관 45년이 지나 1999년에 개수공사가 이루어져, 무대 음향반사판을 연주회 형식으로 편성한 상태로 무대지하에 수납하는 대공사가 이루어졌다. 그에 동반하여 바닥재도 교체되었는데, 개수에 앞서 최대한 개수 이전과 같은 재질, 구조를 재현하였다. 개수 후의 바닥구조를 그림 5에 나타낸다.

장선 부분에 설치되어 있는 글라스 울은 개수 전에도 설치되어 있던 것이다. 도쿄문화회관의 무대 부분에는 바닥 슬래브가 설치되어 있지 않고 직접 무대 지하에 면하고 있다. 이와 같이 무대 바닥재의 하부가 큰 공간으로 되어 있으면, 저음이 가득 찬 듯한 잔향이 남는 것을 자주 경험한다. 도쿄문화회관에서도 같은 현상이 발생하였는지 아닌지의 여부는 불명하지만, 개수에서는 이에 대해서도 답습하였다.

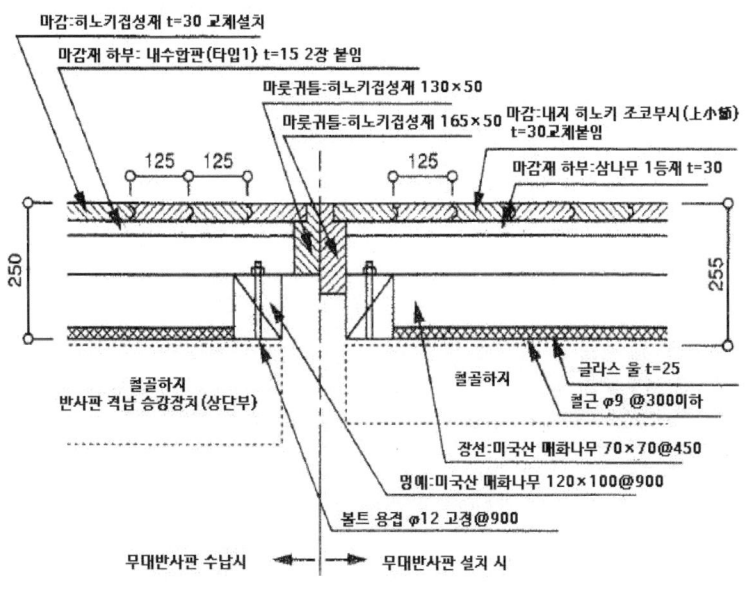

그림 5 도쿄문화회관 대 홀의 개수 후의 무대바닥구조

- 바닥재 설치 방법 (세로 붙임, 가로 붙임)

무대 바닥에 관한 관점으로는, 바닥재를 붙이는 방향에 관한 것이 있다. 다목적 홀에서는 윙 무대에서의 도구 반입이 자주 있기 때문에 가로붙임이 적합하여, 종래의 홀에서는 가로붙임이 일반적이었다. 그러나 일부 클래식 연주자로부터, 세로붙임으로 하는 편이 먼 객석까지 소리가 전반하는 느낌이 들어 더 좋다는 의견이 있어, 그러한 관계에서 클래식용 콘서트홀에서는 세로붙임으로 하는 경우가 많아지고 있다. 그러나 음향적인 연구도 거의 없는 것이 현실로, 현장에서의 대응은 다양하다.

참고로, Beranek가 그의 저서에서 음향이 우수한 홀로 소개하고 있는 빈의 악우협회 대 홀이나 보스턴 심포니 홀의 무대는 가로 붙임이다.

○ 부속공간

분장실	4실 (Wi-Fi 이용 가능)
피아노	Steinway D-274 / Bösendorfer 275
음향조명 조정실	
로비 · 포이어	900㎡ 클로크, 노벨티 숍, 바 코너

▶ 분장실

홀의 분장실은 총 4실.

각각 넓이 · 조도는 다르지만, 연주 전의 엄숙한 시간도, 종연 후의 휴식 시간도, 안심하고 보낼 수 있는 공간이다.

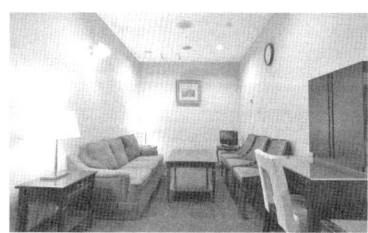

▶ 복도

분장실 주변의 벽에는, 주최공연에 출연한 쟁쟁한 아티스트의 모습이 나열되어 있다. 직필 사인과 메시지는, 홀의 발자취를 전해주는 귀중한 재산이다.

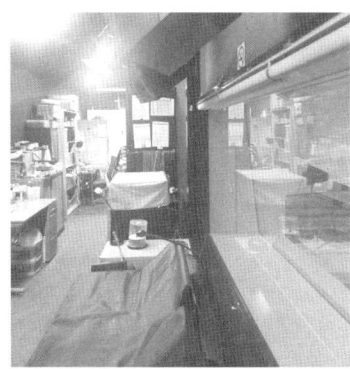

조명의 조작 등을 하는 조정실에서
아래층의 스테이지를 바라보다.

- 연주가로부터 절대적인 신뢰를 받는 2대의 피아노

▲ Steinway D-274

▲ Bösendorfer 275

도면

▶ 좌석표

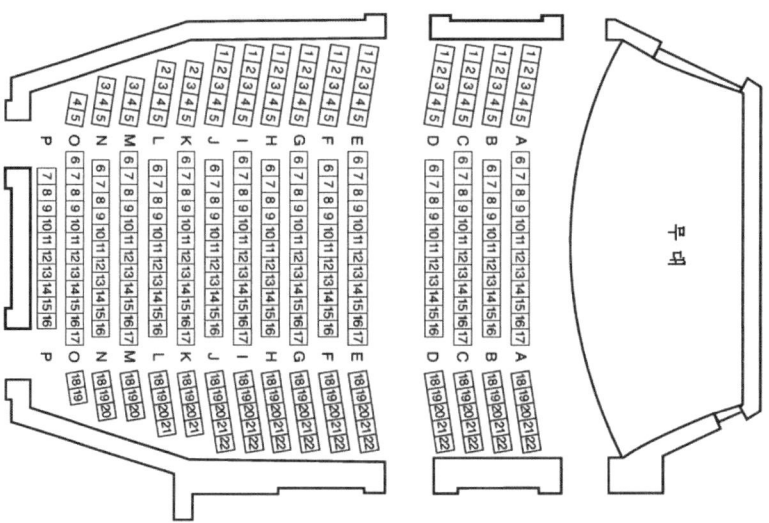

222 일본의 실내악홀 Japan Chamber Music Hall

▶ 홀 평면도

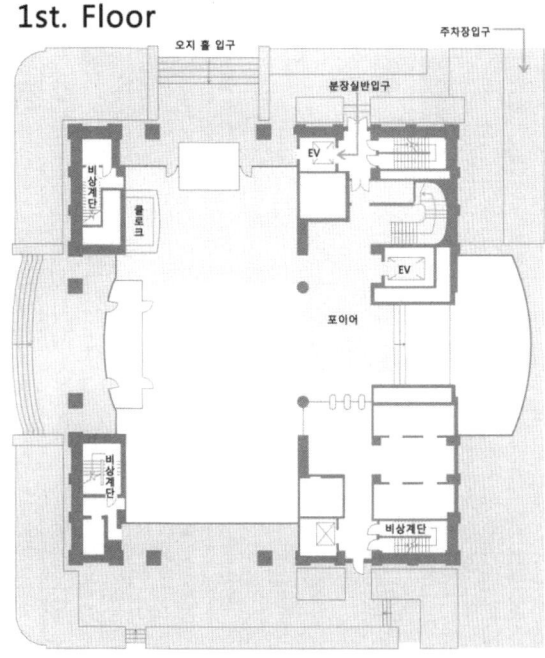

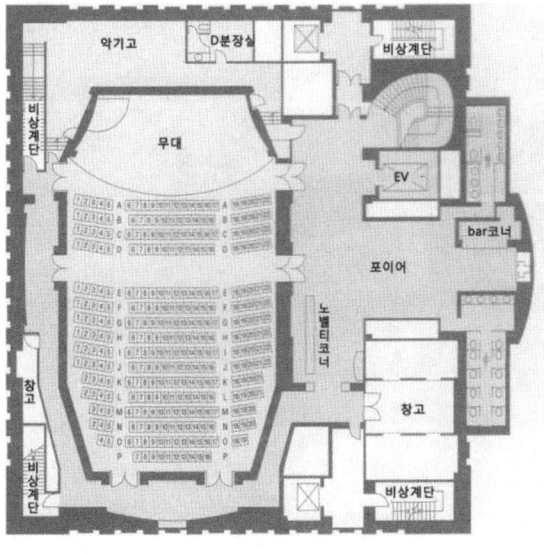

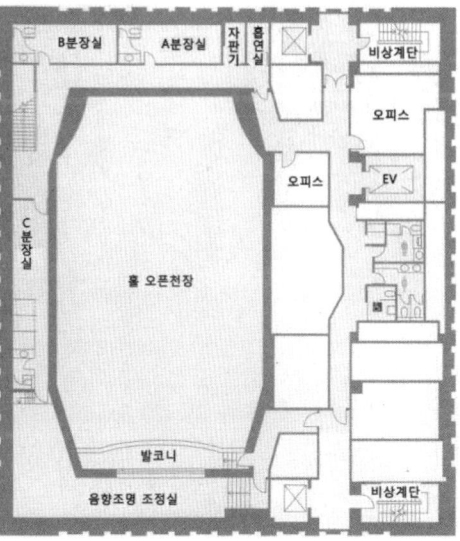

오지홀(OJI Hall) 공연자료

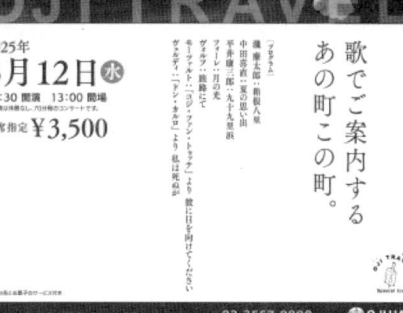

HAKUJU HALL ～N響メンバーによる室内楽シリーズ～

2025.12.11 [木] 19:00開演（18:30開場） Hakuju Hall

第9回｜ロマン派から現代音楽まで～珠玉のアンサンブル～

N響 チェンバー・ソロイスツ Chamber Soloists

N響の新世紀を担う気鋭メンバーによる豪華室内楽シリーズ

- 川崎洋介（ヴァイオリン） Yosuke Kawasaki, violin
- 郷古 廉（ヴァイオリン） Sunao Goko, violin
- 横溝耕一（ヴァイオリン） Koichi Yokomizo, violin
- 三又治彦（ヴァイオリン） Haruhiko Mimata, violin
- 東條太河（ヴァイオリン） Taiga Tojo, violin
- 横島礼理（ヴァイオリン） Masamichi Yokoshima, violin
- 村尾隆人（ヴァイオリン） Ryuto Murao, violin
- 坪井きらら（ヴァイオリン） Kirara Tsuboi, violin
- 村上淳一郎（ヴィオラ） Junichiro Murakami, viola
- 村松 龍（ヴィオラ） Ryo Muramatsu, viola
- 飛澤浩人（ヴィオラ） Hiroto Tobisawa, viola
- 栗林衣季（ヴィオラ） Eri Kuribayashi, viola
- 宮坂拡志（チェロ） Hiroshi Miyasaka, violoncello
- 藤森洸一（チェロ） Koichi Fujimori, violoncello
- 矢部優典（チェロ） Yusuke Yabe, violoncello
- 渡邊方子（チェロ） Masako Watanabe, violoncello
- 西山真二（コントラバス） Shinji Nishiyama, contrabass
- 稲川永示（コントラバス） Eiji Inagawa, contrabass

programme

- A.シュニトケ：モーツァルト・ア・ラ・ハイドン
- J.ブラームス：弦楽五重奏曲 第1番 ヘ長調 op.88
- A.シェーンベルク：浄められた夜 op.4

チケットお申し込み
全席指定 ¥6,600（税込）　●先行発売 2025.9.6[土]　●一般発売 2025.9.13[土]

Hakuju Hallチケットセンター　03-5478-8700　11:00～17:00（火～金 *祝日・休館日を除く）

オンラインチケット予約 https://hakujuhall.jp　ローソンチケット https://l-tike.com/　イープラス https://eplus.jp/

主催＝Hakuju Hall／株式会社 白寿生科学研究所　共催＝特定非営利活動法人 奥渋クラシック

07. 하쿠주홀

白寿ホール – Hakuju Hall

하쿠주홀(白寿ホール - Hakuju Hall)

　하쿠주홀(白寿ホール)을 운영하는 주식회사 하쿠주생과학연구소(白寿生科学研究所)는, 1925년 창업 이래 80년 이상에 걸쳐 건강에 관한 토털 프로듀스(Total Produce)를 제안해 왔다. 창업자인 하라 도시유키(原 敏之)는, 독일의 의학지에 실린 기사에서 힌트를 얻어, 전위치료기 헬스트론을 발명, 「두통」「어깨 결림」「불면증」「만성변비」의 증상을 완화시키는 데 성공하였다. 그리고 발명자인 하라가 1955년부터 제창해 온 건강을 위한 이념, 「식사, 운동, 마음의 3원칙을 조절하다」는 현재, 전 세계에 널리 제창되게 되었다.

　(주)하쿠주생과학연구소가 2002년 가을, 시부야구 도미가야로 신사옥을 이전하게 되었고, 2003년 10월 4일, 본사 빌딩 7, 8층에 콘서트홀「하쿠주홀」을 오픈하였다.「음악」및「편안한 공간」은, 3원칙 중 하나인「마음의 건강」에 공헌할 수 있다는 생각에서, 하쿠주홀을 설립하게 되었다.

　하쿠주홀은, 상질의 음악을 편안한 공간에서, 전달함으로써, "건강의 Total Produce"에 공헌하는 것을 목표로 하고 있다.

홀의 수용인원은 300명으로, 솔로 리사이틀부터 소규모 오케스트라까지 실내에서 여유롭게 음악에 심취할 수 있는 정식적인 실내악 홀이다. 「최상급의 잔향」, 「독창적인 인테리어」, 「기분전환(relaxation)」을 3가지 목표로 연주자에게도 관객에게도 사랑받는 홀 만들기를 추구한다. 안락함(reclining)을 가능하게 한 넓은 좌석의 실현 등, 음악을 통한 휴식처를 제공하고 있어, 감상하기 쉽다는 호평을 받고 있다.

시공과 음향설계는 (주)다케나카공무점이 담당, 디자이너는 프랑스인 건축가 Albert Abut 씨를 선정하여, 소리 파동의 부유감을 표현하여, 곡선을 다양한 디자인으로 되어 있다.

[표] 건물의 개요

구 분	내 용
소 재 지	도쿄도 시부야구 도미가야 1-37-5 Hakuju빌딩 7층 (東京都渋谷区富ケ谷1-37-5 白寿ビル7階)
공사발주	주식회사 하쿠주생과학연구소(株式会社白寿生科学研究所)
설 계	건축설계 : 다케나카공무점(竹中工務店) 인테리어 : ATLANTIS ASSOCIATES / 디자인 Albert Abut 음향설계 : (주)다케나카 공무점 기술연구소 - 히다카 다카유키(日高孝之)
시설규모	부지면적 : 1014.63㎡, 건축면적 : 706.31㎡, 연면적 : 5356.94㎡
건축구조	철골조 / 지상 9층
시설종류	메인 홀 : 실내악 공연 분장실, BAR / CIOAK, 스카이 테라스 등

외관 및 로비

하라주쿠에서 요요기 공원을 따라 언덕을 내려오면, 하쿠주빌딩의 하얀 외벽이 시야에 들어온다. 본 빌딩에서는, 「지역과 환경에 대한 공헌」을 목표로, 빌딩 아래에 산책로 및 소형 광장, 방재창고를 설치하여, 지역에 제공하고 있고 그 외, 자연에너지의 이용 등, 친환경적인 신기술을 도입하였다.

홀은 교통소음을 피해, 조망이 훌륭한 최상층에 설치되어, 전용 전망용 엘리베이터로 직행할 수 있다. 이 엘리베이터의 유리 너머로 (주)하쿠주생과학연구소 오피스를 엿볼 수 있어, 고객과 하쿠주가 자연스럽게 융합될 수 있도록 되어 있다. 포이어 및 옥상의 스카이테라스에서는, 신주쿠 초고층빌딩 및 요요기 숲을 조망할 수 있어, 막간의 휴식을 취할 수 있다.

▶ 외부 전경

▶ 로비

메인 홀(Main Hall)

하쿠주홀은 아름답고 개성적인 디자인, 투명감이 있는 풍부한 잔향, 착좌감이 좋은 좌석 등, 살롱과 같은 편안함이 특징인 소 홀로「음향을 최우선으로 한다」는 명확한 콘셉트 하에 만들어져 2003년에 오픈하였다. 한 번 마감된 바닥을, 재질을 변경하여 다시 만든 에피소드에서도, 음향을 최우선으로 한 철저함을 엿볼 수 있다.

그 상징 중 하나가 홀 내의 양 측벽에 설치된「돌출 윙」. 하쿠주홀과 같은 세로로 네모진 슈박스형의 홀에서, 잔향에 큰 영향을 미치는 발코니석을 대신하는 것으로, 최고의 잔향을 만들어내는 데 있어 큰 역할을 하고 있다. 음향설계상, 철저히 계산된 파형(波形)의 벽면에도 멋지게 매치하여, 아름답고 세련된 분위기를 자아내고 있다.

객석의 의자에도 신경을 쓴 부분이 있다. 좌면에 흡음효과가 높은 재질을 이용하여, 공석 시에도 관객이 앉은 상태에 가까운 음향을 표현. 리허설에서 본 공연과 같은 음향을 얻을 수 있는 것은, 연주가에게 있어서 사용하기 편한 요소 중 하나가 되고 있다. 사실, 이 의자는, 콘서트홀에서는 처음으로 시도되는 의외의 비밀이 있다. 플라네타륨과 같이 리클라이닝(reclining) 함으로서, 개관 당초부터 큰 화제를 불러 모았다. 세계적으로도 보기 드문 하쿠주홀의 대표적인「슈퍼 · 리클라이닝 · 콘서트」는, 이 화제의 의자로 여유롭게 음악을 즐길 수 있는 콘서트이다.

치밀한 음향설계와 일절 타협을 허용하지 않는 음향의 추구로, 앙상블 공연에서 연주가들의 숨소리나 피아니시모의 사라져가는 잔향의 뉘앙스까지도 깨끗하게 도달하는 임장감이 만들어졌다.

음향설계 시 내세운 음향적 콘셉트는 다음과 같다.

- 실내악의 특징인 섬세한 음악에 기여하는 투명감이 있는 잔향
- 300명 규모의 홀
- 공간적이면서 친밀감이 넘친 홀 톤과 음색의 텍스처
- 연주자에게 있어서 적당한 소리의 반사가 있는, 연주하기 편한 스테이지

예를 들어, 소리의 투명감은 유럽의 홀이 가지는 고전적인 규범인 슈박스 홀의 평면형을 유지한 후, 그에 적합한 천장높이를 설정함으로써 확보된다. 잔향감은 일반적으로 잔향시간으로 표현되지만, 하쿠주홀에서는 편안한 착좌감을 고려해 흡음 성능이 높은 의자가 이용되었다. 그래서 벽의 강성을 높임으로써, 의자의 흡음특성과 밸런스를 맞추고 있다. 이 결과, 잔향시간은 착석 · 공석 모두 거의 동일한 값이 나타나고 있다. 즉, 리허설에서도 본 공연에서도 거의 동일한 잔향이 확보되기 때문에, 보다 유의의한 리허설 혹은 레코딩을 할 수 있는 장점도 함께 가지고 있다.

홀 톤과 텍스처는 홀의 개성이 되는 가장 중요한 요소인데, 유리로 이루어진 윙, 오선(五線)에 대응시킨 측벽의 홈 패턴, 변형된 선저(船底) 천장에 의해 달성되고 있다. 마지막으로, 좋은 연주를 하기 위해 중요한 무대의 음향은, 무대 후부의 만곡된 유리의 오브제 및 조금 객석 방향으로 퍼지는 무대 측벽 등이 기여하고 있다. 이와 같이 Hakuju Hall에서는, 음향적인 아이디어의 거의 100%가 건축 디자인에 도입되어 있다. 즉, 이 홀의 인테리어는 모두 음향적인 의미를 가지고 있는 것이다.

특히 고악(古樂), 기타, 가요 등의 섬세한 음악에 최고의 잠재력을 발휘한다. 리크라이닝 시트(reclining seat : 등받이를 뒤로 젖힐 수 있게 된 좌석)로 상질의 음악을 즐기는 시리즈 및 여름의 기타 페스타, 다른 분야와의 컬래버레이션 기획 등, 호기심을 자극하는 독자적인 콘셉트를 내세우고 있다.

객석은, 어느 좌석에서도 무대 위의 연주 풍경이 보기 편한 구조로 되어 있고, 연주 중에도 소리에 둘러싸인 듯하여, 편안한 기분으로 공연을 즐길 수 있다. 무대와 객석과의 일체감을 유지할 수 있는 것은, 슈박스형 홀의 특징이지만, 하쿠주홀은 특히 객석과의 긴밀도가 높은 듯하여, 오너와 건축가의 홀 건축에 대한 구상이 훌륭하게 결실을 맺은 좋은 예라 할 수 있다.

[표] 메인 홀 개요	
구 분	내 용
객 석 수	총 객석수 : 전석 〈고정석〉 사양의 경우 → 300석 (휠체어용 1석) 전석 〈리클라이닝 시트〉사양의 경우 → 162석
건축음향	홀 형식 : 슈박스형 / 너비 11m, 안길이 18m, 천장 높이 8.3m(평균) 잔향시간 : 만석 시 1.5초, 공석 시 1.6초(중음역)
기 타	① 무대 규격 : 너비 11m, 안길이 6m, 높이 0.6m ② 홀은 소음진동을 막기 위해 플로팅 바닥구조 채용 ③ 객석은 리클라이닝 시트를 채용 ④ 소재 : 바닥·스테이지→벚나무재, 벽면·천장→FG곡면보드 ⑤ 악기(피아노) : Steinway D-274(2대) ⑥ 그 외 시설 : 분장실 3실(8층), 대기실 2실(6층), 포이어(92.7㎡), 스카이테라스 (93.63㎡), 클로크, 바 코너, 연주자 전용 엘리베이터 등

▶ 내부 전경

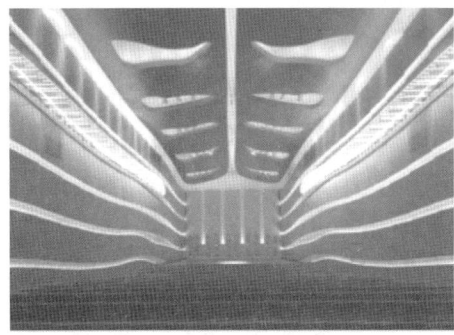 

홀 내부 (조명 OFF)   홀 내부 (조명 ON)

▶ 객석 의자

  객석의자는 파리의 오페라·바스티유(新오페라극장)에서 도입한 것과 같은 규격의 여유 있는 의자이다. 통상적인 사용과 더불어,「리클라이닝 시트(reclining seats : 등받이를 뒤로 젖힐 수 있게 된 좌석)」으로서의 사용이 가능하다. 리클라이닝 시트 사양의 경우는, 베드·레스트가 달려 있어, 45도까지 젖힐 수 있게 되어 있어, 마치 비행기의 퍼스트클래스와 같은 편안함 속에서, 연주를 즐길 수 있다.

▶ 벽면

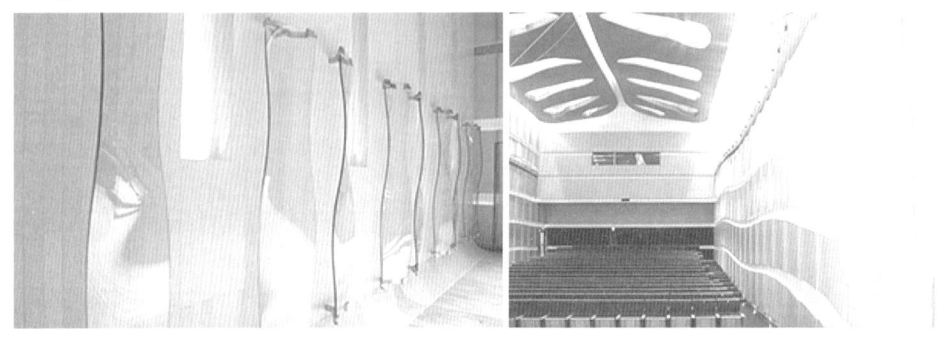

(좌측 사진) 무대 후부의 굽어 있는 유리의 오브제도 음향효과에 기여하고 있다. (우측 사진) 돌출 윙과 파형의 벽면. 소리가 무대 안에서 머물지 않도록, 객석을 향해 약간 퍼져 있다.

실내악 홀로서의 환경 설계를 철저히 고집한 300석 규모의 화려한 음악공간, Hakuju Hall. 최고의 잔향과 세부까지 꼼꼼히 신경을 쓴 아름다운 디자인으로, 홀을 찾는 사람들에게 마음의 안정을 주고 있다.

객석의 의자에도 신경을 쓴 부분이 있다. 좌면에 흡음효과가 높은 재질을 이용하여, 공석 시에도 관객이 앉은 상태에 가까운 음향을 표현. 리허설에서 본 공연과 같은 음향을 얻을 수 있는 것은, 연주가에게 있어서 사용하기 편한 요소 중 하나가 되고 있다.

사실, 이 의자는, 콘서트홀에서는 처음으로 시도되는 의외의 비밀이 있다. 플라네타륨과 같이 리클라이닝(reclining) 함으로서, 개관 당초부터 큰 화제를 불러 모았다. 세계적으로도 보기 드문 Hakuju Hall 명물의「슈퍼·리클라이닝·콘서트」는, 이 화제의 의자로 느긋이 음악을 들을 수 있는 콘서트.

몸과 마음 모두 편안해져, 「여유 있는 정신」의 표현이라는 홀 건설의 이념에도 따르고 있다.

치밀한 음향설계와 일절 타협을 허용하지 않는 음향의 추구로, 앙상블 공연에서 연주가들의 숨소리나 피아니시모의 사라져가는 잔향의 뉘앙스까지도 깨끗하게 도달하는 임장감이 만들어졌다. 그 매력이 특히 발휘된다는 기타 및 성악의 콘서트는 매우 인상적이다.

○ Hakuju Hall 음향설계

Hakuju Hall은 솔로 리사이틀부터 소규모 오케스트라까지를 대상으로 하는 실내악 홀로서 계획되었다. 프로젝트 착수 시에, 홀의 콘셉트로 결정된 것은, 모더니즘으로 가득 찬 건축디자인과, 음향에 대한 높은 우선권(priority)이다. 현재, 세계 각지에는 참신한 디자인의 대형 심포니 홀이 수많이 건설되고 있다.

그러나 실내악 홀에 대해서는, 새로운 디자인 콘셉트를 가진 시설은 매우 적고, 일반적으로 높은 음향성능이 요구되는 실내악 홀에 대해서는, 서양의 우수한 홀의 디자인을 답습하는 방법이 채용되는 경향이 있다. 이 경우, 무난한 결과가 얻어질 확률은 높지만, Hakuju Hall의 설계에 있어서는, (현재, 보시다시피) 세계적으로도 전례가 없는 독창성이 높은 디자인의 홀에 도전하였다.

홀의 음향설계는 과학적 측면과 미술적 측면을 가지고 있다. 따라서 이론적인 근거 없이, 직감적인 미학에 근거한 모던한 디자인을 추구하더라도, 좋은 결과를 얻을 가능성은 현저히 낮을 것이다.

따라서 Hakuju Hall에서는, 최근 10년간, 눈부신 발전을 이룬 심포니 홀의 음향설계에 관한 방법론과 함께, 약 20건의 국내외 주요 실내악 홀에 관한 독자의 조사 결과에 입각하여 설계를 진행하였다.

실제 설계에 앞서, 컴퓨터시뮬레이션, 축척 모형실험, 중요한 음향재료의 실물 실험 등, 현 시점에서 할 수 있는 최고 수준의 물리적 수단을 이용해, 높은 정확도의 객관적인 검토를 실시하였다. 또 내장 공사가 완료된 2003년 3월에는, 음향 확인을 위한 연주회를 실시하여, 홀의 잔향을 관계자의 귀로 직접 확인한 후, 최종적인 음향 튜닝의 필요 여부를 검토하여, 지금의 완성을 맞이하였다.

향후, Hakuju Hall은 약 반년의 에이징 기간을 거친 후 오프닝을 맞이하게 되는데, 열의 있는 건축주와 우수한 건축가와의 협력을 통해, 본 프로젝트에서는 실로 만족스러운 설계 과정을 거친 점, 또 당초의 목표가 충분히 달성된 것을 확신하고 있다.

○ 공연 공간의 소음제어

공연장 내 매우 낮은 소음 기준, 높은 차음 요구사항을 달성하기 위해서는 세심한 설계가 요구된다. 공연장은 전용 냉각, 통풍 시스템을 반드시 갖춰, 공동으로 사용하는 덕트에 연결하는 것을 피해, 차음에 대해 발생할 수 있는 문제점을 사전에 예방하도록 한다.

공조기는 공연장 내 소음과 진동이 들어오는 것을 제어하기 위해, 차음 구조 바깥에 위치해야 한다. 열기 배출 설비는 낮은 배경 소음 수준을 달성하기 위해 공연장으로부터 더욱더 멀리 떨어져야 한다.

매우 낮은 기류 소음을 위해, 매우 낮은 덕트 내 기류 속도가 필수적이며, 특히 공연장에 공기를 공급/추출하는 최종 시스템은 더욱 그렇다. 그로 인해, 대형의 덕트가 필요하다. 제안된 좌석 아래의 'Displacement supply system'(바닥으로 공기가 공급되어 천장으로 공기가 배출되는 공기 순환 시스템)이 공연장에서 이를 달성하기 효과적인 방법이다.

'roomside'(공기 순환기)에 여러 단계의 덕트 내 감쇠 작용이 필요하며, 최소 2개에서 3개까지의 감쇠기가 필요하다. 덕트 경로는 차음에 영향을 주면 안 된다. 가능한 대로 조용한 경로나 완충 공간으로 덕트가 이어져야 하며, 소음에 민감한 공간이나 시끄러운 공간 사이를 바로 지나가선 안 된다. 공연장으로 관통해 들어가는 부분은 감쇠기가 필요하다. 배수 시설 등과 같이 공연장과 직접적으로 연관되지 않는 시설들은 공간을 통과해서 지나가면 안 된다.

공연장 내에는 냉각팬이나 소음을 발생시키는 요소가 탑재된 장비나 제어 패널을 배치해서는 안된다. 이는 소음을 발생시키는 장치나 센서(비프, 딸깍거리는 소리 등)나 주의를 끄는 장치(빛을 내는 장치 등)를 포함한다.

○ 부속공간

분장실

바 코너 / 클로크

▶ 스카이테라스

하쿠주홀의 위, 9층 스카이테라스는, 연주회 전후 및 휴식 시간에 자유롭게 이용할 수 있는 휴식 공간이다. 낮에는, 눈앞에 펼쳐진 요요기 공원의 자연과 하늘, 밤에는 신주쿠 고층 빌딩가의 야경을 전망할 수 있다. 시선을 돌리면, 폭이 좁은 창문에서 도쿄 타워 및 스카이트리의 일류미네이션도 볼 수 있는 도심의 숨은 명소이다.

▶ 포이어 문 상부

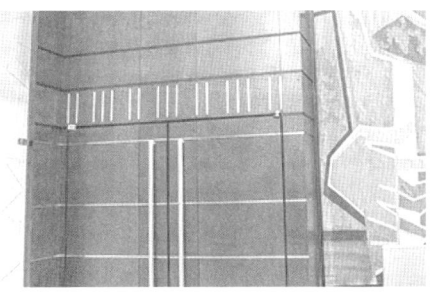

포이어의 문 상부에는 건축설계를 담당한 Albert Abut 씨의 음악을 사랑하는 마음을 담은 「피아노의 흑건」이 디자인되어 있다.

하쿠주홀(Hakuju Hall) 공연자료

08. 요미우리 오테마치홀

よみうり大手町ホール - Yomiuri Otemachi Hall

요미우리 오테마치홀
(よみうり大手町ホール - Yomiuri Otemachi Hall)

 황궁(皇居)에 가까운 도쿄·오테마치(大手町)에, 최고 수준의 내진성능과 BCP 기능을 갖춘 높이 200m의 초고층빌딩이 완성되었다. 지상 33층·지하 3층, 연면적 약 9만㎡의 건물에는, 대지진(大地震) 시에도 신문발행이 계속될 수 있도록 기능을 갖추고 있다.

 오피스에는, 사용전력이 적은 발광 다이오드(LED) 조명을 채용하고, 저층부의 옥상 및 빌딩 주변을 녹화(綠化)하는 등, 환경·에너지 절약에도 배려하고 있다. 또 대지진에 대비해 장기간 지진동에 대한 대책을 구축하여, 재해 발생 시에는 최대 1,060명의 귀가(歸家)가 어려운 사람을 수용할 수 있는 장비도 갖추고 있다. 빌딩 내에는 약 500석 규모의 「요미우리 오테마치홀」과 약 354.0㎡ 크기의 「요미우리 오테마치 소 홀」의 두 다목적 홀과, 신문기자 체험이 가능한 견학시설 「뉴스 라보(ニュースラボ)」, 진료소가 설치되어 있는 것 외에, 1층에는 카페 및 다목적 홀 및 갤

러리를 겸비함과 동시에, 산책로 및 옥상정원을 마련하여, 주변 지역에서 일하는 사람들도 부담 없이 들를 수 있는 장소로 만들었다고 한다.

건물의 전체 구성은,「세로 기조의 석조 저층부」와「가로 기조의 글라스 타워」의 두 볼륨이 결합된 구성으로, 본사의 역사와 풍격, 미디어 기업의 공평성(公平性) 및 투명성의 이미지 등을 복합적으로 표현하고 있다. 개개의 디자인은「신문」및「편집」에서 유도된「엮다」,「종이」,「인쇄」등을 테마로 해서, 화지(일본종이) 유리 및 나무를 엮은 듯한 모티브를 엔트런스 및 2개의 홀 등의 공공 공간을 중심으로 일관(一貫)되게 전개하였다.

설계·감리는 닛켄설계(日建設計), 시공은 시미즈건설(淸水建設)이 담당하였다. 요미우리신문 도쿄본사는 2014년 1월 6일에 준공하였고, 3월 28일에는 홀도 개관하여 다양한 이벤트를 제공하는 장소로서 새로운 활기가 탄생되기를 기대하고 있다.

[표] 건물의 개요	
구 분	내 용
소 재 지	도쿄도 지요다구 오테마치 1-7-1 (東京都千代田区大手町1-7-1)
공사발주	요미우리신문 도쿄본사(読売新聞東京本社)
설 계	닛켄설계(日建設計)
시설규모	부지면적: 6,142㎡, 건축면적: 3,612㎡, 연상면적: 89,650㎡, 높이 200m
건축구조	SRC조, S조 / 지하 3층, 지상 33층, 옥탑 2층
시설종류	오테마치홀 : 심포지엄, 콘서트, 시사회 소 홀 : 강연회, 세미나, 전시회, 워크샵

외관 및 로비

고층 빌딩이 늘어선 오피스 거리인 도쿄 오테마치에서도, 눈에 띄게 높은 200m 높이의 건물. 요미우리신문의 신사옥(新社屋)은, 최고 수준의 내진성과 거리의 경관에 공헌하는 아름다움을 겸비한 상징적인 타워가 되었다. 건물의 남쪽에는 차양이 달린 포치가 있다. 외부의 모퉁이 부분에는 화단도 설치되어 있다. 3층 오픈 천장으로 이루어진 엔트런스는 높이가 약 20.0m이다. 내장의 테마는 신문의 편집에서 발상하여「엮다(編む)」로 하였다. 신문지의 재료가 되는 나무를 뜨듯이 배치된 디자인을 천장 등에 도입하였다. 벽면은, 4종류의 화지(和紙)풍의 필름을 사용한 LED

조명이 내장된 「광벽(光壁)」이, 방문객들을 맞이한다. 시간에 따라 조명의 색상을 바꿀 수 있다. 엔트런스 안쪽에는 요코야마 다이칸(橫山 大觀)이 요미우리신문의 의뢰를 받고 1939년에 거대한 후지산을 그린 『영봉후지(靈峰富士)』가 전시되어 있다. 홀 전용 엘리베이터가 있어, 지하철 오테마치역 C3 출구와 직결(直結)된다.

높이 200m로 오테마치(大手町) 구역에서 가장 높은 요미우리신문 도쿄 본사 新사옥이 2013년 11월에 준공되었다. 그 내부에 2개의 홀이 있고, 극장형 다목적 홀은 4층의 스테이지에서 5층까지의 단상 객석이고, 소 홀은 5층 포이어를 끼고 반대 방향에 레이아웃되어 있다.

▶ 외관 사진

▶ 엔트런스

▶ 요미우리신문 도쿄본사건물 컨셉 구성도

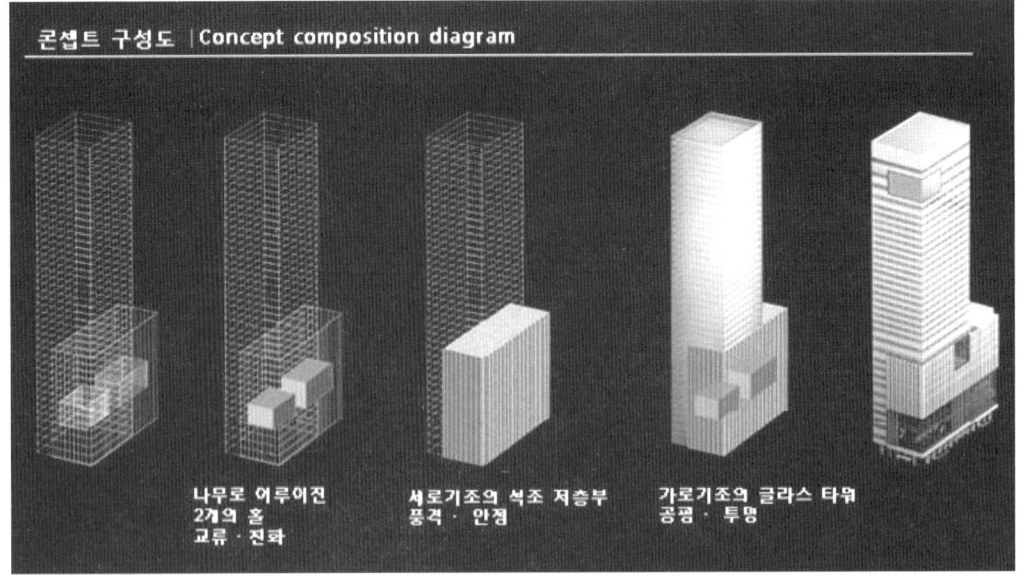

요코야마 타이칸의 「영봉후지」.
세로 2.5m×가로 4.5m. 요미우리신문으로부터 니혼TV에
대여 중이었는데, 신사옥의 완성을 기점으로 요미우리신문에
돌아왔다.

오테마치홀(Otemachi Hall)

501석을 가지는 요미우리 오테마치홀은 클래식 콘서트 외에, 심포지엄 및 시사회 등에도 대응이 가능한 다목적 홀이다. 용도에 맞춰 잔향을 조정할 수 있는 것 외에, 영상설비(映像設備)로서 디지털 영사기를 도입하는 등, 충실한 음향, 영상 공간을 제공한다. 또, 소작대(所作台)를 결합하여 노(能)무대를 설치할 수 있어, 다양한 전통예능의 공연도 가능하다.

요미우리 오테마치홀은 스테이지가 빌딩의 4층에 위치하고, 스테이지 앞에서 계단 형상으로 5층까지 좌석이 배열되는 극장형 홀로, 좌석 수는 501석. 백 야드에는 분장실 5실, 동시통역실 3실, 속기실(速記室) 1실을 갖추고 있다. 약 350.0㎡의 소 홀과는 5층의 포이어를 끼고 마주하고 있어, 이벤트에 따라 2개의 홀을 연계해서 사용하는 것도 가능하다.

요미우리신문사다움을 표현하는 디자인 테마 「엮다(編む)」를 토대로, 요미우리 오테마치홀과 소홀은 엮인 목제 벽으로 둘러싸인 공간으로 디자인되었다. 마치 엮어 넣은 듯이 펼쳐지는 목조의 블록이, 온기를 느끼게 해준다. 무대 위의 음향반사판도, 벽과 동일하게, 아름다운 짜임이 이루어져 있다. 탈착이 가능한 음향반사판 및 벽면에 설치된 잔향가변막으로, 상연내용에 따라 잔향을 조정할 수 있다는 점이 특징 중 하나이다. 나무블록을 조합한 독특한 디자인이 자아내는 잔향

과 그 분위기는, 관객뿐 아니라, 출연자로부터도 호평(好評)을 받고 있다.

전 좌석에 메모대 또는 등받이 테이블이 채용되어 있다. 등받이 테이블 좌석, 제일 앞 열의 메모대 좌석에도, 조명이 설치되어 있다. 강연회 등에서 장내가 어두워져도, 안심하고 메모를 할 수 있다. 메모대 좌석의 조명은 탈착이 가능하다.

요미우리 오테마치홀의 특징은, 소리를 확산시키는 반원형의 부재(部材)를 약 10m 겹친 벽에 있다. 음향적으로, 다공성의 레이어를 만드는 이중벽이 소리를 다방면으로 반사시킴과 동시에, 개구(開口)에 소리가 돌아 들어오도록 만들어, 시간차를 두고 확산되어 자연스러운 잔향을 느낄 수 있는 홀을 지향하였다. 또 이중벽(二重壁)의 사이에 승강식 흡음막(昇降式 吸音版)을 설치하여, 사용목적에 따라 잔향시간을 1.00~1.50초 사이에서 조정할 수 있다.

빌딩의 엔트런스는, 3층 오픈 천장으로 높이는 약 20.0m이다. 내부 마감의 테마는 신문의 편집(編輯)에서 발상하여 「뜨다(엮다)(編む)」로 하였다.

신문지의 재료가 되는 나무를 뜨듯이 배치된 디자인을 천장 등에 도입하였다. 벽면은 글라스를 내측에서 LED 조명으로 비추는 「광벽」으로 하였다. 시간에 따라 조명의 색상을 바꿀 수 있다.

 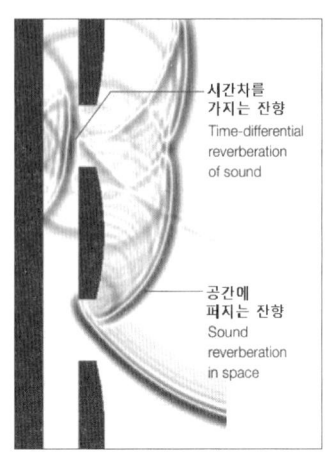

이중벽의 파동 음향시뮬레션

천장의 방진 철골은 중량에 비해 지지점이 적고, 철골 자체의 휨이나 변형이 있기 때문에, 각 방진고무에 적정 하중량을 부담시키기 어려운 문제를 도면상의 계산대로는 되지 않기 때문에, 고무의 휨 양으로부터 하중을 역산하여, 철골을 한 번 들어 올려 고무를 재설치하는 작업을 몇 번이고 반복하여 해결하였다.

바닥에 관해서는, 무적재 시와 최대 적재 시의 하중 차가 커서, 방진고무의 선정과 배치에 중점을 두고 검토하였다.

○ **홀의 벽**

반원형의 구조체와 벽간의 흡음 커튼을 내릴 수 있다. 커튼이 없는 상태에서는 잔향시간이 1.50초로 길어, 악기의 연주 등에 적합하다. 커튼을 내리면 잔향시간이 1.00초가 된다. 벽 표면의 세밀한 홈은, 특히 고음역을 효과적으로 확산시키고 있다.

구 분	내 용
[표] 오테마치홀 개요	
객 석 수	501석 (휠체어는 일부 좌석을 철거하고 8대까지 대응 가능)
건축음향	잔향시간 : 1.00초(커튼 가동 시) ~ 1.50초(커튼 미가동 시)
기 타	① 객석형식 : 단상식(単床式) 1층 ② 주무대 　폭 13.0m×안길이 7.7m (안길이는 호리촌트 막까지) 　주무대 면적 : 약 100㎡ 　음향반사판 설치 시 스테이지 면적 : 약 88.0㎡ ③ 측무대 　상수 : 폭 10.0m×안길이 10.6m 　하수 : 폭 1.8m×안길이 8.0m ④ 프로시니엄 아치 　폭 13.0m×높이 8.0m~5.4m (가동 프로시니엄 패널로 가변) ⑤ BOX in BOX 구조 　방진고무 플로팅바닥과 플로팅 차음벽, 총 중량 300t이 넘는 상부 방진 철골로 지지되는 차음 천장으로 둘러싼 구조로 구축

▶ 내부 전경

음향반사판 설치 시   음향반사판 미설치 시

○ 차음 구조(遮音構造)

  각 홀은, 상하층 콘크리트 슬래브와 고정 차음벽으로 둘러싸인 가운데, 방진고무 플로팅바닥과 플로팅 차음벽, 총 중량 300t이 넘는 상부 방진 철골로 지지되는 차음 천장으로 둘러싼, BOX in BOX 구조로 구축되어 있다. 또, 바닥, 벽, 천장에는 각각 특수한 방진고무가 5,000개 정도 사용되어 있고, 각각의 방진고무 지지점의 하중을 계산하여, 각소 적절한 방진고무의 배치로 되어 있다. 천장의 방진 철골은 중량에 비해 지지점이 적고, 철골 자체의 휨이나 변형이 있기 때문에, 각 방진고무에 적정 하중량을 부담시키기가 어려웠다. 도면상의 계산대로는 되지 않기 때문에, 고무의 휨 양으로부터 하중을 역산(逆算)하여, 철골을 한 번 들어 올려 고무를 재설치하는 작업을 몇 번이고 반복하여 해결하였다. 바닥에 관해서는, 무적재(無積載) 시와 최대 적재 시의 하중 차가 커서, 방진고무의 선정과 배치에 노력하였다. 특히 소 홀은, 중앙의 가동식 벽으로 칸막이하여, 옆 칸에서 다른 이벤트를 열 수도 있기 때문에, 플로팅 바닥 자체도 두 개로 분할하여 서로 절연(絕緣)되어 있다. 또, 쌍방의 플로팅바닥 하부 방진고무의 휨 양의 차에 따른 단차가 적어지도록 고안되어 있다. 또, 공사 공정에 관해서도 특징이 있다.

일본의 실내악홀 Japan Chamber Music Hall

소 홀(Small Hall)

요미우리 오테마치 소 홀은, 강연회 및 세미나 등 외에, 전시회, 물산전, 워크숍 등, 다양하게 사용할 수 있다. 또, 200명 정도의 파티에도 대응 가능하다. 특히 소 홀은 중앙의 가동식 벽으로 칸막이하여, 옆 칸에서 다른 이벤트를 열 수 있기 때문에, 플로팅바닥 자체도 두 개로 분할하여 서로 절연되어 있다. 또 쌍방(雙方)의 플로팅바닥 하부 방진고무의 휨 양의 차에 따른 단차가 적어지도록 고안되어 있다.

[표] 소 홀 개요

구 분	내 용
객 석 수	최대수용인원 397명
주용도	강연회, 세미나, 전시회, 워크숍 등
기 타	① 면적 354㎡(15.7m×22.6m, 가동칸막이 이용 시, 165㎡/185㎡) ② 승강식 무대(전동) 폭 11m×안길이 4.6m, 높이 0~0.6m ③ BOX in BOX 구조 중앙의 가동식 벽으로 칸막이 하여, 옆 칸에서 다른 이벤트를 열 수도 있기 때문에, 플로팅바닥 자체도 두 개로 분할하여 서로 절연되어 있으며, 쌍방의 플로팅바닥 하부 방진고무의 휨 양의 차에 따른 단차가 적어지도록 고안 ④ 반원형 단면형상과 같은 벽 마감은 소리를 확산시켜, 매우 좋은 잔향을 얻을 수 있음. ⑤ 그 외 시설 : 대기실 2실, 팬트리 등

홀의 특징인, 반원형 단면 형상과 같은 벽 마감은 소리를 확산시켜, 매우 좋은 잔향을 얻을 수 있는데, 상당한 중량이 있어, 설치 작업에도 시간이 걸린다. 때문에, 이번에는 마감 공사와 플로팅 차음층 공사를 병행하여 실시하게 되었다. 본래는 마감의 뒤에 오는, 플로팅 차음층 공사를 동시에 실시하는 것은, 전대미문의 일인데, 각 직종 간의 엄밀한 조사 및 새로운 작업 순서의 개발 등, 각종 노력을 통해, 본래 불가능하다고 생각되었던 공사도 수행이 가능해졌다.

내부 전경(승강무대 사용 전)

내부 전경(승강무대 사용 후)

강연회 사용 시

2분할 구성 시

○ 요미우리 오케스트라 (Yomiuri Nippon Symphony Orchestra)

요미우리 오케스트라는 오랜 시간 동안 세계에서 유일하게 언론 그룹과 주요하게 제휴한 독특한 오케스트라이다. 1874년에 창간된 요미우리 신문사는 2010년 기네스 기록에 따르면 세계에서 가장 많은 일간지 발행 부수 기록을 가진 일본 최고의 신문사이다. 닛폰 텔레비전은 1953년 8월 28일에 일본의 첫 상업 방송국으로 개국하였으며, 꾸준하게 높은 시청률을 갖는 일본의 대표 방송국이다. 닛폰 텔레비전의 계열사인 요미우리 TV 방송은 오사카에 본사를 둔, 일본의 간사이 지방에서 영향력 있는 방송국이다.

(*요미우리라는 명칭은 일본의 에도시대[1603-1867] 당시 소식을 알릴만한 사건들을 담은 기사와 삽화가 담긴 가와라반(소식을 기왓장이나 목판에 새긴 소식지)을 판매하던 상인들의 "읽어주면서 팔았다"라는 단어에서 유래하였다.)

창립 이래, 요미우리 오케스트라는 세계적인 명성을 갖춘 10명의 거장을 수석 지휘자로 영입하였으며, 그들 모두 오케스트라의 음악적 수준을 높이는 데 지대한 역할을 하였다. 현 10대 수석 지휘자는 2019년부터 오케스트라를 담당한 Sebastian Weigle이다. 그의 전임자로는 1980년부터 1983년까지 역임한 Rafael Frühbeck de Burgo, 1984년부터 1989년까지 역임한 Heinz Rögner, 1998년부터 2007년까지 역임한 Gerd Albrecht, 그리고 2007년부터 2010년까지 수석 지휘자를 역임한 Stanislaw Skrowaczewski가 있다. 현재는 Kazuki Yamada가 수석 객원 지휘자, Masato Suzuki가 부지휘자 및 크리에이티브 파트너, Sylvain Cambreling, Yuri Temirkanov가 명예 지휘자, Tadaaki Otaka가 명예 객원 지휘자, Ken-ichiro Kobayashi가 특별 객원 지휘자로 오케스트라에서 활동하고 있다.

그 이전에는 Zubin Mehta, Günter Wand, Sergiu Celibidache, 그리고 Lorin Maazel 등의 명망 있는 거장들을 객원 지휘자로 초청하였다. 현재까지 Arthur Rubinstein, Sviatoslav Richter, Martha Argerich, Mitsuko Uchida, Yo-Yo Ma, 그리고 Midori Goto 같은 세계적

으로 존경받은 많은 솔로이스트들이 오케스트라와 같이 공연하였으며, 그들의 공연들은 일본의 클래식 음악 팬들과 비평가들 양쪽에게 모두 높은 평가를 받았다.

요미우리 오케스트라는 일본과 해외 양쪽에서 예술성과 연주 능력에서 높은 평가를 받고 있으며, 2000년에는 일본의 오케스트라들 중 최초로 잘츠부르크의 Great Festival Hall에서 열리는 연간 정기 연주회에 공연하도록 초청받았다. 2015년의 10번째 해외투어는 유럽 4개국에서 진행되었으며, 관객들에게 좋은 평가를 받았다.

요미우리 오케스트라의 명예 고문으로는 노리히토 천왕비 히사코가 임명되었다.

요미우리 오케스트라는 산토리홀, 도쿄 예술극장, 요코하마 미나토미라이홀 등의 주요 공연장들에서 공연하였으며. 클래식 음악의 매력을 보여주기 위해, 오케스트라의 레퍼토리는 인기 있는 클래식 음악부터 덜 알려진 작품까지 다양하게 분포되어 있다. 오케스트라는 일본 문화청으로부터 국가 예술제 대상, Music Pen Club Japan Award 등의 다양한 상을 수상하였다.

오케스트라의 구독 콘서트와 기타 공연들은 닛폰 테레비전과 BS Nippon Television Network를 통해 "요미쿄(YNSO) 프리미어" 시리즈로 방영되었으며, 요미우리 오케스트라가 제작하는 콘서트 CD와 DVD도 있다.

또한 요미우리 오케스트라는 사회에 공헌하고 있으며, Shoriki Welfare Foundation과 협력하여 일본 내 병원의 암 환자 및 가족을 위한 "YNSO 'Heartful' 콘서트"를 공연하며, 소학교 및 중학교에 "YNSO 우정 콘서트"를 개최한다. 추가적으로, 전국 각지의 지역사회에 있는 중소규모의 공연장에서 "살롱 콘서트"나 소규모 앙상블 공연을 제공하고 있다. 요미우리 오케스트라는 사회에 대한 문화의 기여를 확장하는 데 노력을 아끼지 않고 있다.

○ 부속공간

분장실

분장실

동시통역실

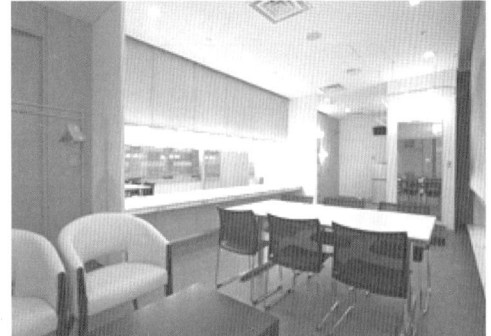
대기실

도면

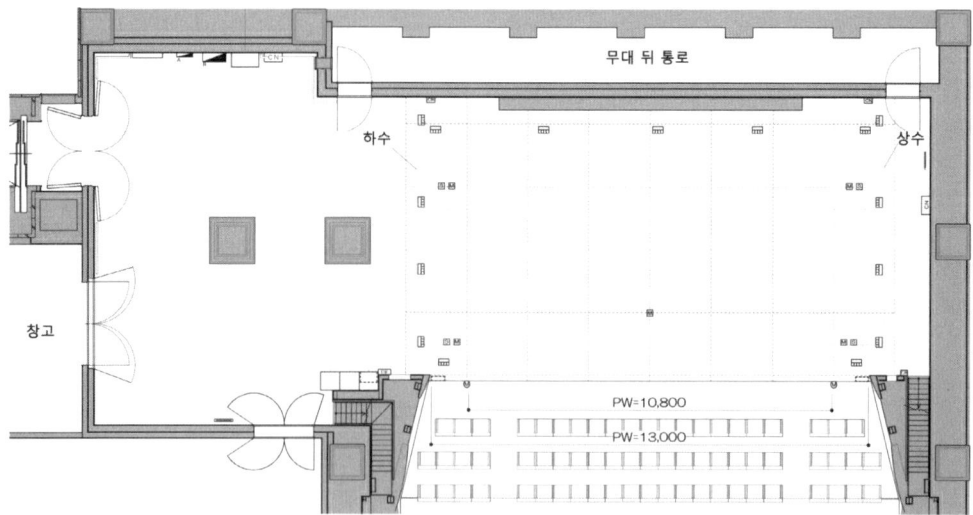

오테마치홀 무대평면도

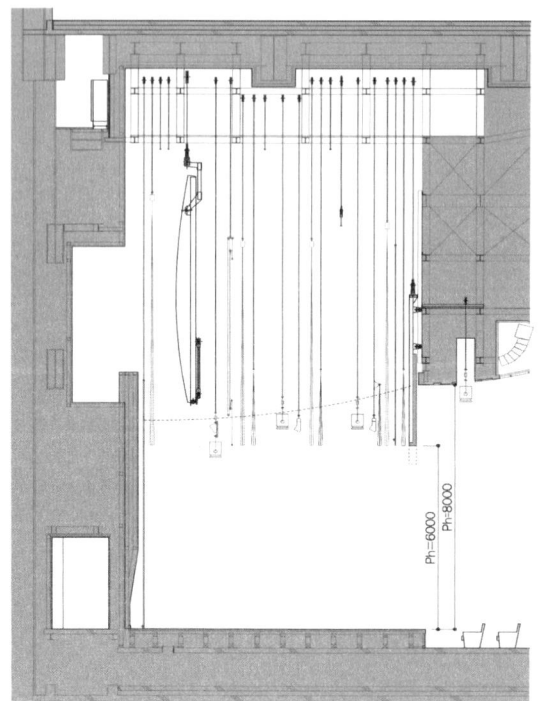

오테마치홀 무대 단면도

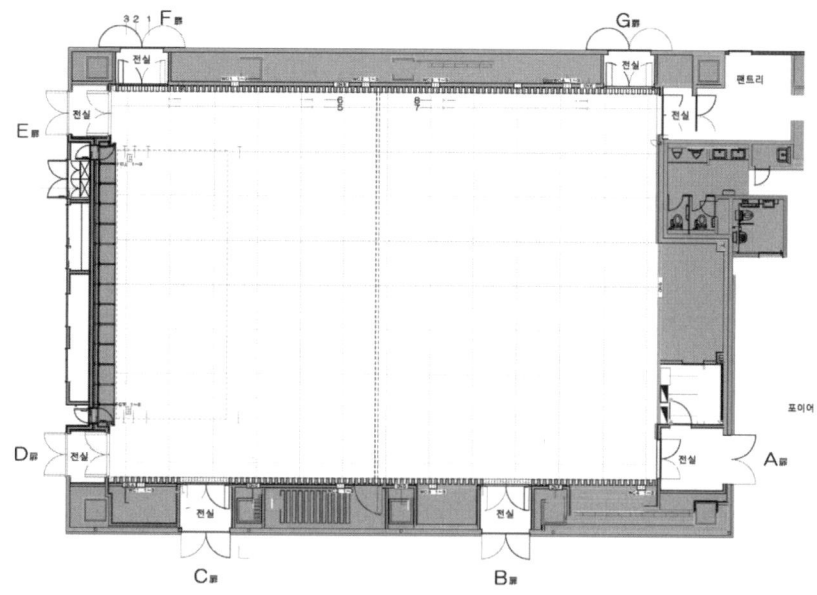

요미우리 오테마치 소 홀 평면도 (S:1/100)

▶ 소 홀 정형 레이아웃 예

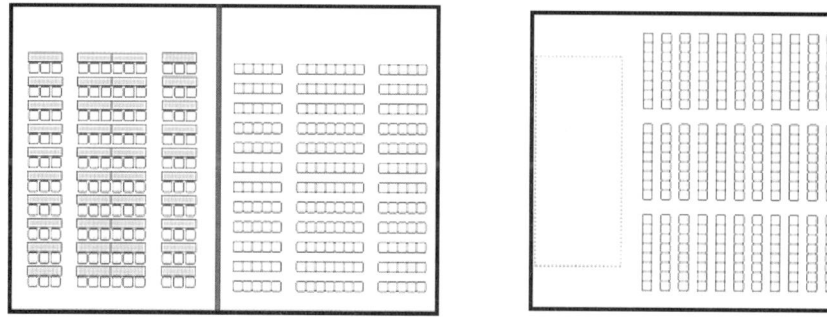

2분할 형식 : 120석+204석

시어터 형식 : 384석

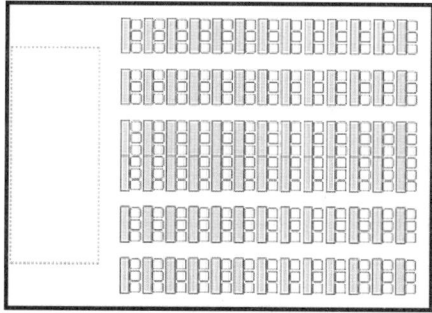

스쿨 형식 : 234석

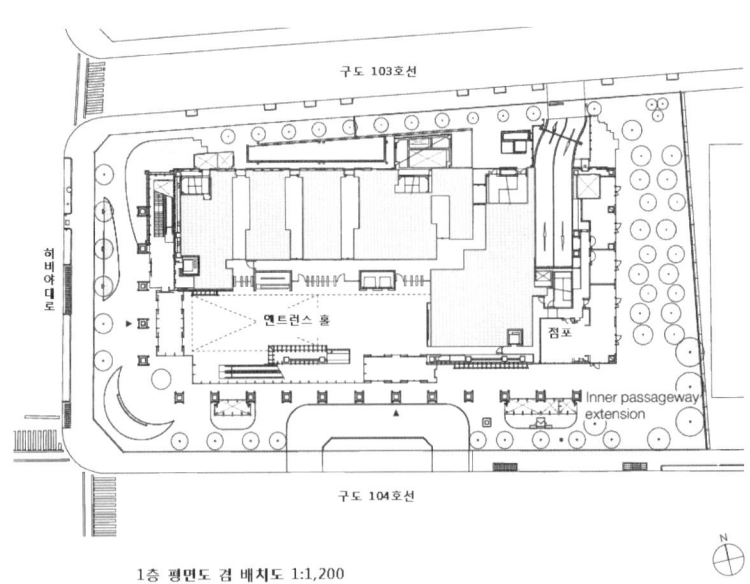

1층 평면도 겸 배치도 1:1,200

1층 평면도 겸 배치도

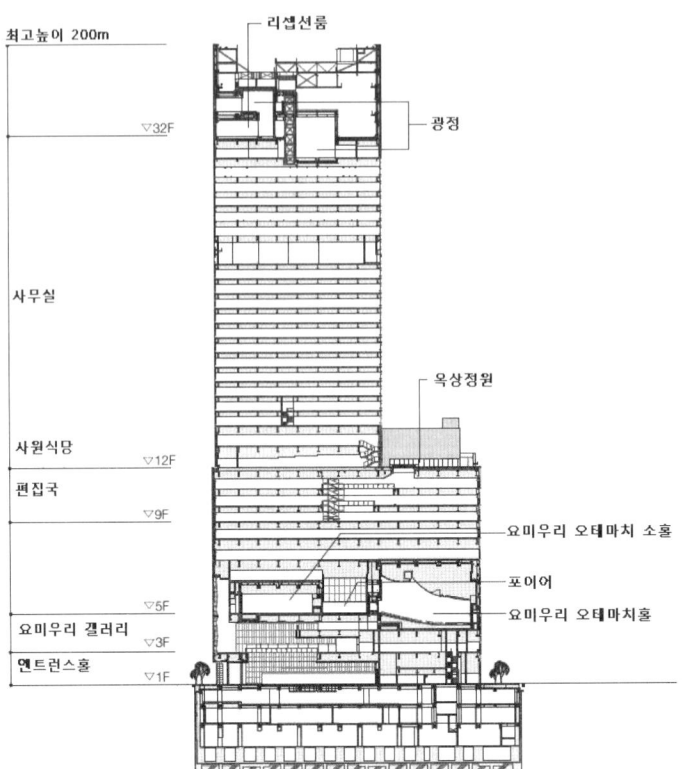

전체 단면도

오테마치홀(Otemachi Hall) 공연자료

09. 필리아홀

フィリアホール – Philia Hall

필리아홀(フィリアホール - Philia Hall)

　도큐덴엔토시선(東急田園都市線) 아오바다이역(青葉台駅) 앞의 필리아홀(Philia Hall)은, 1993년 4월 30일에 오픈한 500석 규모의 콘서트홀이다. 도큐(東急)가 다마덴엔토시(多摩田園都市) 30주년 기념사업으로서 건설을 계획하고 있던 문화시설에, 구민문화센터의 기능을 도입하도록, 요코하마시로부터 도큐에 요청한 결과, 민간이 설립하고, 운영하는 방식에 의한 아오바구민문화센터가 정비되게 되었다.

　요코하마시는 홀 건설 자금의 일부를 융자 및 운영비용의 일부를 조성하는 형태로 관계하고 있어, 운영에 대해서는, 홀 연간 사용 일수의 1/2을 구민(區民) 홀로써 사용할 수 있게 되었다.

　슈박스형의 클래식 전용 홀로, 자연스러우면서 섬세한 잔향을 가지고 있다. 그도 그럴 것이, 음향설계로 유명한 나가타 음향설계사무소(永田音響設計事務所)가 음향설계뿐 아니라, 건축설계까지 맡음으로써, 음악가들 사이에서도 평판이 높은 홀이다. 설계는 음향설계 방침을 도입하여 건축설계를 진행하고, 스터디 모형 등을 통한 음향, 디자인 체크를 실시하는 방법을 취했다.

또 하나 다른 홀에서는 찾아볼 수 없는 특징은 대관 방법이다. 필리아홀(도큐(東急) 범위)과 아오바구민문화센터(青葉区民文化センター)(시민 범위) 두 가지 범위의 대관이라는 독특한 구분 방법이 바로 그것이다. 이는, 요코하마시와 도큐전철(東急電鉄)과의 반관반민(半官半民)의 시공사례에 관계하고 있고, 대출 규정 등도 각각 다르다. 그럼에도 불구하고, 공연을 중심으로 한 단골 관객이 많아 인기가 있어, 높은 가동률(稼動率)을 유지하고 있다.

필리아홀의 주최공연에서는, 기획 내용 및 티켓 센터, 리셉셔니스트 등에서 독자적인 색을 띠고 있어 높은 평판을 얻고 있는데, 좌석의 공석이 있을 때는 저렴한 가격으로 학생권을 준비하는 등, 젊은이들에게도 사랑을 받고 있다.

[표] 건물의 개요	
구 분	내 용
소 재 지	가나가와현 요코하마시 아오바구 아오바다이 2-1-1 아오바다이 도큐스퀘어 South-1 본관 5층 (横浜市青葉区青葉台2-1-1青葉台東急スクエア South-1本館5階)
공사발주	도큐덴테쓰주식회사(東京急行電鉄株式会社)
설 계	도큐설계컨설턴트(東急設計コンサルタンツ) 음향설계 : 나가타음향설계
시설규모	부지면적 : 23,451㎡ / 연면적 : 62,294㎡ (아오바다이 도큐스퀘어 전체) 시설면적 : 2,797㎡(필리아홀)
시설종류	필리아홀 : 클래식 콘서트 리허설실 : 미니콘서트, 리허설 소연습실(3ea)극장 : 연습공간

외관 및 로비

필리아홀(Philia Hall)

클래식 음악을 주목적(主目的)으로 설계된 500석 규모의 콘서트홀. 리사이틀, 실내악부터 소편성 오케스트라까지의 연주에 적합한 음향특성(音響特性)을 가지고 있다. 슈박스형의 실형상은, 어느 좌석에서도 효과적으로 균등한 반사음이 도달하여, 소리를 가깝게 느끼거나, 소리에 둘러싸인 느낌을 받을 수 있는 것이 특징이다.

○ **음향설계**

실내음향설계의 특징으로는,
- 실 형상으로 슈박스형을 채용.
- 여유 있는 잔향을 얻기 위해 14.0m의 천장높이를 확보하여, 12.0㎥/인 실용적 확보
- 섬세한 잔향을 얻기 위해, 벽, 천장 전면에 확산 형상을 채용.
- 다양한 연주, 이벤트를 고려하여, 측벽에 커튼을 이용한 잔향 가변장치를 도입.
- 그 외, NC-15를 목표로 한 공조 소음 저감 대책, 층하(層下) 플로어에 대한 방진 차음구조의 채용(홀 바닥, 연습실), 높은 등급의 녹음설비 도입 등을 시행하였다.

○ **건축설계(建築設計)**

U자형 발코니와 단상으로 무대와 객석에 친밀감을 줌과 동시에, 리듬, 멜로디, 하모니의 이미지를 건축 의장에 도입하여 벽, 천장을 디자인하였다. 홀 내부는 심플한 형상과 부드러운 색조로

통일하고, 조명을 악센트로 배치하였다. 간소하지만 따뜻하고 화사한 분위기로, 연주가에게도 청중에게도 경쾌한 음악공간을 지향하였다. 이 외 무대, 분장실, 연습실, 홀 사무실 등의 형태에 대해서도 배려하였다.

[표] 필리아홀 개요	
구분	내용
객 석 수	총 객석수 : 500석 　　　　　1층 384석, 　　　　　발코니석 116석, 장애인석 6석 　　　　　휠체어 대응 : 1층 8열 1~6번의 의자 이동 가능 (휠체어 3대분)
건축음향	주용도 : 리사이틀, 실내악, 소편성 오케스트라 등 클래식 콘서트 실용적 : 5,980㎥ 잔향시간 : 1.60~1.80초 (공석 시), 　　　　　1.50~1.70초 (500Hz, 만석 시) 　　　　/ 잔향조정 커튼으로 조정이 가능 공조소음 : NC-13
기 타	① 홀 규격 : 너비 17.5m, 안길이 27m, 높이 14.5m ② 스테이지 면적 104㎡, 너비 13.5m, 안길이 6.4~7.3m, 높이 13.5m ③ 피아노 : Steinway · 그랜드피아노 D-274 (2대) 　　　　　YAMAHA · 풀콘서트 피아노 C F Ⅲ S

▶ 필리아홀 내부 전경

○ 콘서트홀에서 오케스트라와 관객의 거리감

월트 디즈니 콘서트홀의 건립에 있어서, 건축가인 프랭크 게리(Frank Owen Gehry)의 설계안은 부채꼴 형상의 평면 한끝에 무대를 배치하는 것으로, 무대 옆에 비교적 많은 좌석을 배치하고 있다고는 하나, 가장「듣는 것」에 중점(重點)이 두어져 있는 것처럼 보였다.

객석 후방이 2개로 분할된 평면은, 한스 샤로운(Hans Scharoun)이 설계한 베를린 필하모니의 무대 후방을 커트해서 단순화시킨 듯하며, 최대 시거리(視距離)가 어느 제시안보다도 멀었다. 무대 후부에도 객석을 가지며, 상자 형상의 공간 속에 볼록한 곡면의 벽을 세우면서 객석의 방향을 반대로 오목한 곡면 형상으로 배치함으로써, 이전보다 구심적(求心的)이고 매력적인 공간을 만들어 내고 있다.

그러한 의미에서, 가능한 한 무대에 가깝게 관객을 배치하여, 보는 것을 강조한 다른 설계 경기 안에 근접시켰다고 말할 수 있다. 음향성능이 엄격한 기준으로 요구되는 콘서트홀에 신중하게 접근하여, 새로운 전개를 보여주고 있다.

 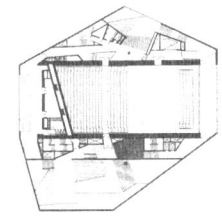 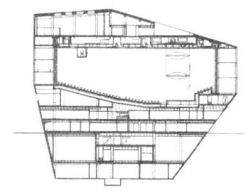

OMA「Casa da Musica」2005년. 1,238석. 객석, 평면도, 단면도

건축이라는 형식에 대해 매우 자유로운 그도, 음악공간에 대해서는 평면·단면 모두 대칭성을 무너뜨리지 않은 올바른 형태를 선택하였고, 파이프오르간에서 제 멋스러움이 느껴지지만, 눈에

보이지 않는 예술·과학이 상대라면 불리하다고 말하고 있는 것처럼 보여, 여느 때와는 사정이 다른 틀에 박힌 느낌이 들어버린다. 물론 최고 수준의 훌륭한 홀이라는 것은 누구나 인정하는 부분이다.

음향 공간에 대한 확실한 어프로치는, OMA 설계에 의한 포르토의 「Casa da Musica」(2005년)에서는, 더 높은 우선순위(優先順位)인 것처럼 보인다.

슈박스의 최고봉으로 명성이 높은 빈의 「악우협회 대 홀」(1869년)을 규범(規範) 아, 거의 동등한 비율로 통 모양으로 빠진 볼륨을 중심으로 전체를 구성하고 있다. 무대 후방을 큰 유리면으로 하는 방법은, 「보는」 콘서트홀로서는 흔히 있는 케이스지만, 그 주위에 서큘레이션으로서 포이어를 입체화(立體化)한 점은 베를린적인 구성이다.

음향전문가 추천하는 발코니도, 벽면의 안쪽으로 당겨 넣어서, 신경이 쓰이는 모양도 아니다. 이에 반해, 장 누벨(Jean Nouvel)에 의한 루체른 회의장·콘서트홀(KKL센터/1998년)은, 연주자와 관객을 최대한 가까운 관계로 연결시킴으로써 「보는」 홀의 다른 형태를 전개(展開)한 사례이다.

객석 벽면의 안쪽에 큰 공간을 두어 실용적을 바꾸고 「듣는」 융통성을 주려고 하는 점도 다르다. 그 영향력은, 그 후 유사한 콘서트홀이 계속 나타난 점에서 증명되었다. 그러한 와중에 있어서 루체른은, 선도자다운 기품을 느끼게 한다.

그런 그에 의한 코펜하겐의 덴마크 왕립 방송국 콘서트홀(DR콘서트홀/2009년)은, 아레나 타입의 음악공간에 도전한 작품으로, 중심축을 비켜나간 객석 배치가 랜덤으로 다양하게 좌석이 꺾이는 등, 공간의 유동성에 고심하여, 좌석의 블록화 및 벽면의 요철 모양 등에도 주의 깊은 디자인을 볼 수 있지만, 베를린으로 돌아와 버린 느낌은 부정할 수 없다.

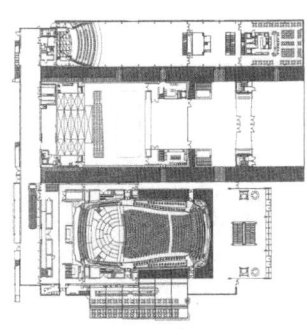

장 누벨 「루체른 회의장·콘서트홀」
1998년. 평면도

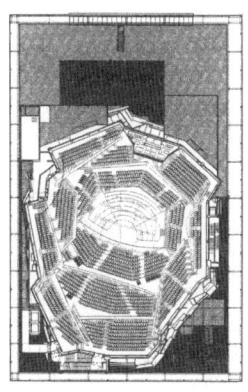

장 누벨 「덴마크 왕립방송국
콘서트홀」 2009년. 평면도

- 홀을 만나다 (See the Music)

「See the Music」을 말할 때, 음악의 무엇을 「See」하는지, 그 의미를 생각해 보자. See에는 「마음에 그리다」「만나다」「조우하다」와 같은 어의도 포함되어 있어, 그것을 형태로 만드는 것이다.

음악을 향수(享受)하는 준비로서, 관객은 건축공간을 만나고, 연주가를 만나며, 나아가 다른 관객들을 만난다. 그러한 최초의 만남에 있어서 홀 공간의 초점(焦點)이 무대라는 것을 생각해 보면, 무대 주위의 디자인이 얼마나 중요한지를 상상할 수 있다.

관객이 기다리는 홀에 연주가가 등장함으로써 콘서트는 시작된다. 그때, 관객과 연주가의 시선이 벗어나지 않고 자연스럽게 (시선을) 주고받을 수 있는 것이다. 예술가 대 일반인과 같은 다른 세계의 존재로서가 아니라, 공통된 기반에 선 관계로서 만나, 함께 음악을 마음으로 그리는 듯한, 그러한 연결 방식을 공간화하는 것이 설계자에게 요구되고 있다. 그를 위해서는 교류와 친숙함을 유발하는 쌍방향성의 근접(近接)이 중요하다.

그러한 의미에서, 우선 신경이 쓰이는 것이 무대와 관객과의 연속감(連續感)이다.

무대 주위의 벽이 연주자에게 있어 매우 유효한 반사면인 것은 익히 알고 있다. 소리는 매직이 아니라, 물리(物理)라는 것도 알고 있다.

「See」의 의미에서 말하자면, 사람의 키 이상이나 되는 레벨 차와 벽면은, 관객과 연주가의 상호작용적인 관계를 소극적으로밖에 가능하지 못한 증거이다. 콘서트홀도 역시 최대의 악기라 한다면, 그것을 울리고 있는 오케스트라와 그것을 감상하는 관객이 무관계(無關契)로 존재할 리가 없다.

오케스트라를 가지지 않는 홀과는 다른 정체성이 생겨나는 것이다. 동료 사이의 기대 이상으로, 관객을 향해 연주되는 음악이라면, 콘서트홀은, 관객에 의해서도 역시 성장된다고 말할 수 있다.

즉, 홀에서 만난 연주자와 관객이 서로 협력하고서야 비로소 그곳에 어울리는 음악이 탄생되는 것이 아닐까. 오케스트라도 연주도 독립적인 것이 아니라, 홀과 관객에 의해 키워지고 있다.

- 관객과 함께하는 음악(音樂)

그러한 의미에서, 관객도 역시 「음악을 하고 있는」 것이다. 콘서트홀이라는 공간에 몸을 두고, 눈 앞에서 반복되고 있는 음악을 관객 한 사람 한 사람이 자기 스스로 다시 한번 음악을 하고 있다.

실제로, 음악을 하는 학생 등은 자신이 오케스트라의 일원이 된 것처럼 음악을 하고 있다는 것을 쉽게 상상할 수 있다. 그들은 연주 기술이나 실수의 발견을 근거로 비평을 하고 싶어 한다.

다만, 일반 관객은 그런 식으로 음악을 들으러 가지는 않는다. 비평을 하려고 일부러 콘서트홀을 찾지는 않는 것이다. 자신의 음악을 만나, 그 장소·순간을 공유하는 사람들과의 음악을 마음 속에 상상하며, 즐기러 가는 것이다.

기술적인 내용이 아니라, 자기 자신만의 음악을 연주하는, 그러한 감각(感覺)인 것이 아닐까.

- **하나의 공간이 되다**

관객도 연주자도 모두 하나의 공간 안에 있다. 이는 지극히 당연한 것으로, 특별히 내세울 만한 내용이 아니다. 아레나 타입은 그것을 강조해서 보여주는데, 슈박스도 역시 그와 마찬가지이다. 그러나 사실, 하나의 공간으로서 설계되어 있다 하더라도, 「하나가 되는」 공간이라고 느껴지는 것일까? 음악에 의해 사람들이 하나가 되는 공간을 만들어낼 수 있는 것인지, 그 부분이 문제시(問題視)된다.

감동을 그대로 안은 채 무대 가까이까지 갈 수 있는 자연스러운 루트가 있다면, 양자의 감동을 하나로 만들어낼 수 있다.

관객이 자신만의 방식으로 즐길 수 있는 여유를 가질 수 있다는 것은, 음악에 대한 친근함을 공간화한다는 의미에서 중요한 일이다.

루체른 회의장·콘서트홀

베를린 필하모닉홀

디즈니아트센터

콘체르트헤바우

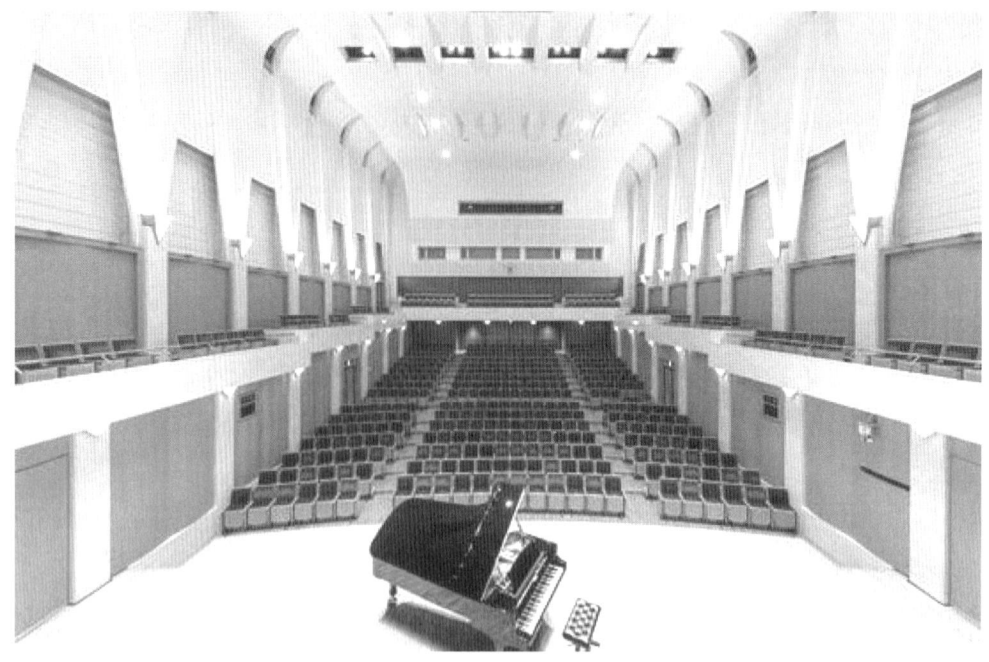
홀의 전경

로비 모습

○ 부속실

구 분	내 용
분장실 1	수용인원 : 1~2명 / 바닥면적 : 18㎡ / 지휘자, 솔리스트 전용, 화장실 있음
분장실 2	수용인원 : 1~2명 / 바닥면적 : 18㎡ / 화장실 있음
분장실 3	수용인원 : 5~10명 / 바닥면적 : 26㎡ / 업라이트피아노 설치
분장실 4	수용인원 : 5~10명 / 바닥면적 : 26㎡
분장실 5	수용인원 : 10~20명 / 바닥면적 : 36㎡
리허설실	수용인원 : 80명 / 바닥면적 : 71.5㎡ / 미니콘서트 및 발표회 가능
연습실 1	수용인원 : 10명 / 바닥면적 : 24㎡
연습실 2	수용인원 : 10명 / 바닥면적 : 24㎡ / YAMAHA·업라이트피아노 UX30
연습실 3	수용인원 : 10명 / 바닥면적 : 27㎡ / YAMAHA·업라이트피아노 UX50

[표] 부속실 개요

▶ 분장실

▶ 리허설실 및 연습실

리허설실(정원 80명)　　　　　연습실3 (정원 10명)

09. 필리아홀

도면

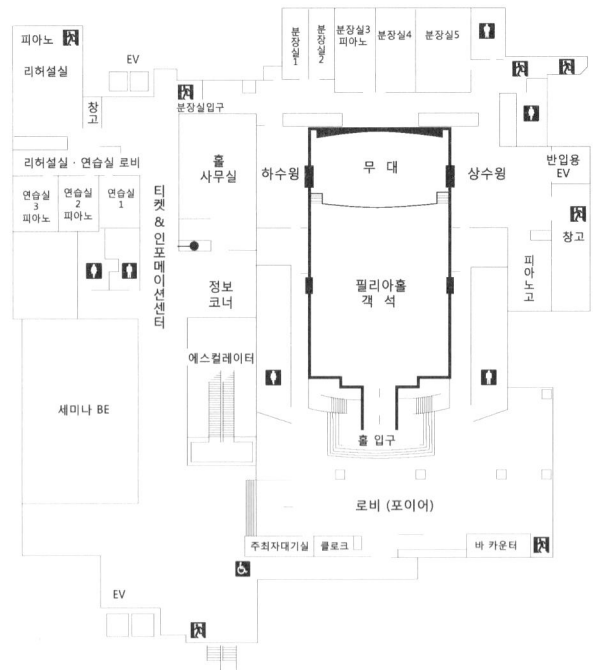

플로어도면

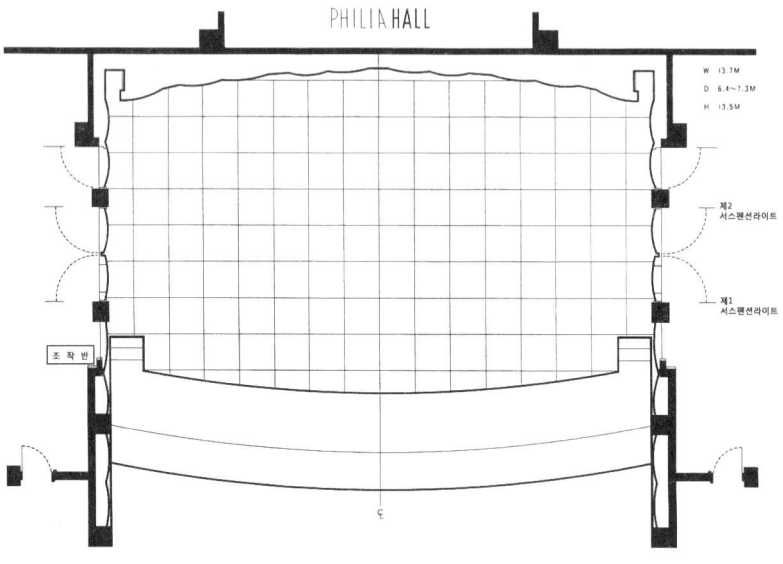

무대평면도

필리아홀(Philia Hall) 공연자료

CHRISTOPH TRAXLER ピアニスト
クリストフ トラックスラー

ウィーンの音楽が日本に響く
世界最高峰のピアニストここに降臨！

2025年9月23日(火祝)
開演15:00 開場14:15
鎌倉芸術館小ホール
全席指定
S席:¥3,500
A席:¥2,500

2025年9月26日(金)
開演19:00 開場18:30
豊洲シビックセンターホール
全席自由:¥4,000
ペアチケット限定30組:¥7,000

曲目
・ベートーヴェン
ピアノソナタNo17「テンペスト」
・グリュンフェルト
皇帝円舞曲
・リスト
「ダンテを読んで」
・プロコフィエフ
ピアノソナタNo7
他

主催：Art Creative Japan (アートクリエイティブジャパン)
共催：鎌倉市芸術館指定管理者 鎌倉市芸術文化振興財団・国際ビルサービス共同事業体(9/23)
後援：オーストリア大使館/文化フォーラム東京(9/23,9/26)
全日本ピアノ指導者連盟(ピティナ)(9/23,9/26) 鎌倉市教育委員会(鎌倉芸術館9/23)
協賛：spaceTSUMUJI(鎌倉芸術館9/23) 美容室modeste(豊洲9/26)

10. 가마쿠라 예술관

鎌倉芸術館 – Kamakura Performing Arts Center

가마쿠라 예술관
(鎌倉芸術館 - Kamakura Performing Arts Center)

　가마쿠라(鎌倉)는 요코하마[橫濱] 남쪽 태평양 연안에 위치하고 있으며, 미우라 반도[三浦半島]의 서쪽 기슭에 자리 잡아 3면이 언덕으로 둘러싸여 있으며 남쪽 해변에는 백사장이 아름답다.
　원래 조그만 어촌이었으나 1180년 미나모토 씨[源氏]의 근거지가 세워지면서 발전하기 시작하여 이후 300여 년 동안 일본 제2의 수도라는 정치적 지위를 누렸다. 끊임없는 내전, 해일, 화재 등으로 인해 쇠퇴하다가 도쿠가와 시대[德川時代 : 1603~1867]에 궁궐·절·귀족저택들이 건설되면서 관광 중심지가 되었다. 요코스카 선[橫須賀線]을 따라 발달한 주택지구이기도 하다. 오후나[大船] 지역은 1945년 이래 공업발전이 두드러졌다. 가마쿠라예술관(鎌倉芸術館)은 아름다운 자연에 둘러싸인 근대적인 문화시설로, 1993년 10월에 개관하였다. 시민예술을 지원하는 종합문화시설로서 계획되어, 정보·문화의 발진기지라는 형태로 실현된 시설이다. 가마쿠라다움을 건축화하기에 앞서, 외부 공간으로서 「정원(庭園)」이라는 개념을 바탕으로 일본적 건축공간을 구축하였다.

대·소 2개의 홀과 갤러리로 구성된 가마쿠라시(市)의 시설로, 풍부한 잔향을 가지는 대 홀은 음악을 중심으로 하는 다목적홀로, 음향반사판, 가변 천장에 의해 음장을 확보함과 가동 프로시니엄을 이용해, 오페라·뮤지컬·발레 등에도 유연(柔軟)하게 대응할 수 있다.

「보여주는 홀」로서의 소 홀은 연극 공연을 주 사용 목적으로 하는 공간으로 하는 객석 가변 홀로, 폭넓은 이용 목적에 맞춰, 스테이지·객석을 변화시킬 수 있다. 홀 형식도 프로시니엄 형식·오픈 형식·아레나 형식 등 다양하게 대응가능하다. 그 외 갤러리, 집회실, 다다미실 등, 충실한 시설과 함께, 문화를 육성하고 발신하는 장소로써 활용할 수 있다.

[표] 건물의 개요	
구 분	내 용
소 재 지	가나가와현 가마쿠라시 오후나 6-1-2 (神奈川県鎌倉市大船6-1-2)
공사발주	가마쿠라시
설 계	이시모토 건축사무소(石本建築事務所) 음향설계 : 도쿄대학 생산기술연구소 – 다치바나 히데키(橘 秀樹)
컨설턴트	무대설비설계 : 고타니 쿄노스케(小谷喬之助) 이토 마사지(伊東正示)+시어터 워크숍 무대조명 : 오쿠하타 야스오(奧畑 康夫)
시설규모	건축면적 6,919.77㎡ / 연상면적 21,350.89㎡ / 부지면적 11,536.48㎡
건축구조	철근콘크리트 조, 일부 철골철근 콘크리트 조, 철골조 / 지상 4층 지하 1층
시설종류	대 홀 : 다목적홀 (음악주체) 소 홀 : 다목적홀 (연극주체) 갤러리, 연습실, 스튜디오, 회의실 등

외관 및 로비

외관은, 수평 스트라이프를 이용한 고도(古都)의 예술관에 어울리는 차분한 모습이다.

▶ 외부 및 전경

▶ 로비 및 휴게공간

대 홀(Main Hall)

　대 홀은 음악을 주체로 하는 다목적홀로, 주행식 음향반사판과 객석 전면부분의 마감을 연속시킴으로써, 시각적으로도 음향 공간성을 높이고 있다. 또, 가변 천장을 조합시킴으로써 여러 요구에 유연하게 대응이 가능하게 되어 있다. 슈박스 형을 기본으로 해서 만들어져, 앞뒤로 폭을 약간 오므린 형태를 함으로써, 풍부한 소리의 울림을 실현하고 있다. 다목적홀이면서, 자주식 자립 3 연속형 음향반사판을 갖추어, 콘서트 전용 홀에 필적할 만한 실내 용적(室內 容積)을 가지고 있다.

[표] 대 홀의 개요	
구 분	내 용
객 석 수	총 객석 수 : 1,500석 (휠체어석 : 6석) 객석 형식 : 원슬로프, 3층 발코니 형식
건축음향	잔향시간 : 1.80초(500Hz, 만석 시) 주용도 : 다목적홀(음악 주체) 형식 : 프로시니엄 스테이지 형
무 대	너비 14~18.0m, 안길이 18.0m, 높이 10.30m 규격 : 35.74m×24.65m (788.90㎡) 주무대: 21.6m×18.0m 　　　　측무대(상수): 10.5m×18.0m, 측무대(하수): 3.6m×18.0m, 　　　　후무대: 22.0m×6.65m
기 타	① 주행식 자립 3연속형 반사판, 개폐식 프런트사이드 투광실 ② 가변 천장을 조합시킴으로써 여러 요구에 유연하게 대응이 가능 ③ 가설 측면 하나미치, 대형 승강장치가 있다. ④ 피아노 : STEINWAY&SONS 모델의 D형 1대, Bösendorfer Mod.290 1대 외 ⑤ 그 외 시설 : 연습실(대 : 1실, 중 : 1실, 소 : 1실), 분장실(대 : 1실, 중 : 2실, 　　　　소 : 2실)

▶ 내부 전경

○ 대 홀의 측벽 구성 – 벽면 반사(壁面 反射)

「음장의 확산성」과 「벽면 반사의 확산성」이 어떠한 관계에 있는지는, 실내음향학에 있어서 어려운 문제이다. 원인은 「확산성」이라는 용어가 정의하기가 어려움 혹은 다양한 의미로 이용되는 점에 있다. 특히 음장에 관해서는, 에너지의 공간분포 및 도래 방향, 음압의 공간 상관 등에 의한 다양한 평가법이 존재하는 데다, 실형·벽면 형상·흡음력 배분 등이 복잡하게 영향을 미치므로, 벽면 반사의 확산성과의 인과관계(因果關係)는 아직 명확하지 않다.

한편, 벽면 반사에 관해서는 최근 2종류의 지표, diffusion coefficient와 scattering coefficient에 관한 연구가 진행되어, 측정법이 ISO에서 일부 규격화되기에 이르고 있다.

벽면반사의 확산성에 관한 대표적인 지표로서, diffusion coefficient(지향확산도)와 scattering coefficient(확산 반사계수)가 제안되고 있다. diffusion coefficient(지향확산도)는 반사 지향특성의 균일성의 정도를 나타내는 데 반하여, scattering coefficient(확산 반사계수)는 경면반사 방향 이외로 산란하는 에너지의 비율을 나타낸다. 일반적으로 경면반사 성분이 커지면(산란성분이 작아지면) 지향성이 강해지기 때문에, 양 지표에 상관은 있지만, 산란성분이 커지면 그 상관은 사라지는 경향이 있다.

지향확산도는 음향 전환 방향의 균일성이라는 관점에서 음장의 확산성과 공통되지만, 확산 반사계수는 음장의 확산성과 직접적으로는 연관이 없다. 한편, 지향확산도는 벽면 확산성능의 상대 비교를 가능하게 하는데, 실내음향설계에 있어서 활용 방법은 현시점에서 확실하지 않다. 그러한 점에서, 확산 반사계수는 기하 음향 시뮬레이션에 대한 도입이 상정되고 있어, 매우 유용하다.

지향확산도는, 어느 방향의 입사파에 대한 벽면의 방향별 산란에너지의 자기 상관계수를 평균한 다음 식으로 나타낼 수 있다.

$$d_\theta = \frac{\left(\sum_{i=1}^{n} E_i\right)^2 - \sum_{i=1}^{n} E_i^2}{(n-1)\sum_{i=1}^{n} E_i^2}$$

단, E_i는 각 방향의 산란에너지, n은 방향 분할 수, 완전 경면반사에서는 $d_\theta = 1$이 된다.

지향확산도를 측정하기 위해서는 반사 지향특성의 계측이 필요하며, 무향실 내에 시료, 음원, 수음점을 원거리음장(far field) 조건을 만족시키도록 배치하여 실시한다.

측정 순서로는, 어느 음원 위치에 대해 각 방향의 임펄스응답을 계측하여, 시간 영역에서 반사파만을 잘라낸 후, 주파수대역별로 방향별 산란에너지 E_i를 구하고, 상기 식에 의해 사입사 확산도를 산출한다. 실제로, 무향실 내에서 실물 크기 시료에 대한 원거리음장 조건의 확보는 쉽지 않기 때문에, 축척모형(縮小模型)의 사용이 현실적이며, 랜덤 입사 확산도를 구하기 위해서는 각 입사조건에 있어서 방향별 임펄스응답 계측(計測)이 필요하다.

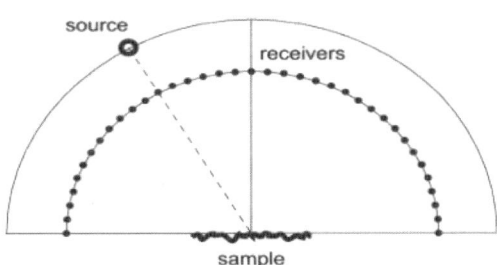

Free field measurement of reflection directivity

확산 반사계수는, 벽면의 전 반사 에너지에 대한 경면반사 성분 이외의 에너지의 비율로서 다음 식을 통해 나타낼 수 있다.

$$S_\theta = \frac{\alpha_{\text{spec}} - \alpha}{1 - \alpha} = 1 - \frac{E_{\text{spec}}}{E_{\text{total}}}$$

단, E_{total}은 전반사에너지, E_{spec}는 경면반사 에너지, α는 시료표면의 흡음률, α_{spec}는 경면반사성분

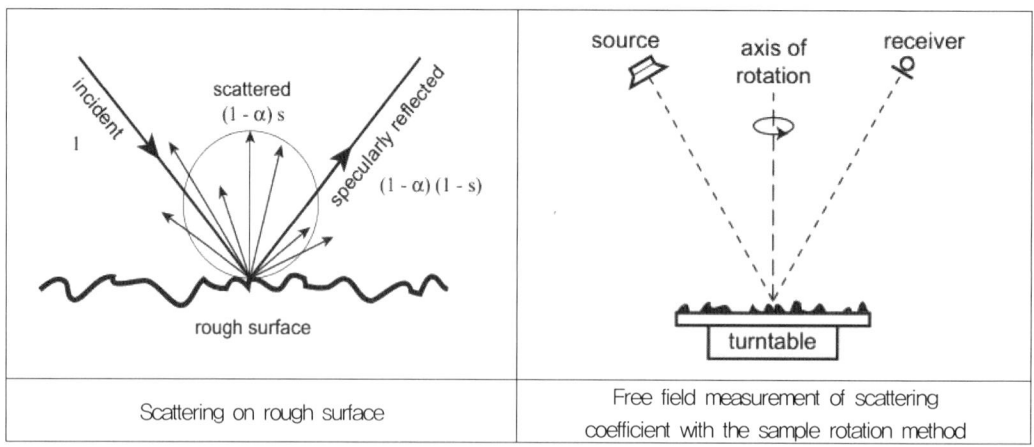

이외는 흡음되었다고 간주한 경우의 흡음률이다. (그림 2) 완전 경면반사에서는 지향확산도와 마찬가지로 $S_\theta = 0$이 되지만, 경면반사 성분만 존재하지 않으면, $S_\theta = 1$이 되므로, 반드시 완전 확산반사를 가리키는 것은 아니다.

확산 반사계수의 측정법으로는, 원형 시료를 회전(回轉)시키면서 다수의 임펄스응답을 동기가 산하여 경면반사 성분만을 추출하는 시료 회전법이 잔향실과 자유음장을 상정한 두 가지로 제안되고 있으며, 전자는 ISO 17497-1로서 규격화되어 있다.

잔향실법에서는 시료 정지 상태와 회전 상태의 잔향실법 흡음률의 측정을 통해 확산계수를 구한다. 잔향시간 측정에는 슈뢰더법을 이용할 필요가 있고, 시료 회전 상태에서는 산란성분이 임펄스응답의 동기 가산에 의해 상쇄되어, 정지 상태에 비해 잔향시간이 짧아진다.

즉, 겉보기상으로 경면반사 성분 이외는 시료에 의해 흡음되고, 정지 상태에서 얻어지는 흡음률 α보다도 큰 겉보기의 흡음률 α_{spec}을 얻을 수 있다. 최종적으로 이들 값을 상기식에 대입함에 따라 랜덤 입사 확산계수(擴散計數)를 산출할 수 있다.

한편, 자유음장 법에서는 어느 방향의 입사 조건에서 시료를 회전시키면서 반사계수를 계측하고, 다음 식의 가산 평균에 의해 경면반사 계수 r_{spec}를 구한다.

$$r_{spec} \cong \frac{1}{n}\sum_{i=1}^{n} r_i$$

단, r_i는 복수반사계수, n은 시료회전각의 분할 수이다. 경면 반사계수는 $\alpha_{spec} = 1 - |r_{spec}|^2$의 관계에 있으므로, 식에 의해 사입사 확산계수를 산출할 수 있다.

▶ 내부 전경

소 홀(Small Hall)

소 홀은 연극 및 다양한 장르의 중규모 공연을 하는 다목적홀로, 무대에서 객석에 걸쳐 3×5의 15 분할된 가변 바닥과 천장 아래에 설치되어 있는 5대의 주행식 조명 브리지에 의해, 다양한 무대 형식에 의한 연출 공간을 만들어내고 있다.

노우(能)를 비롯한 고전 예능부터, 현대 연극에 이르기까지, 각각의 연출에서 필요로 하는 고유의 「스테이지+객석 공간」을 자유자재로 만들어 낼 수 있다.

[표] 소 홀의 개요	
구 분	내 용
객 석 수	총 객석 수 : 600(400)석 (휠체어석 : 3석)
건축음향	잔향시간 : 1.10초(500Hz, 만석 시) 주용도 : 연극, 콘서트, 노우(能), 그 외 형식 : 오픈 스테이지형(Adaptable stage형), 원 슬로프, 객석 일부 가변
무 대	너비 14.4~18.0m, 안길이 11.50m, 높이 6.5~8.50m 무대규격 : 28.5m×11.8m (336.30㎡) 　　　　　주무대: 16.3m×11.8m, 192.3㎡ 　　　　　측무대(상수): 4.60m×11.80m 　　　　　측무대(하수): 7.60m×11.80m
기 타	① 이용 목적에 맞춰, 스테이지·객석을 자유롭게 변화 　 (프로시니엄 형식·오픈형식·아레나 형식 등 다양하게 대응) ② 피아노 : STEINWAY&SONS 모델의 D형 1대, Bösendorfer Mod.290 1대 외 ③ 무대 객석 바닥 및 정 위치에 의한 무대 조명을 피하고, 이용자에게 자유로운 발상으로 무대 형식 및 라이팅(조명)의 설정, 5기의 주행식 브리지가 스스로 승강할 뿐만 아니라, 바튼을 겸비함으로써 연출의 폭을 넓히고 있다. ④ 주행식 자립 3연속형 반사판, 개폐식 프런트사이드 투광실 ⑤ 그 외 시설 : 연습실(대 : 1실, 중 : 1실, 소 : 1실) 　　　　　　　분장실(대 : 1실, 중 : 2실, 소 : 1실)

▶ 내부 전경

▶ 소 홀 표준객석 패턴

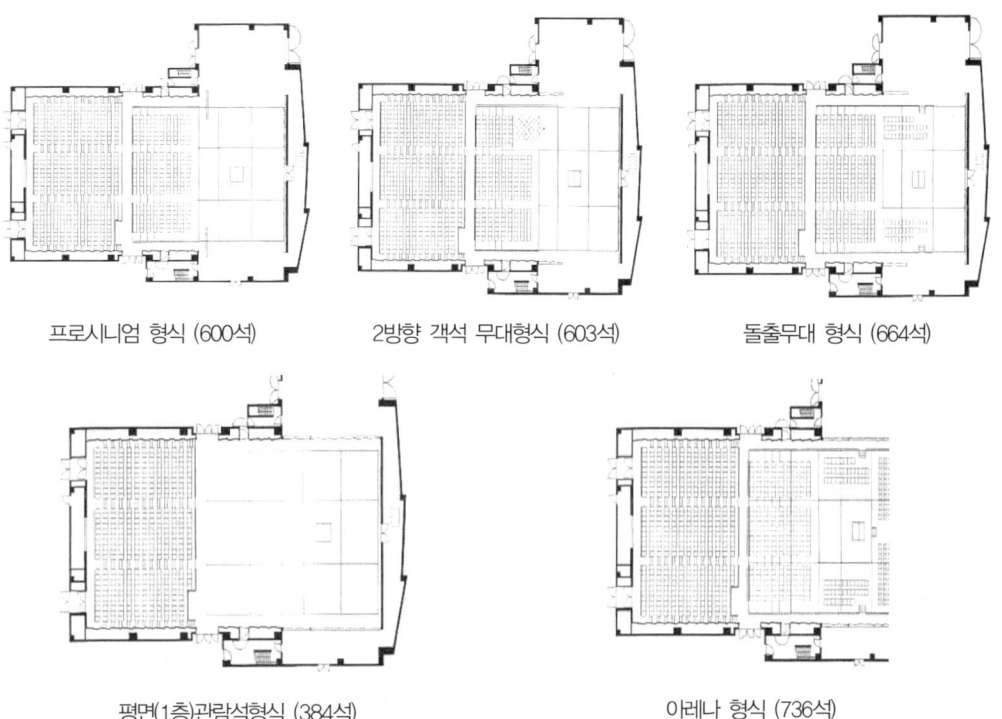

프로시니엄 형식 (600석)   2방향 객석 무대형식 (603석)   돌출무대 형식 (664석)

평면(1층)관람석형식 (384석)   아레나 형식 (736석)

○ 기타 공간

▶ 갤러리 1~3

▶ 연습실 1~2 / 스튜디오

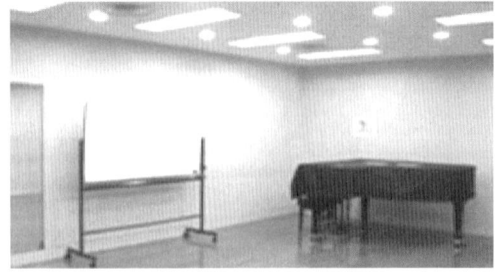

▶ 리허설실 및 집회실

▶ 회의실 1~2

도면

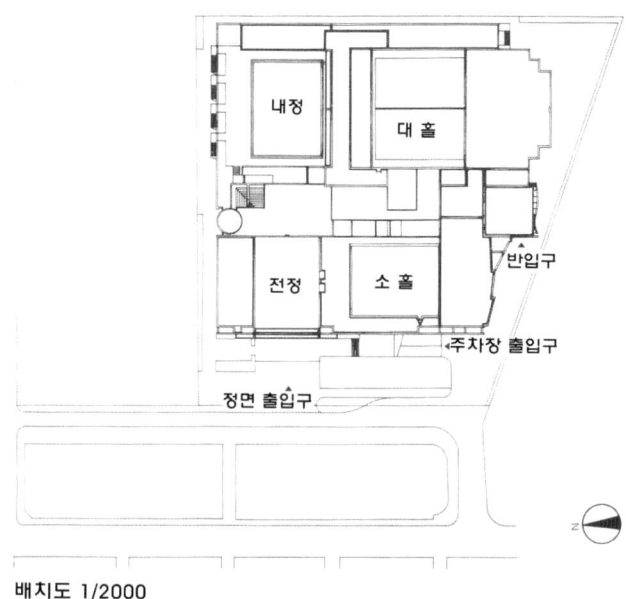

배치도 1/2000

배치도

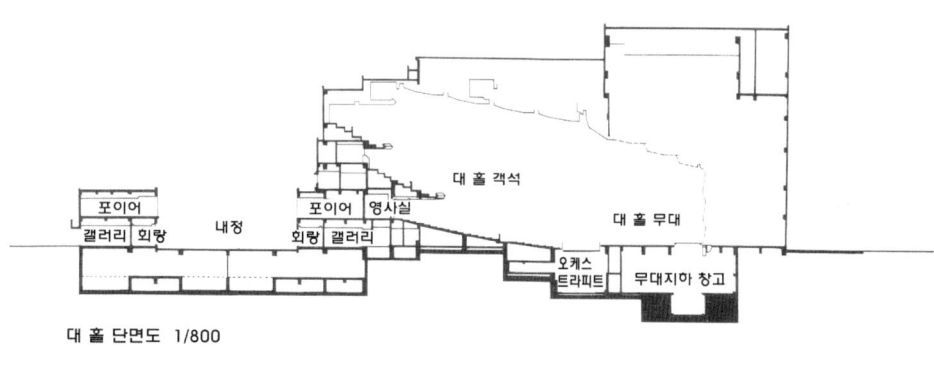

대 홀 단면도 1/800

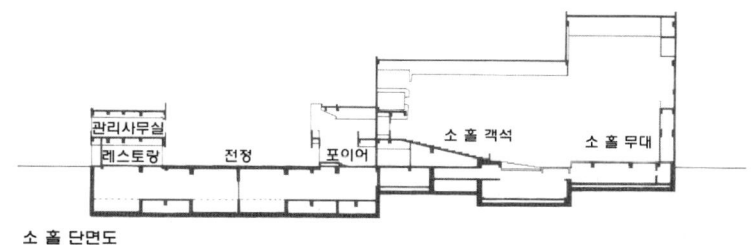

소 홀 단면도

건물 단면도

10. 가마쿠라 예술관

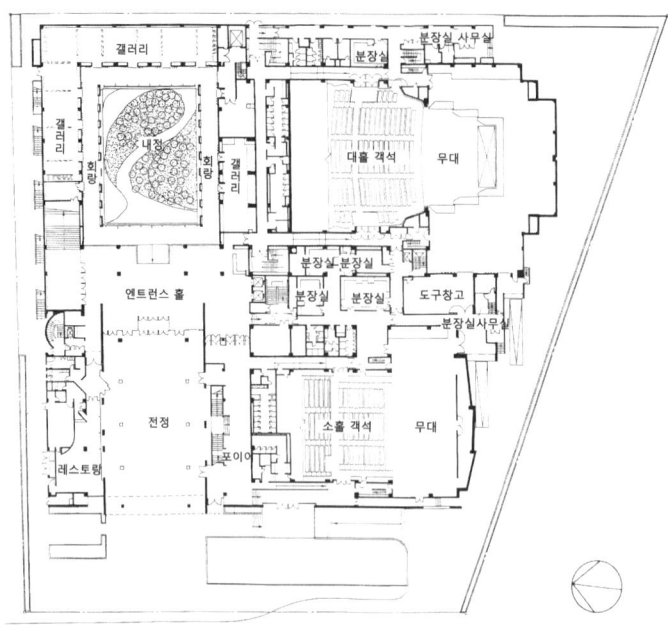

가마쿠라예술관 1층 평면도 1/1000

1층 평면도

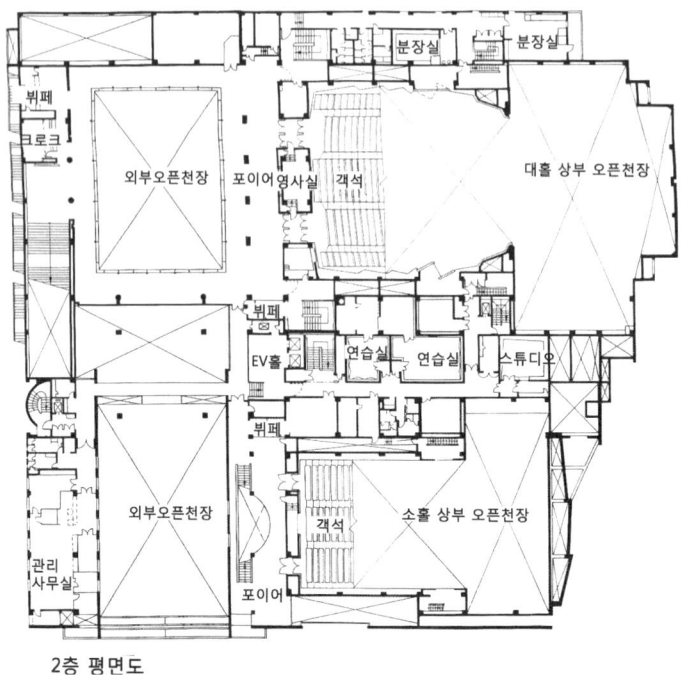

2층 평면도

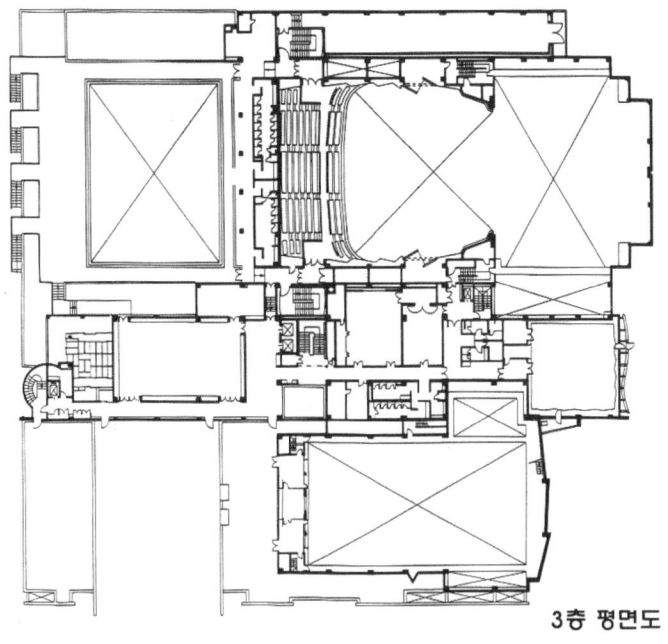

3층 평면도

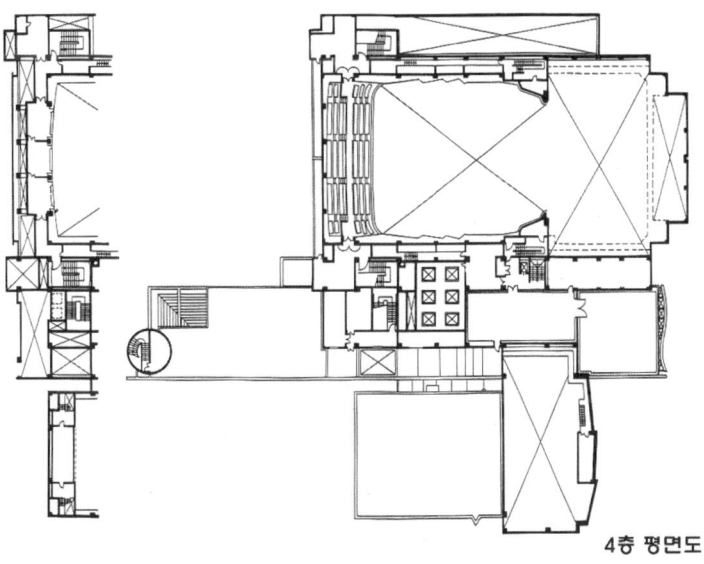

4층 평면도

10. 가마쿠라 예술관 297

▶ 대 홀 평면도

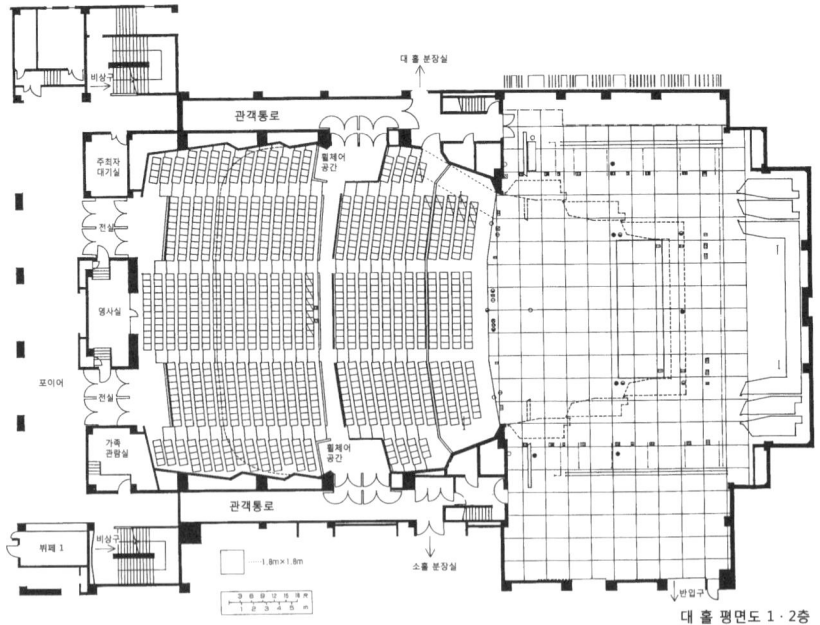

대 홀 평면도(1, 2층)

▶ 대 홀 단면도

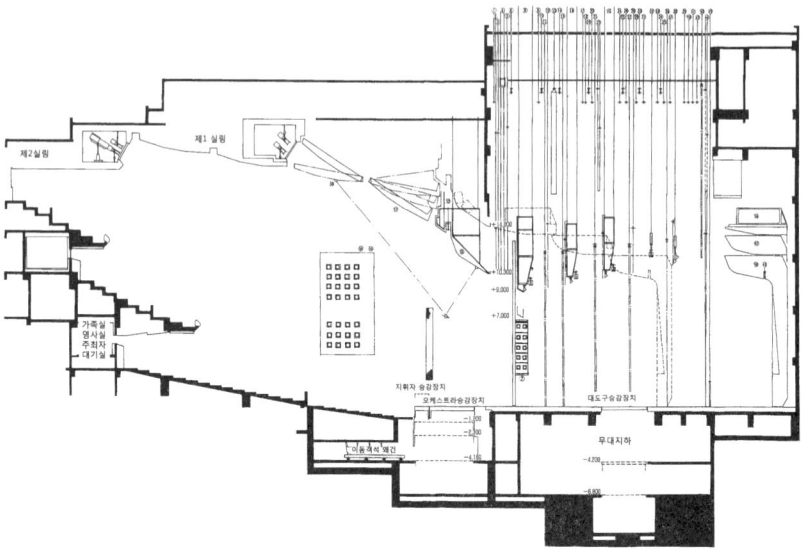

대 홀 단면도

▶ 소 홀 평면도

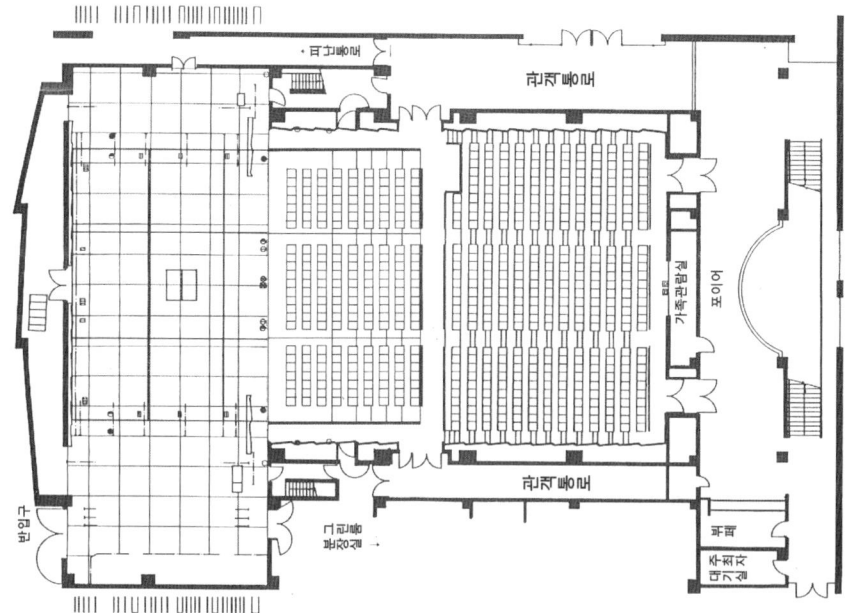

소 홀 평면도(프로시니엄 형식)

▶ 소 홀 단면도

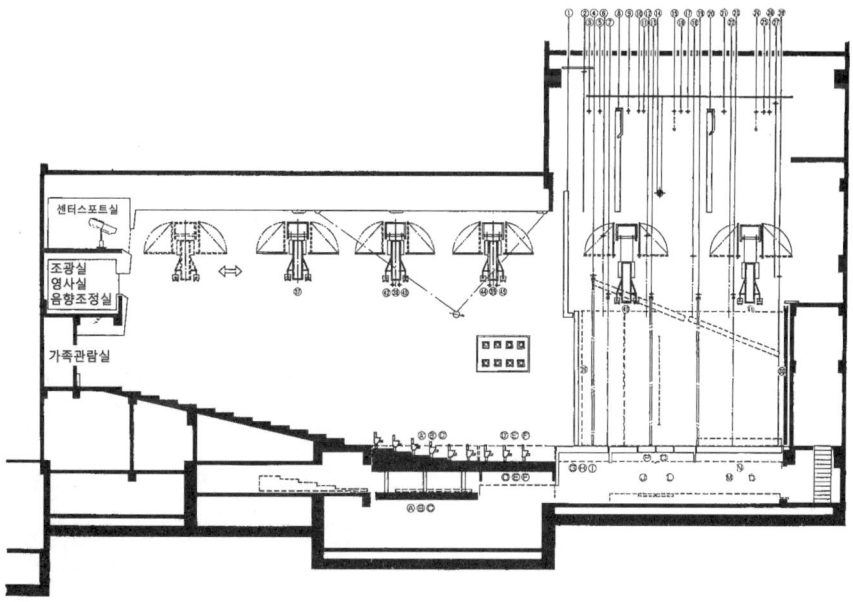

소 홀 단면도

10. 가마쿠라 예술관

가마쿠라 예술관(Kamakura Performing Arts Center) 공연자료

ART NEWS アート・ニュース
鎌倉芸術館
KAMAKURA PERFORMING ARTS CENTER
2025 ①②③ 冬号

鎌倉市小・中・高学生音楽コンクール70周年記念
「鎌倉の若い芽のコンサート」

鎌倉市小・中・高学生音楽コンクール70周年を記念し、近年入賞された未来にはばたく7名のソリストと、鎌倉で活躍する合唱団および吹奏楽団をゲストに迎え、華やかな記念コンサートを開催します。

1/25(土) 大ホール
12:30開演（12:00開場）

一般 2,000円
U-24チケット 500円（全席指定）
※未就学児は入場できません。

出演：平田陽人(ピアノ)、安井友理(ピアノ)、神宮司悠頭(ピアノ)、寺崎里菜(声楽)、谷川莉音(チェロ)、加藤由彩(ヴァイオリン)、上原帆海(ヴァイオリン)、北鎌倉女子学園中学校高等学校(合唱)、神奈川県立大船高等学校(吹奏楽)
司会：村田望(声楽家・フリーアナウンサー)
協力：鎌倉音楽クラブ(鎌倉音楽家協会)
チケット発売中

平田陽人(ピアノ)

安井友理(ピアノ)　神宮司悠頭(ピアノ)　寺崎里菜(声楽)

谷川莉音(チェロ)　加藤由彩(ヴァイオリン)　上原帆海(ヴァイオリン)　村田望(司会)

鎌倉芸術館ゾリステンコンサートVol.52

鎌倉芸術館専属の弦楽アンサンブル「鎌倉芸術館ゾリステン」。徳永二男を中心とした日本屈指の弦楽器奏者による豊穣な響きをお楽しみください。

2/15(土) 大ホール
14:00開演（13:30開場）

S席 4,500円
A席 3,500円
B席 2,500円
（全席指定）

※各席学生席（小学生～大学生24歳）は半額
※未就学児は入場できません。

曲目：J.シュトラウス「美しく青きドナウ」、スーク「弦楽セレナード変ホ長調作品6」、クライスラー「愛の喜び」(ソロ 漆原啓子)、クライスラー「中国の太鼓」(ソロ 小林美樹)、クライスラー「美しきロスマリン」(ソロ 漆原朝子) ほか
出演：鎌倉芸術館ゾリステン　チケット発売中

徳永二男(ヴァイオリン) ©ヒダキトモコ

鎌倉芸術館ゾリステン ©ヒダキトモコ

漆原啓子(ヴァイオリン) ©Eiji Shinohara

漆原朝子(ヴァイオリン) ©Naoya Yamaguchi　小林美樹(ヴァイオリン) ©山森惠男

鎌倉名画座「カラフルな魔女 ～角野栄子の物語が生まれる暮らし～」

「おばけのアッチ」や「魔女の宅急便」で知られる児童文学作家の角野栄子さん。鎌倉に住む彼女の生活に密着した2024年1月公開のドキュメンタリー映画を上映します。

3/23(日) 小ホール
13:30開演（13:00開場）

1,500円（全席指定）
※未就学児は入場できません。

監督：宮川麻里奈
製作・配給：KADOKAWA（2024年公開）
チケット発売中

角野栄子さんご来場決定！
上映後、角野さんと宮川麻里奈監督に撮影時のエピソードなどをお話しいただきます。

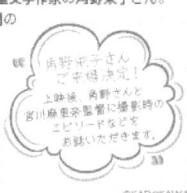

©KADOKAWA

※当館では、新型コロナウイルス感染拡大防止対策を徹底し主催公演等を実施します。ご来場前に、当館ホームページをご確認ください。※チケット料金は、全て税込です。

fever presents

Candlelight

MAGICAL MOVIE SOUNDTRACKS
夢と魔法の世界のハーモニー

THE WORLD OF JOE HISAISHI
久石譲の音楽の世界

J:COM Urayasu Concert Hall 4F - Harmony Hall
J:COM浦安音楽ホール 4階 ハーモニーホール

日程: 12月5日(金)
第1公演: 17:00 - 18:05 (16:30 開場)

日程: 12月5日(金)
第2公演: 19:15 - 20:20 (18:45 開場)

Candlelightは、クラシック音楽をより身近にすることをミッションに掲げています。幻想的な空間の中で、様々な音楽ジャンルの偉大な作曲家達によって作られた素晴らしい作品を楽しめる、特別な没入体験イベントです。

チケットはウェブサイト (feverup.com) もしくはFeverアプリからのみご購入いただけます。会場でのチケット販売およびチケットのお問い合わせの対応は行なっておりませんので予めご了承ください。

 チケットページへの
QRコードはこちら

@candlelight.concerts
www.feverup.com

11. 우라야스 음악홀

浦安音楽ホール – URAYASU Concert Hall

우라야스 음악홀(浦安音楽ホール - URAYASU Concert Hall)

　세계적으로 유명한 어뮤즈먼트 시설이 많은 사람들을 모으고, 한편으로는 도쿄 도심으로의 베드타운으로서 발전해 온 지바현의 우라야스시(浦安市). 도쿄 만안(湾岸)을 달리는 JR 게이요선의 신우라야스역(新浦安駅) 주변은, 일류 호텔 및 맨션 군(群), 쇼핑센터 등이 밀집하여, 더욱 발전이 기대되고 있는 지역이다.

　2017년 봄, 시민으로부터의 기대와 요망에 부응하여 역의 근처에 오픈한 우라야스 음악홀(浦安音楽ホール)은, 연선 및 주변 지역에서 보기 드문 클래식 음악 전용 홀을 가지고, 이곳에 모이는 사람들에게 새로운 음악 체험과 「듣는 기쁨, 연주하는(또는 노래하는) 기쁨」을 제공하고 있다.

　빌딩의 5층에 있는 개방적인 로비에서 나선형 계단을 올라가면, 303석(휠체어석 포함)의 슈박스형「콘서트홀」(실내악·리사이틀홀)로, 차분한 분위기를 자아내는 다크 브라운의 객석과 2층석을 둘러싸는 듯한 오프 화이트톤의 벽에 의한 투톤 컬러 형상의 내장이, 독특한 기품을 만들어내고 있다.

　「우라야스시에는, 아마추어로 악기나 합창 등을 즐기고 계신 분, 클래식 음악을 좋아하시는 분, 프로 음악가 등이 많고, 음향이 우수한 콘서트홀을 원하는 목소리가 이전부터 많이 있었다.

그러한 요망에 부응하기 위해, 음향설계의 스페셜 리스트인 시미즈 야스시(清水 寧) - 긴자의 야마하 홀과 야쓰가타케코겐음악당(八ヶ岳高原音楽堂) 외 많은 홀을 담당 - 에게 음향컨설턴트 일을 의뢰하여, 공석 시에 최대 1.8초라는 잔향을 가지는 공간이 실현된 것이다. 연주가 및 가수분들로부터도 "자신의 소리가 제대로 귀에 돌아오기 때문에, 매우 연주하기 편하다" "무리하지 않고 자연스러운 목소리로 노래할 수 있다"와 같은 코멘트가 있었고, 물론 관객들로부터도 호평을 얻고 있다.」 (홀 매니저, 시마다 히라쿠(嶋田拓))

예를 들어, 섬세한 소리의 클래식 기타를 2층석의 최 후열에서 들어도, 연주 음이 의도하는 절묘한 뉘앙스를 제대로 들을 수 있을 정도이다. 객석은 계단 형상으로 되어 있고, 스테이지의 높이는 낮게 설정되어 있기 때문에, 음악가와 청중의 거리가 가깝게 느껴져, 양자의 친밀도를 높이고 있는 것도 이 홀의 특징이다.

또 우수한 음향을 실현하기 위해, 독자적인 고안도 거듭하고 있다고 한다.

「스테이지 위에 배치된 부운(반사판)의 높이를 조정하거나, 2층석 양 사이드의 벽제에 가동식의 커튼을 설치하거나, 상황에 따라 음향을 변화시키는 시스템을 갖추고 있다. 또 1층석 전방에 있는 양 사이드의 벽면은 격자 모양으로 되어 있고, 그 안쪽에는 통로를 설치하는 등, 벽 근처의 좌석에서 소리가 부자연스러워지지 않도록 배려. 더불어 그 통로가 저음을 2층석까지 전달하는 역할도 하고 있다.」

이와 같이 우수한 음향을 실현하고 있는 홀이기 때문에, 우라야스시민을 중심으로 주변의 자치체 및 JR 게이요선 노선 거주자(在住者), 그 외의 음악 팬에게, 서서히 호평은 확대되고 있다. 저명한 국내외의 아티스트를 초청한 주최공연(연간 20공연 초청)은 물론 호평이고, 「지역밀착」과 「생애학습」을 목적으로 한 각종 콘서트, 강좌, 기획 등이 충실한 점도 놓칠 수 없다.

「시민분들에게 콘서트 및 발표회로 이용되는 경우도 많아, 모두가 "소리가 좋다"는 것을 실감하고 있다.

누구나 홀의 그랜드피아노를 연주할 수 있거나, 수학여행으로 우라야스에 온 학교의 학생들에게 홀에서 연주해 볼 수 있게 하는 체험기획도 호평이며, 피아노콩쿠르 직전에 이용하여 좋은 성적을 올린 분도 계셨다. 또, 시내에 거주하는 음악가가 연주하는 아이 동반 부모님을 대상으로 한 원코인 · 콘서트도 있어, 지역사회에 공헌할 수 있는 공간으로서의 역할도 담당해 간다」

이 외에도 쇼와음악대학(昭和音楽大学)의 협력을 얻어 음악 강좌를 개강하거나, 합창단을 창설하여 오페라를 상연하고, 홀의 레지덴셜 아티스트인 QUARTET EXCELSIOR(현악4중주단)의 멤버가 시내의 아이들에게 악기연주의 지도를 하거나, 폭넓은 층이 모이는 음악 체험의 장으로서도, 충실한 활동을 전개하고 있다.

「콘서트홀」이외에도, 다채로운 장르의 음악이나 댄스 등 다목적 이용이 가능한 「하모니홀(ハーモニーホール)」이 있고, 연습 스튜디오도 충실. 시내의 음악 단체에 소속되어 취주악이나 합창을 즐기고 있는 사무국 스태프도 많으며, 시민과의 편한 관계를 구축하고 있다.

풍부하고 생생한 음악을 들을 수 있는 공간으로서, 지역에 사랑받는 공간으로서, 앞으로도 더욱 기대되는 시설인 것이다.

[표] 건물의 개요

구 분	내 용
소 재 지	지바현 우라야스시 이리후네 1-6-1 TK빌딩 내 (千葉県浦安市入船一丁目6番1号TK ビルディング内)
공사발주	우라야스시
설 계	(주)INA신건축연구소 음향설계 : 시미즈 야스시(清水寧)+YAMAHA(주)공간음향그룹
시설규모	TK빌딩 내 4~7층
건축구조	S조
시설종류	콘서트홀 : 클래식 음악전용 홀 하모니홀 : 다목적홀 스튜디오 : 리허설~각종 음악연습 (5개)

외관 및 로비

▶ 외부 전경

▶ 로비

    홀의 엔트런스는 빌딩의 3플로어 분의 오픈 천장으로 되어 있고, 나선형 계단으로 홀로 올라간다. 넓은 창문을 통한 조망도 좋아, 이곳에서 미니 콘서트를 열기도 한다.

11. 우라야스 음악홀   309

▶ 공용부분

▶ 리허설실 및 집회실

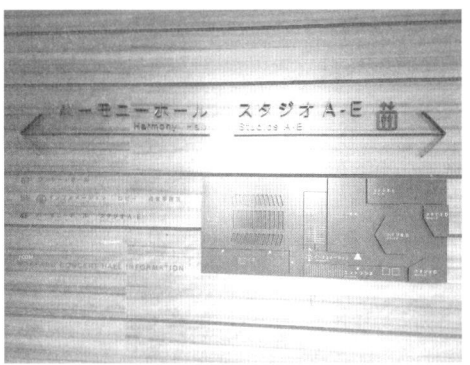

콘서트홀(Concert Hall)

풍부한 잔향, 명료한 소리로 본격적인 음악을 체감할 수 있는 음악 홀이다. 클래식 음악의 연주를 많은 사람들이 즐길 수 있는 것을 목적으로, 「정적도」와 「잔향의 풍경」을 테마로 해서 음향설계가 이루어져 있다. 스테이지와 객석이 감싸는 듯한 일체감을 연출하는 공간으로, 연주자의 호흡이 느껴지는 호화로운 잔향이 특징이다. 피아노는, Steinway와 YAMAHA, 두 대의 풀 콘서트 피아노에서 선택할 수 있다.

[표] 콘서트홀 개요

구 분	내 용
객 석 수	303석 (고정석, 휠체어석 3석 포함)
건축음향	형식 : 슈박스형 1.82초 (잔향시간 조정용 커튼 없음) 1.55초 (잔향시간 조정용 커튼 있음)
기 타	무대 : 폭 12.6m×안길이 7.0m 분장실 4실, 분장실 사무실 음향 가변기구 : 다양한 클래식 음악연주회에 대응하기 위해, 하기의 음향 가변기구가 설치되어 있다. ① 잔향시간 조정용 커튼 ② 측벽 조정벽 ③ 높이 조정이 가능한 부운(뜬구름) 　　악기의 특성 차이에 따른 선호하는 반사음 특성을 좇아 가능할 뿐 아니라, 보다 높은 명료성이 요구되는 렉처 콘서트 등에서는, 잔향을 짧은 상태로 조정 가능

▶ 내부 전경

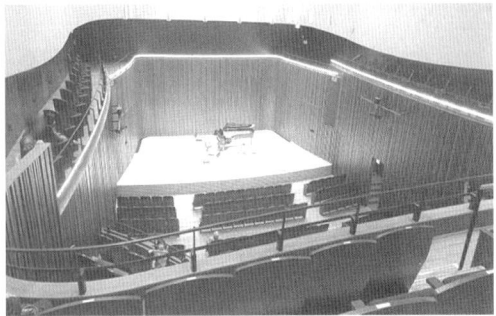

 어느 좌석에서도 스테이지가 잘 보이고, 섬세한 음악표현을 들을 수 있는 콘서트홀의 내부. 1층석 후방의 좌우에는 「중 2층」이라 부르고 싶은 블록도 있어, 매우 독특하다.
 스테이지의 상부, 높은 천장에서는 소리를 반사·확산시키기 위한 「부운(반사판)」이 설치되어 잔향의 미세조정도 가능하다.

콘서트홀의 음향설계

 콘서트홀에서는, 장소에 따라 다른 음의 특징(다양한 잔향, 명료성, 공간 인상)을 가진 불균질한 4가지 타입의 「잔향의 풍경」으로 객석을 구역 구분하는 것을 제안하였다.
 각 구역에서의 잔향의 풍경은, 홀 소리의 우수성으로서 일반적으로 꼽히는 ⇨상공에서 쏟아져 내려오는 잔향(1층 전방석 : 수평부), ⇨소리에 휩싸인 느낌(1층 후방석 : 경사부), ⇨발코니석 특유의 확산감과 명료성(1.5층 : 박스 발코니), 및 ⇨무대를 내려다보는 상공에서의 감싸이는 듯한 잔향(2층석 : 정면·사이드발코니)을 제안하고, 각각의 음향적인 특징을 목표로 해서 실형상·내장사양이 검토되었다.

콘서트홀 평단면·내부 모습

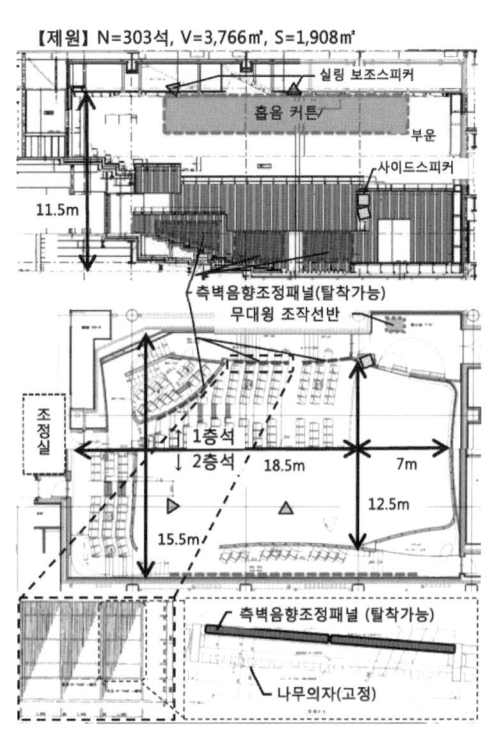

【제원】 N=303석, V=3,766m³, S=1,908m²

○ **실내음향계획**

- **다채로운 잔향을 만드는 기본형상**

긴 잔향시간이 얻어질 수 있는 충분한 실용적을 확보하기 위해 구형(직사각형) 평면을 베이스로 천장을 가능한 범위 안에서 높게 설정한 후, 1층석을 복수의 철곡면(볼록곡면) 벽으로 둘러싸듯이 다단의 발코니를 구성하였다. 1층석의 전후로 계단식 바닥의 구배 차를 크게 함으로써, 구역별로 다른 시야와 직접음을 얻을 수 있도록 고안하고 있다.

- **잔향과 확산감의 설계**

상기의 음향효과를 실현하기 위해, 2층석을 완만한 요철면으로 구성하는 수직의 벽으로 둘러싸는 형상으로 해서, 상부공간에 2차원 형상의 반사음 경로를 만들게 함으로써, 상공의 잔향을 창출하는 것을 기대하고 있다. 그리고 효과적으로 잔향시간을 조정하기 위해, 이 부분의 벽면에 흡음커튼을 설치하고 있다. 또, 상기 음향 장애를 적극적으로 제어하기 위해, 1차반사음을 부여하는 1층 측벽에 「음향조정패널(나무의자와 탈착 가능한 패널로 구성)」을 계획함으로써, 소공간에서 과잉되기 쉬운 초기 반사음의 제어를 가능하게 하고 있다.

그림 음선경로 (음선수:990, 반사 횟수 : 5회, Time : 185~190msec)

- **시뮬레이션에 의한 검증**

기하 음향해석에 의해 음선경로와 측방 반사음특성 LE5을 검증하였다. 185~190msec의 음선이 상부공간에 2차원 형상으로 편재하고 있어, 상공에서 잔향이 창출되고 있다는 것을 알 수 있다. 또, 그림 3에서 1층석 측벽의 음향조정패널을 절반 오픈함으로써 1층 후방~1.5층석을 중심으로 LE값이 저감되고 있는 양상을 볼 수 있다. 개구부의 상황을 더 상세히 확인하기 위해, 2차원 파동 음향 해석에 의해 1층석에서의 파면의 모습을 가시화하였다. 이에 따라, 측벽 패널을 절반 오픈함으로써 측벽에서의 반사파가 산일(散逸) (일부 반사·투과)하는 모습을 엿볼 수 있다.

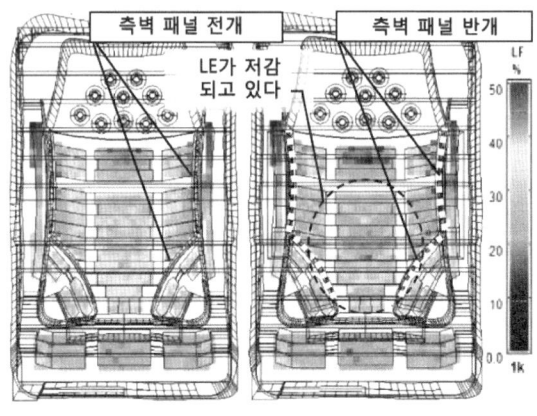

조건 장소	패널 전폐(全閉) 계산값	패널 반개(半開) 계산값	측량 부분 패널 전개* 실측값
1층 전방석	30.4	30.6	19.4
1층 후방석	30.5	25.6	25.3
1.5층석	30.7	24.2	23.1
2층 정면석	25.6	23.0	22.1
2층 사이드석	26.0	25.4	23.2
전체 평균	28.7	26.3	22.5

*) 측량부분의 패널을 전체 오픈(나무의자 있음)하여 측정

그림 측방반사음 특성 (LE5)

○ 음향설비계획

음악 전용 홀이기 때문에, 장내 방송(무대 뒤에서 방송)과 녹음을 중시한 명료하면서 고품위의 시스템으로 되어 있다.

- 조작성·명료성에 배려한 기기 구성

무대 윙에 메인 조작 선반을 설치하는 동시에, 모든 스피커를 벽·천장에 내장, 음악 홀에 적합한 조작성과 의장성에 배려하고 있다. 또 상공의 긴 잔향에 의한 명료도의 저하가 예상되었기 때문에, 스피커는 1층에 설치하는 사이드 스피커를 중심으로 구성하고 있다.

- 확장성을 높이는 I/O 포트와 녹음회선

객석 내부와 무대 윙 및 녹음 스페이스(조정실, 분장실)에 배치한 I/O 포트(RJ 커넥터)를 오디오 네트워크(Ethernet 준거/Dante 방식)에 의해 접속함으로써, 노이즈가 없고 깨끗한 확성과 녹음을 가능하게 하고 있다. 또, 사운드 수록을 위해 3점 매달기(6ch)와 천장 안 커넥터+구멍(12ch)을 갖추었다.

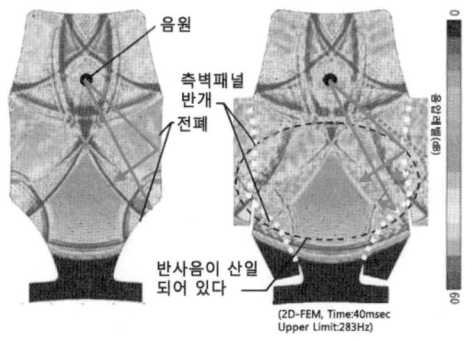

그림 4 파동 해석 결과

○ 측정결과

- 잔향시간 (RT Reverberation Time)

잔향시간의 측정 결과를 나타낸다. 흡음 커튼을 수납한 표준상태에서의 잔향시간(250~2㎑ 평균)은 1.8초(평균 흡음률 16%, 공석)로, 음악 연주에 충분한 잔향이 확보되고 있다. 같은 상태에서 음원·수음점을 함께 1층석에 배치한 경우와 2층석에 배치한 경우의 잔향시간을 비교해 보면, 1층석이 1.8초, 2층석이 1.9초로, 상층이 0.1초 더 길어지고 있다.

한편, 2층석의 흡음 커튼을 설치한 상태에서는 1, 2층 모두 1.6초까지 감소하고 있어, 잔향시간의 차는 확인되지 않는다.

또 1층석 벽에 사람(약 50명)이 나란히 서 있어, 하부공간의 흡음력을 크게 한 경우, 2층석의 잔향은 저음역(500㎐ 이하)만 감소하고, 고음역(1㎑ 이상)에서는 거의 변화가 보이지 않는다.

1층석과 2층석의 대표 점에서의 잔향 감쇠 파형(1㎑)과 -10㏈ 전후의 감쇠 파형의 기울기를 그림 6에 나타낸다. 이를 통해 2층석의 감쇠 파형은 후부까지 완만하게 만곡(기울기가 단조롭게 증가)하고 있는데, 1층석에서는 -10㏈ 전후에서 꺾인 선(기울기가 급격한 변화)이 확인된다.

이상으로부터, 2차원 음장으로 추측되는 상공의 긴 잔향음이, 2층석에서「풍부한 잔향에 휩싸인 인상」을 주는 동시에, 하부공간으로 되돌아온 반사음이, 1층석에서 라이브니스의 상승을 억제하면서「상공에서 쏟아져 내려오는 잔향」을 느끼게 해주는 것으로 보인다.

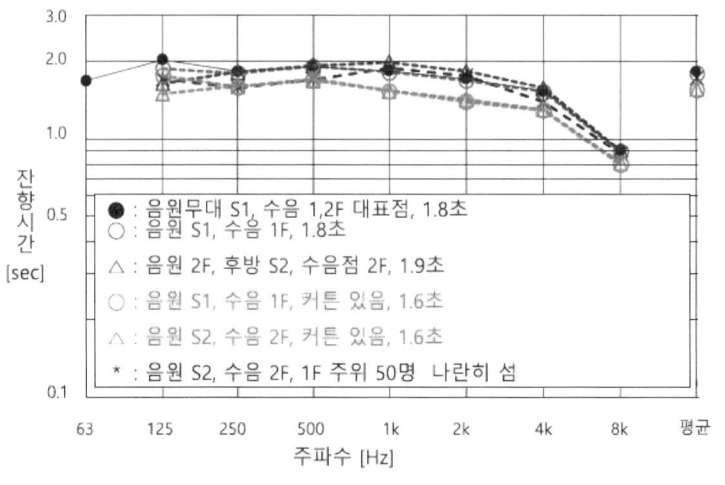

그림 잔향시간 측정결과

- 측면 반사음특성

측랑 부분의 음향조정 패널 유무를 통한 1층 후방석에서의 측방 반사음특성(LE5)의 측정결과 (1㎑)를 나타낸다.

이를 통해 LE 값은 측벽 패널을 절반 열면 0.7% 감소하고, 패널을 전개(全開)하여 나무 격자로만 한 경우는 0.4% 더 감소하고 있다는 것을 알 수 있다. 이는 패널 개구 및 나무 격자에 의해 반사음 에너지가 산일(散逸)되었기 때문이라고 생각된다. 각 구역에서의 LE 값은 가장 큰 1층 후방석에서도 25% 억제되고 있음을 알 수 있다.

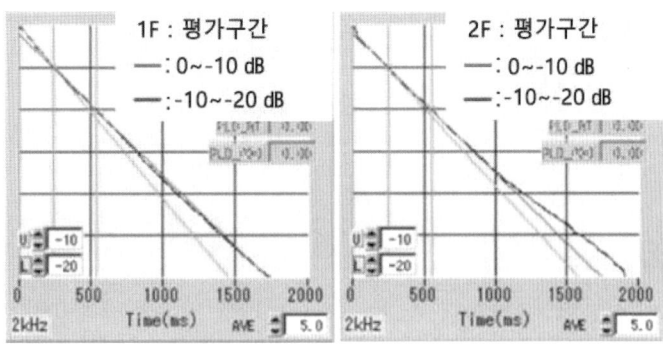

평가구간 \ 감쇠시간	1F 공간 음원 : 무대 수음 : 1F 중앙	2F 공간 음원 : 2F 후방 하수 수음 : 2F 정면 상수
0~-10dB	1.45sec	1.60sec
-10~-20dB	1.77sec	1.80sec
차	0.32sec	0.20sec

그림 잔향감쇠파형

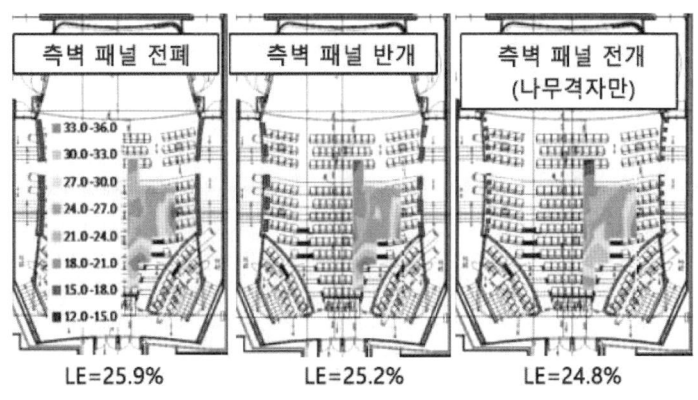

그림 LE 값 측정결과

하모니홀

가동식의 객석에서 자유로운 공간을 만들 수 있는 「하모니 홀」에는, 야마하의 음장지원시스템(AFC)을 도입. 각종 콘서트 및 이 구역에서도 인기가 높은 댄스공연 외에, 다양한 이벤트가 인기를 얻고 있다.

「콘서트홀」 이외에도, 다채로운 장르의 음악이나 댄스 등 다목적 이용이 가능한 「하모니홀(ハーモニーホール)」이 있다. 이동관람석으로, 평면형식으로도 이용할 수 있다. 라이브 음의 콘서트는 물론이고, 전기악기를 사용한 콘서트, 고전 예능, 강연회, 연극, 댄스, 라쿠고(落語, 만담), 전시회, 전람회 등에 이용 가능하다. 연습 스튜디오도 충실. 시내의 음악 단체에 소속되어 취주악이나 합창을 즐기고 있는 사무국 스태프도 많다고 하며, 시민과의 편한 관계를 구축하고 있다.

[표] 하모니홀 개요

구 분	내 용
객 석 수	201석 (가동석, 휠체어석 1석 포함)
홀 규격	폭 약 11.0m×안길이 약 15.0m×천장 높이 5.36m (평면형식 시)
건축음향	잔향시간 (공실) : 0.76초 (무대 형식) 0.93초 (평면 형식)
기 타	- 음장 지원 시스템(AFC : Active Field Control)을 채용하고 있기 때문에, 이벤트의 종류에 맞춰 잔향시간의 연장도 가능하다. 무대 형식 : 1.6~2.2초, 평면형식 : 1.4초~1.65초 - 분장실 2실, 분장실 사무실, 롤 백 체어

▶ 내부 전경

평면형식. 이동관람석 수납 시

무대형식. 이동관람석 사용 시

○ 하모니홀의 음향계획

심플한 큐브형을 베이스로 롤 백 좌석과 무대 측면반사판·막에 의해 무대전환을 함으로써 음악회부터 강연회·예능, 나아가 평면 상태의 이벤트까지 폭넓은 용도에 대응 가능한 다기능형 홀로써 계획되어 있다.

- **실내음향계획**

무대·객석의 단차가 없는 플랫한 평면 공간을 베이스로, 펜스형의 롤 백 좌석을 채용함으로써, 기능성을 높이는 동시에 음장의 균일성·일체감을 확보하고 있다. 강연이나 경음악 등에 적합한 데드한 음장을 베이스로 음악연주에도 대응할 수 있도록 음장 지원 시스템(AFC)을 도입하고 있다. AFC 스피커로서 실링 스피커를 이용함으로써 상방에서 잔향음을 부여하여, 슈박스형의 홀과 같은 공간 인상을 기대하고 있다.

- **음향설비계획**

다양한 사용 형태에서 유연하게 대응할 수 있는 시스템 구성으로 하고 있다. 장내에 I/O 포트(RJ 커넥터)를 분산 배치하고, 임의의 위치에서 이동형 음향 왜건·스피커와 입출력 단자(AD/DA 내장 I/O-Box)를 접속 가능하도록 함으로써, 모든 위치에서 PA가 가능하다.

- **측정결과**

무대 측면반사판을 닫고 롤 백 좌석을 설치한 반사판 형식에서의 잔향시간은 0.8초로 강연 등에 적합한 짧은 잔향을 나타내고 있다. 이 상태에서 AFC를 사용하면 최대 2.2초까지 연장되어, 음악연주에 대응 가능하도록 되어 있다. 명료도 STI는 라이브음(무지향성 스피커 사용 시)에서

0.67, 음향설비 사용 시 0.75로, 양호한 특성이 확보되고 있다. 또 LE값도 26%로 적당한 값이 얻어지고 있다.

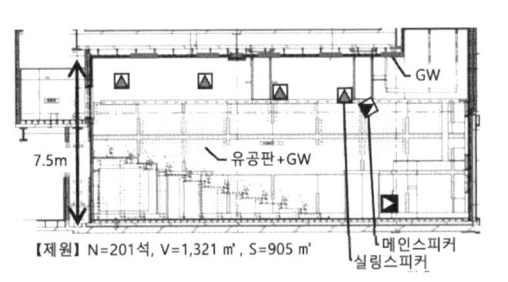 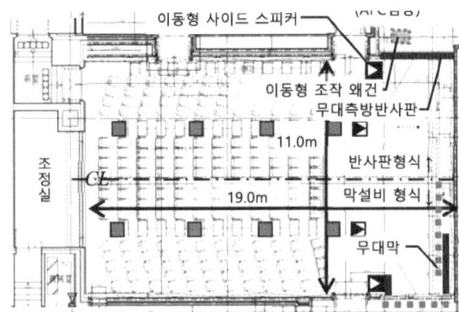

그림 하모니홀 평단면

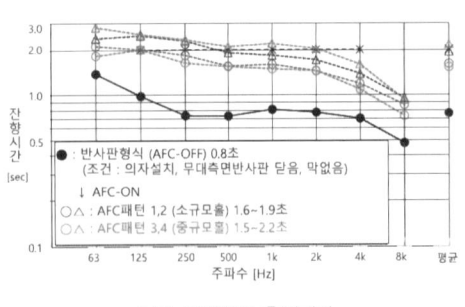 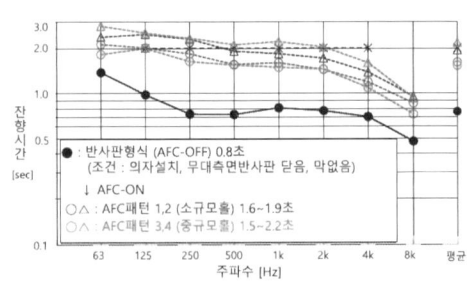

그림 잔향시간 측정결과 　　　　　　　　　그림 잔향시간 측정결과

- 잔향시간(RT, Reverberation Time)

실내에서는 음을 갑자기 중지시켜도 소리는 그 순간에 없어지는 것이 아니라 점차로 감쇠되다가 안 들리게 된다. 이와 같이 음 발생이 중지된 후에도 소리가 실내에 남아 있는 현상을 잔향(Reverberation)이라 한다. 잔향을 양적으로 표시하는 데는 잔향시간을 사용한다. 이는 실내에 일정한 세기의 음을 발생하여 실내가 정상상태가 되었을 때 음원으로부터 음의 발생을 중지시킨 후 실내의 음 에너지 밀도가 최초 값보다 60dB 감쇠하는 데 걸리는 시간을 말한다. 잔향시간은 W.C.Sabine이 1895년에 발표한 이래 실내 음향 환경을 표시하는 데 중요한 요소로 사용되고 있다.

부속공간 – 스튜디오 A·B·C·D·E

합창, 악기 연습 및 댄스 등, 시민이 편안히 이용할 수 있는 스튜디오이다. 홀에서의 리허설 사용 및 라이브 음·전기악기의 연습에 최적인 5개의 스튜디오를 완비하고 있으므로, 용도에 따라 사용할 수 있다.

▶ 스튜디오 A

정원 : 65명
크기 : 91㎡, 그랜드피아노 등

콘서트홀의 무대와 동일한 크기를 가지기 때문에, 리허설 이용에 편리하다. 미니콘서트 등에도 이용할 수 있다.

▶ 스튜디오 B

정원 : 20명
크기 : 32㎡, 그랜드피아노 등

연습부터 미니 콘서트까지, 폭넓은 음악을 즐기기 위한 스튜디오이다.

▶ 스튜디오 C

정원 : 8명
크기 : 22㎡, 그랜드피아노 등

라이브음으로의 악기 연습 용도에 편리한 스튜디오이다.

▶ 스튜디오 D

정원 : 7명
크기 : 16㎡, 업라이트 피아노 등

차음성이 높아, 라이브음의 악기연습 뿐 아니라,
전기악기의 연습에도 이용할 수 있다.

▶ 스튜디오 E

정원 : 5명
크기 : 18㎡, 드럼세트, 디지털 피아노(스탠드 포함),
마이크(스탠드포함), 기타 스탠드, 음향세트(믹서/스피커 등) 등

전기악기용 설비가 충실하여, 연습 이용에 편리하다.

○ 스튜디오의 음향계획

스튜디오 A는 리허설 및 발표회부터 합주 등까지 폭넓은 용도를 상정하여 중후한 잔향을 베이스로 흡음막에 의해 라이브 니스를 조정 가능하도록 하고 있다. 또 스튜디오 B, C는 라이브 악기 연습을 상정한 라이브한 음장, 스튜디오 D, E는 밴드 연주를 상정한 데드한 음장으로 하고 있다.

[표 3] 스튜디오의 잔향시간		
실 명	상정 용도	RT(s) / $\bar{a}^*$ (흡음커튼 수납~설치)
스튜디오 A	리허설, 발표회	0.7~0.4s / 0.21~0.30
스튜디오 B	라이브 악기연습, 외	0.7~0.4s / 0.17~0.24
스튜디오 C		0.6~0.3s / 0.15~0.30
스튜디오 D	밴드 연습	0.3s / 0.34
스튜디오 E		0.2s / 0.33

*) 각 값은 250~2KHz의 평균

○ 차음·소음계획

각 실의 동시 사용과 인접하는 철도에서의 소음·진동 대책을 위해, 각 홀 및 대음량이 상정되는 스튜디오 A, D, E를 플로팅 구조로 하고 있다. 스튜디오 B, C에 대해서도 아래층 점포로의 영향을 고려해 플로팅 바닥으로 하고 있다.

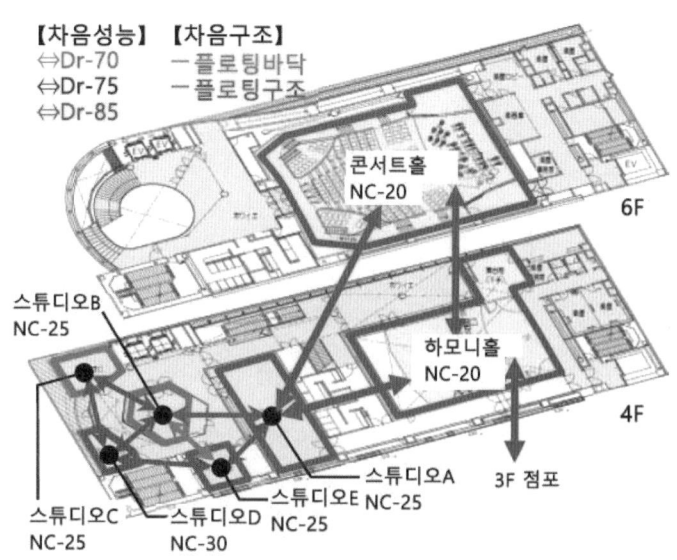

그림 차음·소음계획

- 측정결과

홀 주위에서는, 콘서트홀~하모니홀 간, 각 홀~스튜디오 간에서 Dr-85 이상으로, 높은 차음성능이 확보되고 있다. 이 외, 각 스튜디오 간, 홀·스튜디오~아래층 점포 간에 대해서도 상정 용도에 따른 성능이 확보되고 있다. 설비 소음에 대해서도 각 홀에서 NC-20, 각 스튜디오에서도 NC-25~30으로 충분한 정적도가 확보되고 있다.

- NC 소음 기준 검토

소음을 1/1옥타브 밴드로 분석한 결과에 따라 실내 소음을 평가하는 방법으로써 건물의 용도별로 어느 정도 소음의 크기가 그 실의 기능에 지장을 주지 않는가에 대해 소음의 변동 정도, 노출 시간대 및 주파수별로 소음을 느끼는 정도, 즉 주파수별 청감을 고려하여 제정되었다.

도면

▶ 플로어 구성도

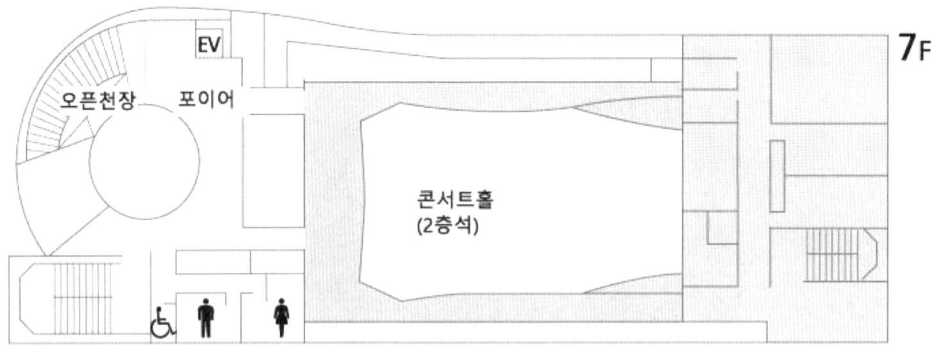

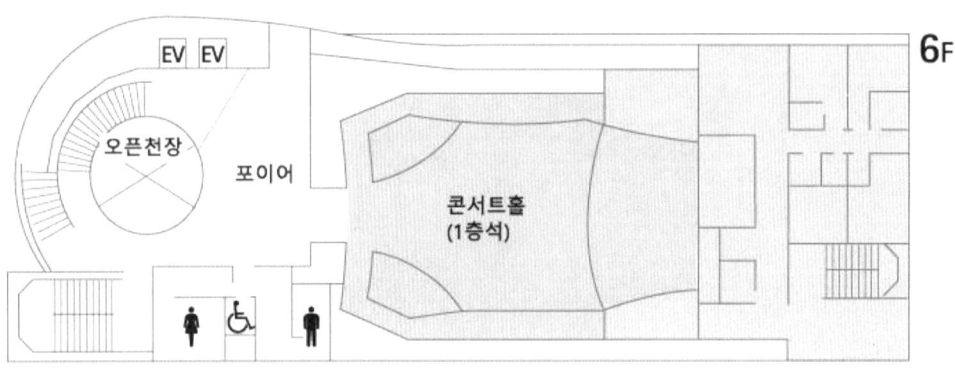

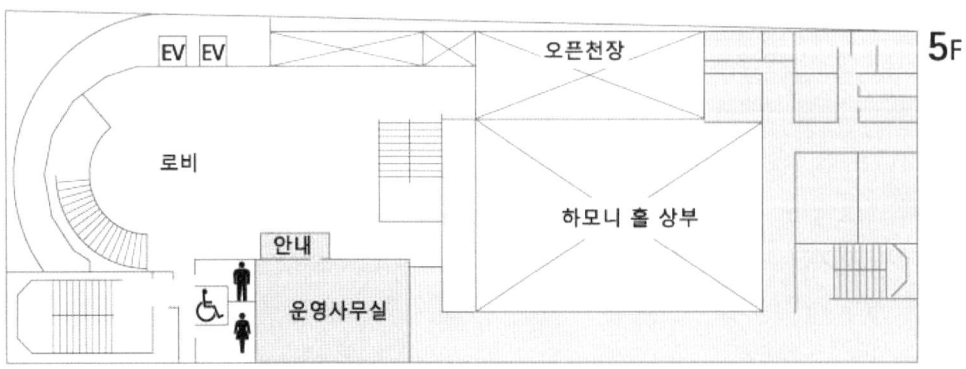

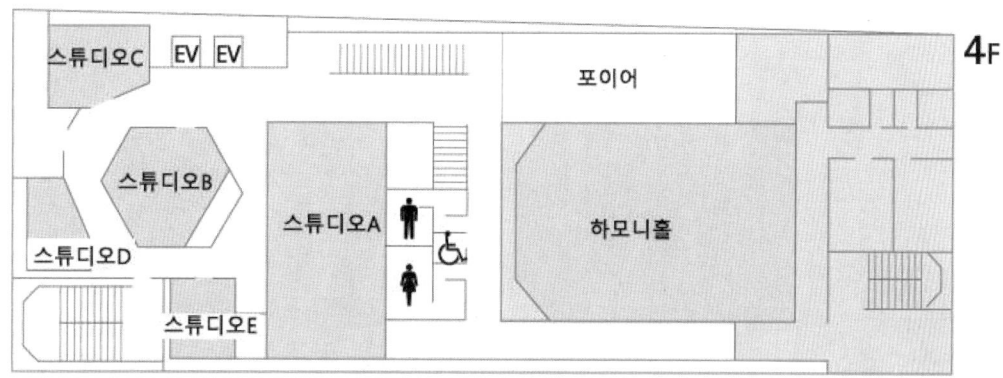

▶ 콘서트홀 좌석표

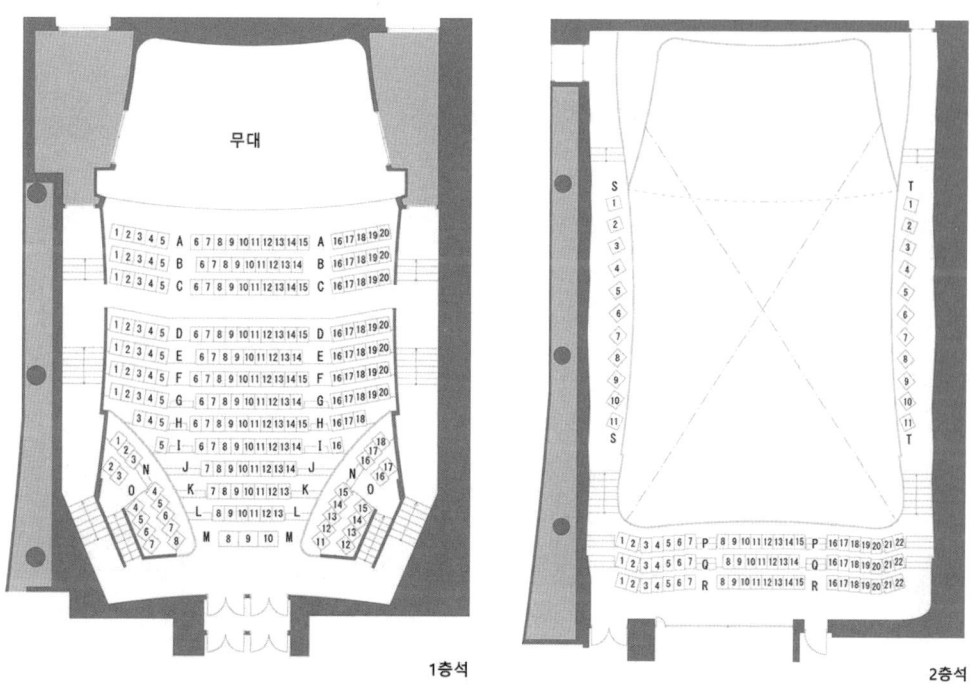

1층석   2층석

11. 우라야스 음악홀   325

우라야스 음악홀(URAYASU Concert Hall) 공연자료

RENTARO室内オーケストラ九州 ×
航空自衛隊西部航空音楽隊 スペシャルコラボ

吹奏楽で楽しむ名曲サウンド

RENTARO室内オーケストラ九州管楽器セクション

ゲスト：航空自衛隊西部航空音楽隊

どこかで聴いたことのある
名曲の数々！！

〜プログラム〜

W.A モーツァルト
管楽器のための協奏交響曲変ホ長調
[木管アンサンブル伴奏版]

S.クーセヴィツキー
コントラバス協奏曲第2、3楽章
[Cb独奏：森田良平]

A.メンケン
「美女と野獣」序曲

宮川 泰
組曲「宇宙戦艦ヤマト」より

J.ウィリアムズ
レイダースマーチ
映画「インディ・ジョーンズ」より

久石 譲
吹奏楽のための交響的ファンタジー
「ハウルの動く城」
他

あの名曲をプロのサウンドで！
大分唯一のプロオーケストラ・竹田市と連携協定を結ぶ
RENTARO室内オーケストラ九州と航空自衛隊西部航空音楽隊
スペシャルコラボレーションコンサートが実現！

指揮：天神尾聡・3等空佐　指揮：梨場雄一・2等空尉　オーボエ：岩崎香奈　クラリネット：田可亜紀　ファゴット：阿田志保　コントラバス：森田良平

2025
7月26日(土) 開演｜14:00 (開場｜13:30)

竹田市総合文化ホール
グランツたけた ＜廉太郎ホール＞　5月18日 チケット発売開始

全席自由　一般：3,000円　竹田市民価格：2,500円　高校生以下：1,000円　※当日500円増　4歳以上入場可

グランツたけた窓口、トキハ会館プレイガイド、teket

主催｜一般社団法人 RENTARO室内オーケストラ九州
共催｜竹田市・公益財団法人 竹田市文化振興財団　後援｜大分県吹奏楽連盟 OBS大分放送

12. 다케타시 종합문화홀 그란츠타케타

竹田市総合文化ホール グランツたけた – GRANZ TAKETA

다케타시 종합문화홀 그란츠타케타
(竹田市総合文化ホール グランツたけた – GRANZ TAKETA)

 기차가 산간(山間) 도시에 있는 분고타케타역(豊後竹田駅)에 도착하면, 홈에는 귀에 익은 『황폐한 성 위에 뜬 달(荒城の月)』의 멜로디가 흐른다. 분고 수도(豊後水道)에 면한 오이타에서 내륙의 아소산(阿蘇山) 방면으로 향하는 도중에 있는 타케타의 도시는, 일본의 양악사(洋楽史)에 있어서의 선구자적인 작곡가 중 한 사람, 다키 렌타로(瀧 廉太郎)가 어린 시절을 보낸 땅. 마을 안에는 귀중한 유품 등을 소장하고 있는 기념관 등도 있어 관광객을 모으고 있다. 그리고 무엇보다, 다키 렌타로가 『황폐한 성 위에 뜬 달』을 작곡했을 당시에 떠올린 것은, 이 지역의 역사를 만들어 온 명성인 「오카성(岡城)」이라고 전해지고 있는 것이다.

 1976년부터 시민에게 사랑받아 온 구 타케타시 문화회관을 재건축하는 형태로, 2018년 10월에 개관한 「그란츠타케타(グランツたけた)」도, 메인이 되는 713석 규모의 대 홀이 「렌타로홀(廉太郎ホール)」이라 명명되고 있어, 그 작곡가에 대한 깊은 애착을 상징하는 시설이다. 명칭인 「그란

츠(GLANZ)는 독일어로「영광」「빛남」「눈부심」이라는 의미를 가지는데, 실로 지역주민의 마음에 빛을 비추는 홀이다.

대 홀에 들어서면, 먼저 천장의 높이에 주목하게 된다. 그 때문인지, 계단 모양의 1층석과 그것을 둘러싸듯 배치된 발코니 모양의 좌석(2층)으로 구성되는 객석이, 좌석 수에 비해 여유있는 공간처럼 느껴지고, 음악도 풍부하게 퍼지는 듯한 인상이 강하다. 스테이지도 천장이 높아, 계산된 구조에 의한 벽면이나 배면에 닿은 소리가 천천히 객석에 도달하는 듯한 이미지이다.

본 시설이 위치하는 오이타현(大分県) 다케다시(竹田市)는 다키 렌타로(滝廉太郎)와 인연이 있는 지역으로 알려져 있고, 전신인 구·다케다시민문화회관은, 다키 렌타로 기념 전일본고등학교 성악 콩쿠르의 연주 공연장으로써 매년 이용되어 왔다. 그러나 2012년의 규슈북부 호우로 인해 시설 옆을 흐르는 다마라이강(玉来川)이 범람하여, 시설이 침수되어 사용하지 못하는 상황이 됨으로서 새로운 시설을 건설하려는 계획이 세워졌고, 다마라이강의 치수(治水)계획과 함께, 같은 부지 내에 재건축하게 되었다.

[표] 건물의 개요	
구 분	내 용
소 재 지	오이타현 다케다시 다마라이 1-1 (大分県竹田市大字玉来1番地1)
공사발주	다케다시
설 계	고야마 히사오건축연구소(香山壽夫建築研究所) 음향설계 : YAMAHA 공간음향그룹
시설규모	지상 4층 부지면적 16,545.86㎡, 건축면적 3,858.9㎡, 연면적 4,898.11㎡ , 높이 30.93m
건축구조	대 홀 동, 전망 라운지동 : RC조 (일부 S조) 나무기둥(木柱)회랑동, 나무기둥 큰홀 동 : W조(일부 RC조)
시설종류	대 홀(렌타로홀) : 클래식음악, 오페라, 발레, 강연회 등 다목적홀(키나레) : 영화상연회, 강연회, 갤러리, 리사이틀, 댄스 등 연습실 등

「다케타에서는 1947년부터 오카성 터에 세워져 있던 음악당에서 음악제를 개최하고 있고, 그것이『다키 렌타로 기념 전일본고등학교 성악 콩쿠르』가 되어, 구 문화회관으로 공연장을 옮긴 후에도 계속되었다. 소프라노 사토 미에코(佐藤 美枝子) 및 카운터테너인 메라 요시카즈(米良美一) 외, 유명한 가수들도 입상하고 있어, 지역민에게는 자부심으로 느껴지는 중요한 문화사업 중 하나이다. 한편으로는, 오랫동안 활동을 이어오고 있는『다키 렌타로의 노래를 부르는 모임』등

아마추어 코러스도 활발한 활동을 하고 있기 때문에, 새로운 홀을 만들 때에는『노랫소리가 아름답게 울려 퍼지도록』이라는 명확한 콘셉트가 있었다.」(관장, 야마구치 마코토(山口 誠))

「확실히, 현지의 코러스 그룹 등이 출연하는 콘서트를 들어보니, 부드럽게 홀 내에 부풀어 가는 듯한 인상이 강하고, 그런데도 가사(말)는 명쾌하게 들을 수 있기 때문에, 성악에는 최적의 음향이라고 말할 수 있을 것이다. 홀의 음향설계를 담당한 야마하 공간음향그룹의 미야자키 히데오(宮崎 秀生)는, 희망을 수용하면서 독자의 소리를 창조하기 위해, 설계 스태프 등과 토론을 거듭했다고 한다.」

「천장이 높고 용적이 많은 공간이므로 잔향이 길어지고, 잔향 과다가 되어 버리는 것이 큰 과제였다. 그래서 객석(좌우의 발코니석) 앞에 있는 칸막이로 슬릿을 넣는 등, 소리를 놓아주고 칸막이벽에서 직접 되돌아오는 소리와 뒤에서 돌아오는 소리와의 밸런스를 조정함으로서 반향을 컨트롤하여, 풍부한 울림을 유지하면서도 소리 자체는 깨끗하게 들리도록 고안한 것이다」

스테이지의 배면 및 측면의 하부와 1층석의 좌우는, 마치 딱딱이를 쌓아 올린 듯한 벽면으로 되어 있고, 이것 역시 잔향을 조정하는 고안 중 하나이다.

「실질적인 오프닝 공연은, 사다 마사시(さだまさし)의 콘서트였는데, 관객들도 서로 주고받으며 『황폐한 성 위에 뜬 달』 등을 노래하며, 모두의 목소리가 듣기 좋게 울려 퍼지는 훌륭한 홀이라고 하였다. 스테이지와 객석의 전원이 격의 없이 노래할 수 있다는 것은, 실로 이 홀에게 있어 행복한 일이라고 생각한다. 」(야마구치 관장)

물론 성악뿐만이 아니라, 오케스트라 및 취주악, 시내에 두 개 있다는 재즈 오케스트라, 강연회, 그리고 전통 예능 등, 참으로 다채로운 이벤트에도 대응할 수 있도록 설계되어 있다. 이 지역에서 성행했다는 가구라(神樂 ; 일본의 토속 신앙인 신토에서 볼 수 있는 무악(舞樂)) 등도, 큰 북의 소리가 과하게 울리지 않고 전체적인 밸런스가 좋았기 때문에, 호평이었다고 한다.

대 홀 외, 바닥 면이 평평하고 전람회나 연극·영화의 상영, 댄스 등 다양한 용도로 이용할 수 있는 다목적홀 「키나레(キナーレ)」(타케타의 말로 "찾아와 주십시오"라는 의미)를 병설. 또 현지의 목재가 많이 사용되어 있는 시민 라운지, 워크숍 등을 개최할 수 있는 창작공간(살롱) 등도, 주민이 모여, 새로운 문화교류를 창출하는 공간이 될 것이다.

타케타시와 주변 지역에 새로운 시대의 정보 발신지가 되기 위해 탄생된 홀인 것이다.

외관 및 로비

▶ 외부 전경

▶ 로비

포이어

관람객 및 시민이 휴식을 취할 수 있는 「시민 라운지」는, 나무의 향기에 힐링되는 휴식과 교류의 장. 워크숍이나 감상강좌 등을 통해 타케타시만의 문화·예술을 창출하는 「창작공간(살롱)」

대 홀(렌타로홀 / 廉太郎ホール)

대 홀의 애칭 〈렌타로홀(廉太郎ホール)〉은, 다케타와 인연이 있는 악성(樂聖) 다키 렌타로(瀧廉太郎)에서 유래된 것이다. 「풍부한 공간을 만드는 높은 천장」과 「잔향을 만드는 큰 에어볼륨」, 「많은 직접 반사음을 만들어 내는 내장벽」 등, 잔향에 집착한 설계는 모두 "우수한 잔향"을 만들기 위한 것으로 좌석 수는 713석. 클래식 연주 및 오페라, 발레, 강연회 등과 같은, 다양한 요구에 대응할 수 있는 음악 홀이다.

[표] 대 홀 개요	
구 분	내 용
객 석 수	713석 (입석 13명) 고정석 696석 (1층 479석, 휠체어 2석, 2층 56석 휠체어 2석, 3층 153석, 다목적실 8석)
건축음향	형식 : 슈박스형 잔향시간 : 공석 시 2.4초(평균흡음률 15%, 중음역)
기타	무대 : 너비 16.4m, 안길이 12.5m, 높이 13.0m

▶ 내부 전경

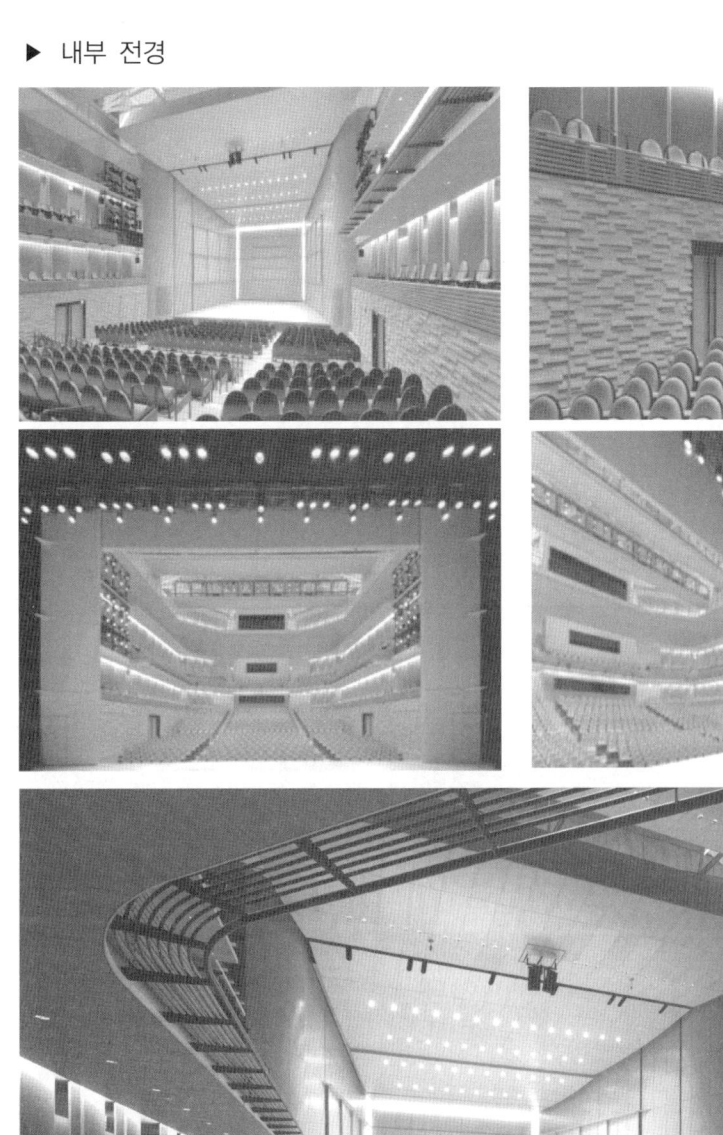

○ 대 홀 「렌타로 홀」의 음향설계

- 설계 콘셉트

대 홀의 평단면도 및 제원을 나타낸다. 대 홀에서 매년 성악 콩쿠르의 개최가 계획되어 있다. 그래서 특히 반사판 형식 시의 성악을 비롯한 라이브 음의 음악 연주에 대해 음향적으로 우수한, 음악 중시의 다목적홀을 설계 목표로 하여, 모든 객석에서 풍부한 잔향을 얻을 수 있는 홀을 실현하기 위해 각종 검토를 실시하였다. 각 부위에 대한 음향적인 설계 콘셉트를 나타낸다.

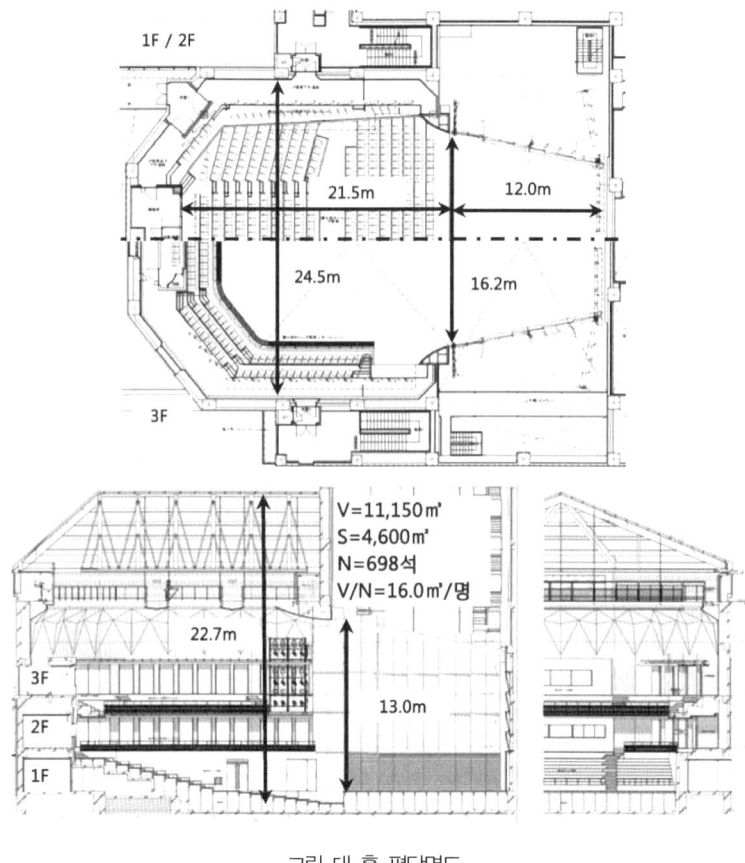

그림 대 홀 평단면도

- 반사판 형식 : 최적 음악공간의 실현
  - 풍부한 잔향

특히 성악에 적합한 풍부한 잔향을 얻는 것을 제1의 목표로 해서, 객석 상부에서 잔향음을 생성하는 것을 의도해, 최대한의 객석부 천장높이가 확보되었다. (최대 약 23m)

이에 따라 잔향 생성에 중요해지는 용적은 16㎥/석으로 큰 값을 얻고 있다. 한편으로 잔향과다가 되어 불명료한 음장이 될 우려도 있어 적당한 흡음도 필요해졌다. 후벽부에 흡음 요소를 확보하는 것이 일반적이지만, 확산감이나 휩싸이는 느낌에 중요한 후방에서 오는 반사음을 확보하기 위해 후벽은 반사면으로 하고, 3층 측방 상부에 설치한 음향 캐노피의 위에 GW보드를 깔아 후기 잔향 성분을 조정하였다.

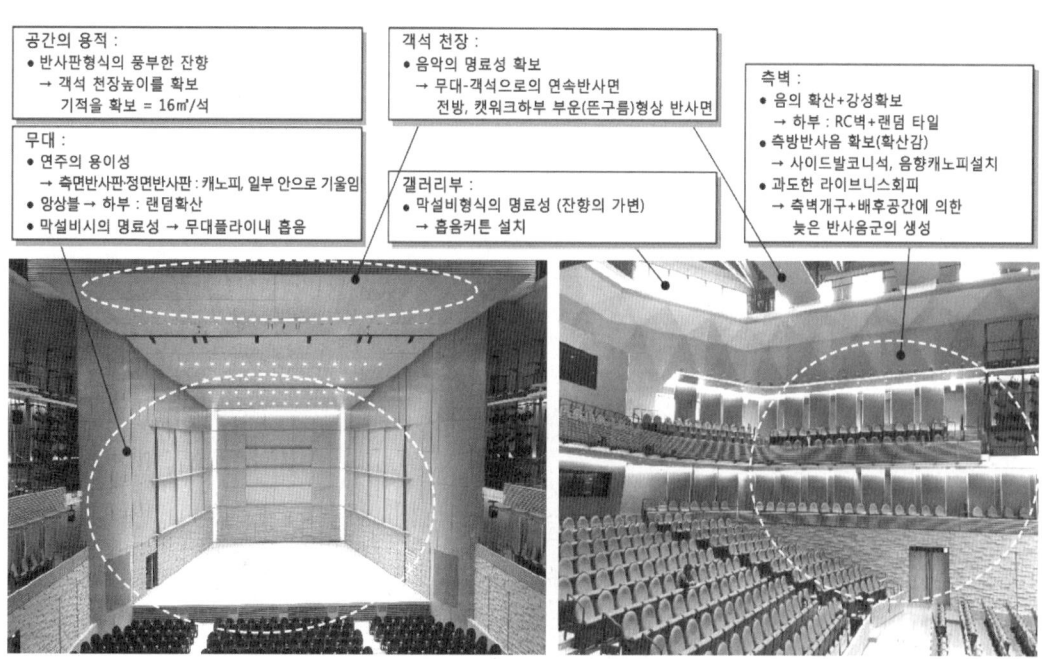

그림 대 홀 각 부위의 음향 콘셉트

동시에 음량감이나 명료성에 중요한 객석 천장으로부터의 초기반사음을 보완하기 위해, 객석 전방부에는 무대 천장 반사판으로부터 연속하는 반사면을 설치, 또 객석 상부에 노출되어 있는 캣워크 하부에 부운(뜬구름) 형상의 반사면을 설치하였다. 잔향시간 및 G값의 실측 결과를 나타낸다.

잔향시간은 공석 시에 2.4초(평균흡음률 15%, 중음역)로, 콘서트홀과 동급의 값이 확보되고 있다. 또 G값은 평균으로 6.4dB, 표준 편차값이 1.0dB로, 어느 좌석에서도 충분한 음량감이 확보되고 있다.

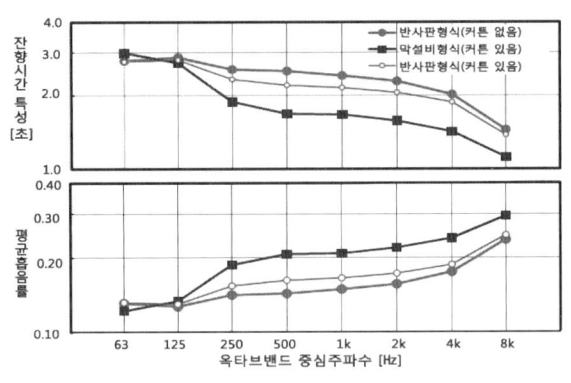

그림 대 홀 잔향시간

- 측면 반사음의 컨트롤

상술한 풍부한 잔향 성분을 확보하는 한편으로, 과밀한 초기 반사음 군에 의해 과도한 잔향감이 될 우려도 있었다. 따라서 측방에서의 충분한 에너지는 확보하면서, 반사음 군을 시간적으로 분산시키는 것을 고안하였다. 먼저 기본적인 측방 반사음을 확보하기 위해, 사이드 발코니석과 더불어, 3층석 상부에 음향 캐노피를 설치하였다. 또 1층 측벽부는 RC벽으로 구성하여 강성을 높여 저음역까지의 반사음을 확보하고, 동시에 폭, 두께가 다른 타일을 램덤으로 RC벽에 붙임으로써 고음역의 글레어(glare)를 회피하였다. 2층 및 3층의 측벽은, 용적을 확보하기 위한 넓은 공간에, 확산을 의도한 볼록형(凸形)을 비스듬하게 배치한 칸막이 모양의 벽으로 장내와 통로를 구분함으로써, 음향적으로는 1차반사음을 확보하고, 의장적으로는 콤팩트하고 친밀감 있는 디자인 구성으로 하였다. 거기에, 각 칸막이 간에 벽면의 25~30% 면적의 틈새를 설치, 그 배후의 반사성의 통로 공간 내에서 체류시키면서, 시간지연을 동반한 반사음으로 해서 주층석에 에너지를 되돌리는 것을 의도하였다. 콘셉트의 타당성을 검증하기 위해, 2차원 파동해석(유한요소법)에 의해 과도응답을 확인하였다.

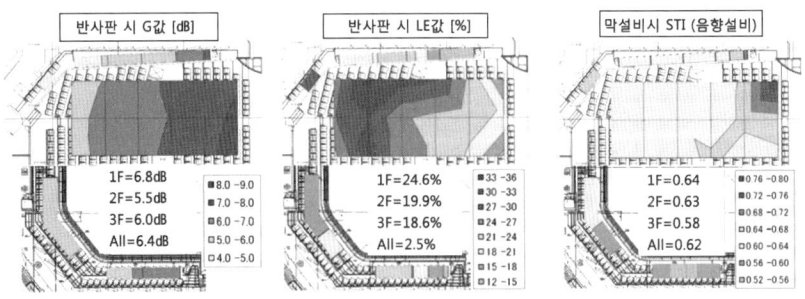

그림 각종 음향지표 실측결과 (G값, LE값, STI)

사진 측벽 확산형상 하부 (좌:1F, 우:2F)

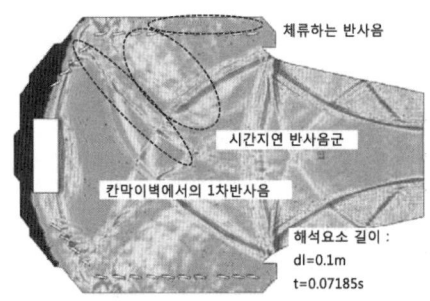

그림 파동해석에 의한 측방반사음의 검토

패널 형상 반사벽으로부터의 1차 반사음 뒤에 시간적으로 분산된 반사음군을 확인할 수 있다.

또 패널 배후의 공간에 체류하는 반사음도 확인할 수 있어, 설계 콘셉트에 대응한 결과를 보이고 있다. LE값의 실측 결과를 나타낸다. 주층석에서 24.6%로 높은 값이 확보되고 있다.

- 무대 음장 설계

무대 위의 음향은 연주하기 쉬운 음장으로 하기 위해, 연주자에게로의 반사와 균일하고 음향 장애가 없는 반사음을 의식한 설계를 하고 있다. 무대 정면 반사판 및 측면반사판은 확산과 함께 음향 캐노피를 얻을 수 있는 형상으로 하고, 정면 반사판의 일부에 내경면(안쪽으로 기울어진 면)을 설치하고 있다. 또 반사판 하부에 관해서는 고음역의 확산을 의도하여 목제 리브를 설치하고 있다. 중음역의 STI 값의 실측결과는, ST1이 평균값이 -11.3dB, ST2가 -10.2dB로 충분한 값이 얻어지고 있다.

- 막 설비 형식 : 명료한 확성음의 실현

연극이나 경음악 등 막 설비 사용 시에 대해서는 명료성의 확보를 위해, 후기 잔향음의 제어가 필요하다. 반사판 형식 시와의 가변 폭을 얻기 위해, 무대 플라이 내부를 흡음하는 것에 맞춰, 객석 상부의 갤러리 주위의 측벽면과 무대 측의 벽면에 흡음 커튼을 설치하였다.

공석 시 잔향시간은 1.6초(평균흡음률 21%, 중음역)로, 반사판 형식 시의 2.4초에 대해 충분한 가변폭이 확보되고 있다. 음향 설비 사용 시의 STI 측정 결과를 나타낸다. 거의 모든 구역에서 0.6 이상으로 높은 명료도가 확보되고 있다.

다목적홀 「키나레(キナーレ)」

 다목적홀의 애칭 〈키나레(キナーレ)〉는, 다케타의 방언 「来なあえ(어서 오세요)」에서 유래된 것이다. 「합리적인 나무 가구」 및 「목재를 다용한 내장」, 「자연광 넘치는 천장」 등, 공간은 밝고 개방감이 넘치고 있다. 영화 상영회, 강연회, 갤러리, 리사이틀, 댄스 등의 여러 목적에 따라 사용할 수 있는 "스튜디오"와 같은 홀로 이루어져 있다.

구 분	내 용
[표] 다목적홀 개요	
객 석 수	평면 형식 시 : 275명 수용 계단식바닥 형식 이용 시 : 170석 (스태킹체어)
기 타	면적 : 277㎡

　　　　객석에서 본 무대　　　　　　　　　　무대에서 본 객석

○ 다목적홀 "키나레"의 음향설계

다목적홀은, 어쿠스틱 악기에 의한 음악 연주, 경음악 연주, 연극, 강연회 등과 더불어, 리허설실로서의 이용 등 다종 다양한 용도가 상정되어, 음향적으로는 흡음 커튼에 의한 가변기능을 갖추고 있다. 객석 구성은 상연 목록에 따라 바닥구조를 변경함으로써 계단식 바닥 객석부터 평면까지 대응이 가능하도록 되어 있다.

벽의 브레이스와 확산

사진 다목적홀 모습

설계자로부터 목조 구조 프레임(특히 브레이스)을 의장으로서 표현하고 싶다는 제안이 있었다. 이에 따라 벽면에 흡음요소를 설치하는 것이 어려워져 잔향 과다의 음장이 될까 우려되었다. 이를 해결하기 위해 흡음커튼을 2층 기술 갤러리 레벨 측벽과 1층 객석 후방벽에 설치하고, 또 확산을 위해 측벽 하부의 표면에 비스듬히 커트한 목제 리브를 설치하는 계획으로 하였다. 잔향시간 및 평균흡음률의 실측 결과를 나타낸다.

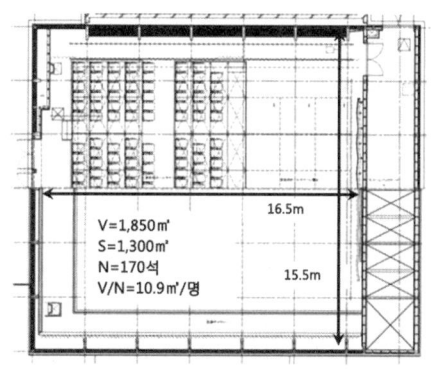

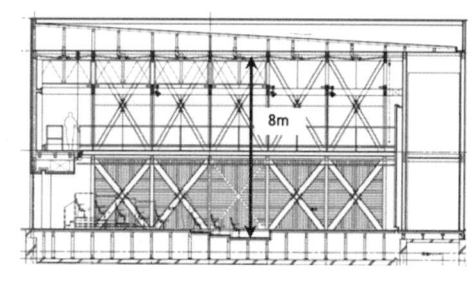

그림 7 다목적홀 평단면도

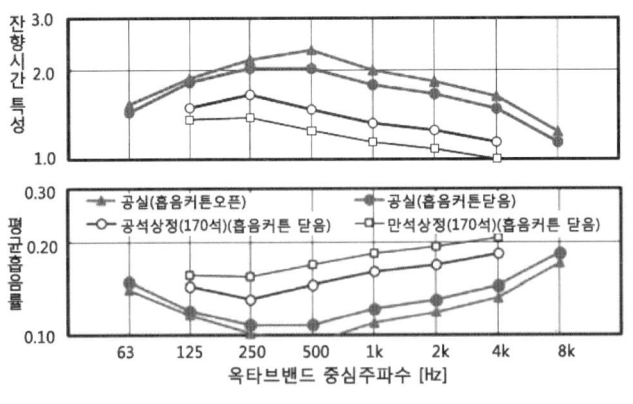

그림 다목적홀 잔향시간

○ **차음, 소음제어**

평면실에 주요실에서의 NC값 및 주요 실 간 차음성능을 나타낸다. 각 제 실은 평면적으로 이격(離隔)거리를 확보하여 배치되어 있기 때문에, 주요 실 간의 차음성능은 충분한 성능이 얻어지고 있다. (Dr-85 이상)

대음량의 연주가 상정되는 연습실만, 타실(특히 주위의 분장실)과의 차음성능을 확보하기 위해 플로팅 구조를 채용하고 있다. 설비 소음에 대해서는, 대 홀의 무대, 객석 모두 NC-15 이하(일부 NC-20 이하)로, 콘서트홀과 동급의 음악 연주에 적합한 정적도가 확보되고 있다.

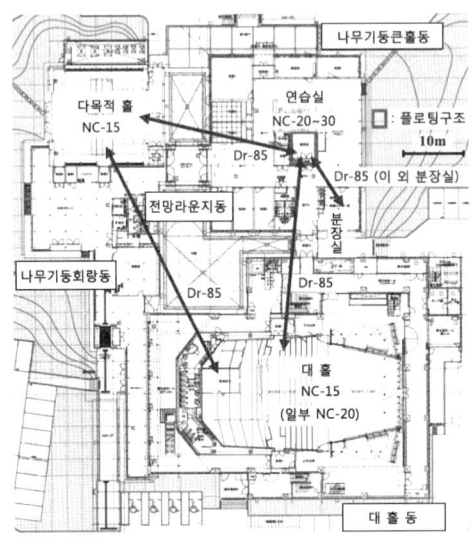

그림 시설 평면도

○ 기타

▶ 나무 기둥 회랑(柱回廊棟)

균일하게 늘어선 나무 기둥이 만들어 내는, 개방감 넘치는 밝은 공간. 많은 시민이 언제나 이용할 수 있는 「시민 스페이스」는, 셀프 카페 및 해먹 등을 갖추고 있어, 하굣길의 학생이나 어린아이들 등, "휴식"과 "교류"의 장으로서 활용할 수 있다.

▶ 나무 기둥 오히로마(木柱大広間)

분장실, 연습실, 창조실 등이 정비되어, 다양한 사용법이 가능한 플렉시블한 공간.
워크숍이나 감상, 강좌 등의 기회를 통해, 다케타만의 문화·예술을 만들어 내는 장소가 되고 있다.

도면

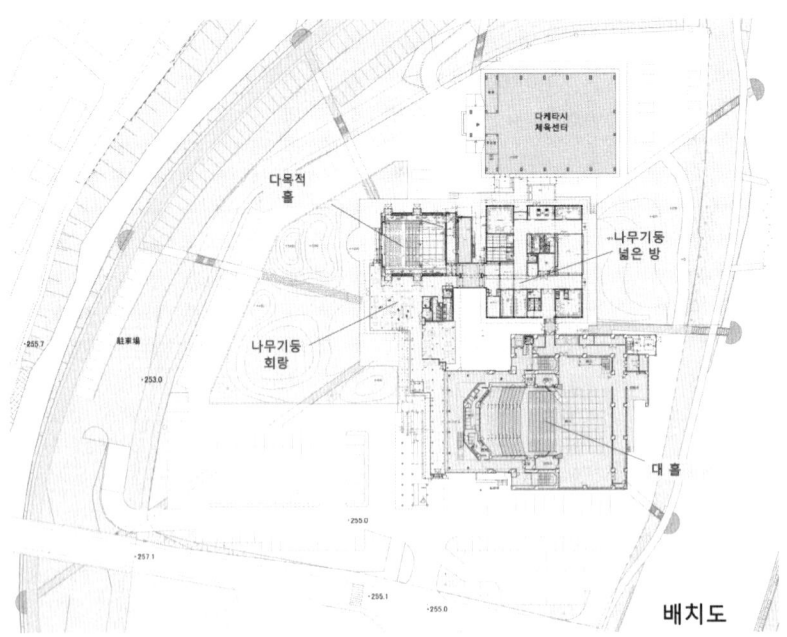

배치도

▶ 대 홀 평단면도

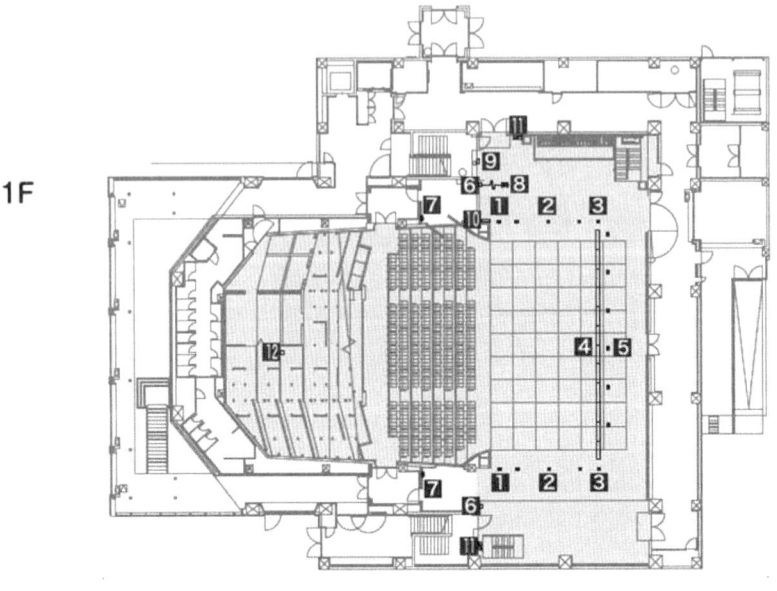

1F

2F

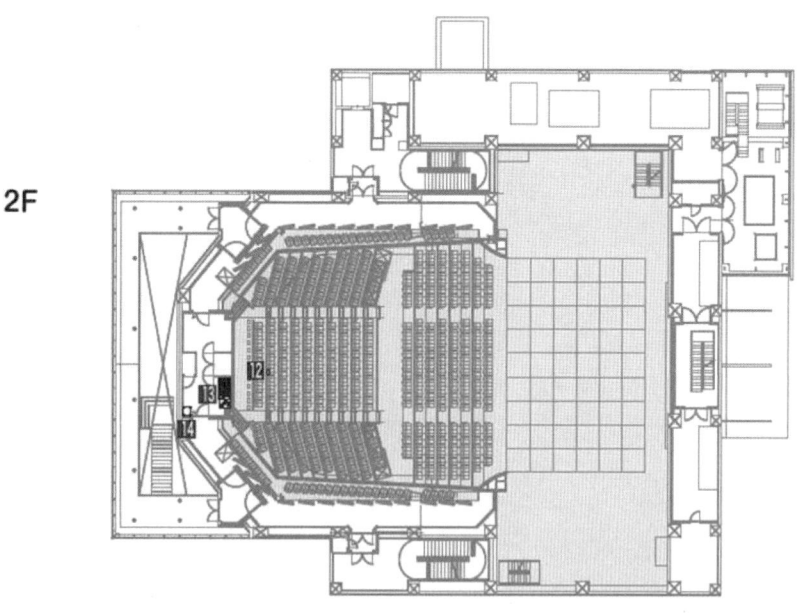

3F

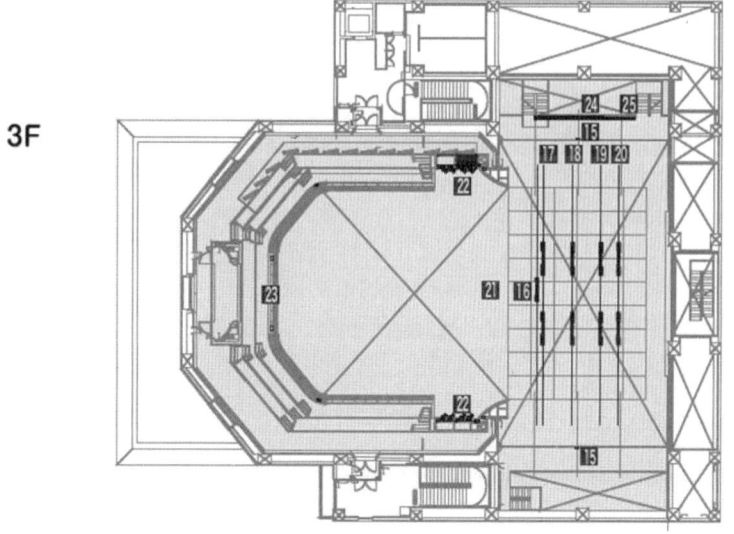

4F

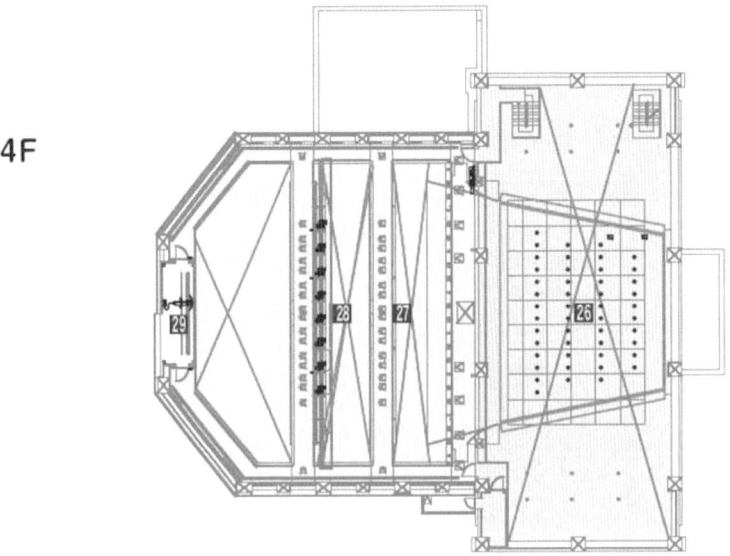

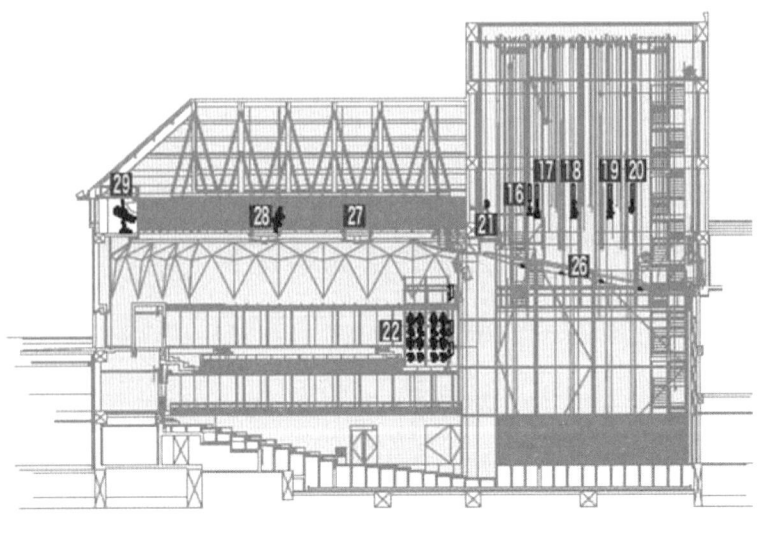

단면도

다케다시 종합문화홀(GRANZ TAKETA) 공연자료

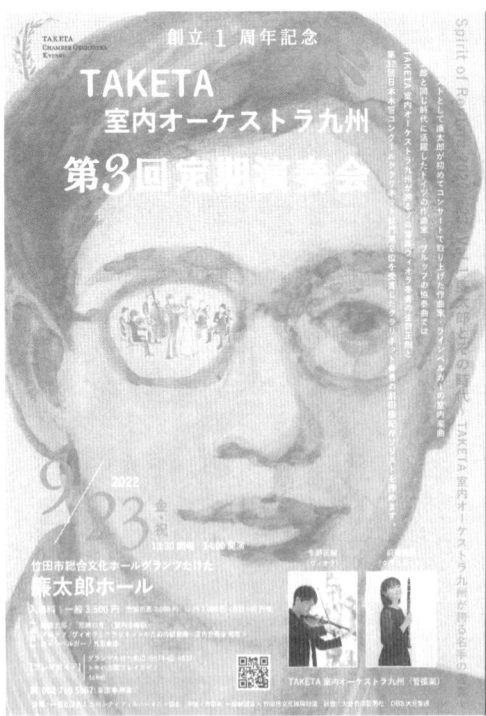

クリスマス・オルガンコンサート

1990年から始まった「クリスマス・オルガンコンサート」は今年で36回目を迎えます。バッハ『トッカータとフーガ ニ短調』、『アヴェ・マリア』をはじめとしたクリスマス・オルガンコンサートの定番を中心にパイプオルガンの醍醐味を十分にお楽しみください。ミュージカルのヒットナンバーなどを迫力あるオルガンの音色でお聴きいただきます。

オルガン　山口綾規 Organ / Ryski YAMAGUCHI
ソプラノ　コロン えりか Soprano / Erika COLON
©Mariko Tagashira

Program

G.カッチーニ	アヴェ・マリア
J.S.バッハ	主よ人の望みの喜びよ
A.アダン	オー・ホーリー・ナイト
J.S.バッハ	トッカータとフーガ ニ短調 BWV 565
坂本龍一	戦場のメリークリスマス
L.バーンスタイン	「ウエスト・サイド・ストーリー」より『トゥナイト』『サムホエア』
C.M.シェーンベルク	「レ・ミゼラブル」メドレー　他

※都合により、出演者、曲目、曲順が変更になる場合がございます。ご了承ください。

2025. 12/20(土)
①開演12:00 (開場11:15)
②開演16:00 (開場15:15)

住友生命いずみホール

全席指定 ¥5,000(税込) ※未就学児童のご入場はご遠慮ください。※ご来場は公共交通機関をご利用ください。

チケット発売日 9月27日(土)10:00AM〜
住友生命いずみホール 9/27(土) 10:30AM発売

主催：読売テレビ　キョードー大阪　協賛：住友生命いずみホール(一般財団法人住友生命福祉文化財団)　企画協力：テンポプリモ

チケット発売所
- 住友生命いずみホール チケットセンター　06-6944-1188 (10:30〜17:00 日・祝休み)
  オンラインチケットサービス　https://www.izumihall.jp/ticket
- チケットぴあ　https://t.pia.jp/
- ローソンチケット　https://l-tike.com + ローソン、ミニストップ店頭
- CNプレイガイド　0570-08-9999 (オペレーター対応 10:00〜18:00) + ファミリーマートマルチコピー機から
- イープラス　http://eplus.jp/

※0570で始まる電話番号は、一部の携帯電話・PHSからはご利用になれません。

お問合せ：キョードーインフォメーション 0570-200-888 (12:00〜17:00 ※土・日・祝休み)　※営利目的の転売禁止　KYODO

13. 이즈미홀

いずみホール – Izumi Hal

이즈미홀(いずみホール - Izumi Hall
-스미토모생명(住友生命) OBP 플라자 빌딩)

　이즈미홀(いずみホール)은, 스미토모생명보험상호회사(住友生命保險相互會社)의 60주년 기념사업의 일환으로서, 음악을 통한 사회공헌(社會貢獻)을 목적으로, 계획·건설되었으며, 2013년 4월 1일부터 일반재단법인 스미토모생명 복지문화재단이 운영하는, 사회의 복지 및 문화의 진흥에 공헌하기 위한 사업을 목표로 운영되고 있다.

　이즈미홀은, 오늘날 음악 팬의 열렬한 바람인, 연주자와 청중이 서로의 표정을 확인할 수 있는 친밀감으로, 음악 세계에 녹아들 수 있는, 「음장 만들기」를 목표로 해서 설계되었다.

　내부 디자인에서는, 현대의 기술과, 섬세한 감각으로 클래식 음악 세계의 오리지널 이미지 공간을 편성하여, 이를테면 컨버터블 한 홀 인테리어를 창출하기 위해 노력하였으며, 악기(樂器) 속에 몸을 담고 있는 듯한 소리와의 교감의 실재감을, 목질이 가지는 「온기(溫氣)」로 청아함 속에서 표현할 수 있도록 최선을 다하였다.

　이상적인 음장의 원점을 「빈 뮤지크페어라인 대 홀」에서 추구한 것과 같은, 슈박스 타입의 콘서트홀로, 연간 약 30건의 주최 공연은 특색 있는 독자기획(獨自企劃)이다. 전속연주 단체인 이즈미 심포니에타 오사카(Izumi Sinfonietta Osaka)가 있으며, 홀의 특성을 살린 「이즈미홀 오페라」, Bach-Archiv Leipzig와의 기획인 「바흐 오르간 작품 전곡 연주회」 등 외, 런치 타임 콘서트 및 어린이를 대상으로 한 기획에도 힘을 쏟고 있다.

[표] 건물의 개요

구 분	내 용
소 재 지	오사카시 츄오구 시로미 1-4-70 스미모토생명 OBP 플라자빌딩 (大阪府大阪市中央区城見1丁目4-70)
공사발주	스미토모생명(住友生命)
설 계	닛켄설계 (日建設計) 음향설계 : 닛켄설계+야마하 음향연구소
시설규모	건축면적 : 4,078.68㎡ 연면적 약 38,294.47㎡ 부지면적 47,518.35㎡
건축구조	철골조, 철골철근콘크리트 조, 일부 철근콘크리트 조
시설종류	이즈미홀 : 실내악 전용 홀 극장 관련시설 : 리허설실, 대기실, 피아노고, 녹음조정실, 음향 · 조광실 부대시설 : 바 코너, 클로크

외관 및 로비

외부 공간에서는, 정감 넘치는 어프로치 공간으로 구성함으로써, 음악 감상에 대한 마음의 흥분을 완만히 진정시키고, 또, 감상 후의 여운(餘韻)을 즐길 수 있도록 배려하고 있다.

홀 주변의 공간계획에서는, 포이어 등을 문화의 향기가 풍부한 공간으로 하여, 충분한 넓이와 차분한 분위기로 마무리하고 있다. 한편, 분장실, 사무실 등의 부속공간도 충분한 넓이를 확보하고, 온기가 있는 마감으로 하여, 콘서트홀의 품격(品格)에 맞추도록 하고 있다.

▶ 외관 및 입구 모습

▶ 로비 모습

이즈미홀(Izumi Hall)

　이즈미홀 천장 및 벽의 디자인을 비롯하여, 바닥, 의자, 그리고 8기의 샹들리에 등 치밀하게 계산된 음향효과에 의해, 〈악기(樂器)의 집합체(集合體)〉에 둘러싸인 듯한 공간을 실현하였다.

　잔향시간은 클래식의 실내악에 어울리는 1.80초~2.00초로, 밝고 부드러운 음색이 특징으로, 프랑스 Koenig社가 제작한 파이프오르간 및 베토벤과 동시대(同時代)인 1820년대의 Nanette Streicher제 포르테피아노 등, 다른 홀에서는 경험할 수 없는 특색 있는 악기를 갖추고 있다. 음악 디렉터로 이소야마 다다시(礒山 雅)(국립음악대학 초빙교수, 오사카음악대학 객원 교수)를 맞이하여, 홀 독자의 기획을 주최공연으로서 연간 30회 정도 개최하고 있다.

　문을 열고 슈박스형 홀 안으로 들어서면, 뭐라 말할 수 없는 품위와 호화로움이 감도는 공간이 맞아준다. 차분한 목조의 분위기가 가져오는 독특한 정적도 있고, 천장에서 내려오는 8기의 샹들리에가 고급스러움을 연출. 정면에 설치된 파이프오르간이 공고한 자부심을 표현하고 있는 듯하다.

1990년 4월에 개관하여, 2020년이 30주년이 되는 이즈미홀은, 오사카성을 중심으로 한 광대한 공원 근처, 기업빌딩과 일류 호텔 등이 늘어선 오사카 비즈니스파크의 일각에 세워진 홀이다. 간사이(関西) 지역에서도 보기 드문 좌석 수 821석 규모의 클래식 전용 홀로서 사랑받으며, 오케스트라부터 각종 편성에 의한 실내악, 피아노 및 파이프오르간 등의 솔로 리사이틀, 고악(古樂)계의 앙상블, 그리고 가성이 풍부하게 울리면 호평을 받는 성악(오페라, 합창을 포함) 외, 다양한 카테고리에 의한 음악을 감상할 수 있다.

홀 내부의 디자인은 독특한 품격이 느껴지는데, 모델이 된 것은 유서 있는 빈의 「악우협회 대홀」이다. 빈 필하모니관현악단의 본거지로, 매년, 전 세계 각국에서 라이브 중계되고 있는 신년콘서트의 영상에서, 그 눈부신 홀 내부를 본 사람도 많을 것이다.

개관 시부터 해외의 저명한 연주가들이 잇달아 내연하며 극상의 음악을 연주하였고, 그 외 모차르트의 작품에 스포트라이트를 맞춘 『My Dear Amadeus』를 비롯해, 베토벤이나 슈베르트 등 빈에서 활약한 작곡가들의 시리즈도 호평. 홀의 인기에 영향을 미쳤다고 말할 수 있을 것이다.

「미래」, 즉 현대 최첨단의 작품을 중심으로 한 콘서트에도 팬이 많아, 2000년에 결성된 이 홀의 레지던트 오케스트라 「이즈미 신포니에타 오사카(いずみシンフォニエッタ大阪)」의 정기연주회는, 신작 초연도 포함하는 많은 작곡가의 작품을 소개하고 있다.

YouTube 등 SNS에서 정보를 발신하거나 저가의 학생권을 판매하는 등, 평가할 만한 흥미로운 음악이 있다는 것을 많은 사람들에게 전하고 싶다는 것이다.

「각각의 시리즈에 열렬한 관객이 많은 가운데, 홀로서는 『다양한 음악을 남김없이』라는 생각이 베이스에 있으므로, 이즈미홀에서의 연주회를 계기로, 미지의 음악에 접할 수 있었으면 한다. 오사카 소재 오케스트라의 콘서트 및 홀의 음향을 살린 재즈 콘서트도 있으며, 고명하신 선생님에 의한 해설이 있는 콘서트도 호평이다. 앞으로는 현시점에서 아직 여지를 남기고 있는 분야, 가령 주간 콘서트를 충실화하는 것도 고안하여, 10년간 이어오고 있는 유스 시트(초등학생 이상 18세 이하는 무료로 콘서트를 즐길 수 있는 티켓)를 활용해, 젊은 사람들에게 멋진 음악과의 만남을 제공해 가고자 한다.」 - 이즈미홀의 운영책임자의 말

최근 10년간, 간사이 지역에는 새로운 콘서트홀이 늘었다. 그러한 가운데 30년이라는 역사를 가지는 이즈미홀은, 리더적인 존재로서 더욱더 주목받아 갈 것이다.

[표] 이즈미홀 개요	
구 분	내 용
객 석 수	총 객석수(N) : 합계 821석 └ 1층석 713석 / 2층석(발코니석) 108석
건축음향	실용적(V) : 9,658.91㎥　　　　　표면적(S) : 3,728.31㎡ V/S : 2.59m　　　　　　　　　V/N : 11.76㎥ 잔향시간 : 1.80초~2.0초 공석 시 2.10초, 80% 착석 시 1.90초 홀 타입 : One-room · Shoe-box 잔향시간 주파수특성
기 타	① 무대크기 　폭 19.4m, 안길이 10.5m, 높이 14.75m ② 소장악기 　파이프오르간 : Koenig社(프랑스) 제작, 46스톱, 4단 손건반, 발건반 　피아노 : Steinway D274 (2대), Bösendorfer290「IMPERIAL」, 　　　　　YAMAHA CFIIIS 　포르테 피아노 : Nanette Streicher제(1820년대) 오리지널 　쳄발로 : Atelier vonNagel社 제작 프렌치 더블 메뉴얼

▶ 내부 전경

▶ 객석 위치에 따른 무대 모습

○ 이즈미홀의 파이프오르간

간사이를 대표하는 클래식 홀인 이즈미홀. 2018년에 개관 30주년을 맞이하는 시점에, 홀의 개수와 함께 이즈미홀의 상징이기도 한 파이프오르간이 처음으로 **오버홀**(분해 수리)가 실시되었다.

- **파이프오르간은 「고대의 신시사이저」**

파이프오르간은 매우 체계적으로 구성되어 있어, 「고대(古代)의 신시사이저」라 표현될 정도이다. 파이프오르간의 안쪽은 복잡하게 뒤얽힌 구조로 되어 있다.

그 역사는 기원전 3세기경으로 거슬러 올라가, 현재의 이집트에서 발명되었다. 당시는 인력(人力)이기는 했지만, 풍압을 이용해 피리를 부는 구조 및 그 피리의 집합체에 의해 이루어지는 악기라는 점은, 지금도 변함없이 파이프오르간의 기초가 되고 있다.

이즈미홀의 파이프오르간은, 3,623봉의 파이프, 건반과 파이프를 잇는 메커니즘 구조, 제어를 위한 전기계통의 구조에 의해 이루어져 있다고 한다.

파이프의 소재는, 목제·금속제로 나뉘어 있다. 금속제는 주석과 납의 합금으로, 파이프의 종류에 따라 그 비율이 달라진다.

목제 파이프에서는, 인간의 청각을 뛰어넘는 낮음으로 몸을 진동시키는 소리를 내는 것까지 있다. 소재·굵기·길이 전체를 고려하면, 3,623봉의 파이프는 하나로서 같은 것은 없다.

그런 파이프에서 나는 소리는, 46종류의 스톱(음전·노브)을 사용해 만들어지고, 음색의 조합은 거의 무수(無數)하다.

오르가니스트는 「레지스트레이션(registration)」이라 불리는 소리 만들기 작업에 많은 시간을 보낸다고 한다. 아름다운 음악의 무대 뒤에는 대규모의 장치가 움직이고 있는 것이다.

- **개관 후 첫 해체**

건물 전체의 내진 보강과 쾌적성을 목적으로 한 이번 개수에 맞춰, 파이프오르간도 30년 만에 처음으로 오버홀(분해 수리)이 이루어졌다. 오버홀이란, 한번 해체한 후 점검·청소·조립을 하는 대대적인 유지관리 작업을 말한다.

해체부터 정음(整音)까지 4개월의 기간에 걸쳐, 파이프와 "풀무"(소리를 울리기 위해 오르간으로 공기를 보내는 부분)의 전체 점검을 실시했다고 한다.

▶ 파이프오르간 오버홀 모습

금속 파이프의 전문가도 참가하였다. 움푹 패이거나 일그러진 부분이 있으면, 그 부분을 잘라내 수리할 수 있는 기술을 가지고 있다.

또 한 차례 클리닝을 마치고 파이프를 조립한 후에는, 정음 전문가도 프랑스에서 초빙하였다. 파이프오르간의 소리는, 그 오르간의 설계자가 음질의 기준을 가지고 있어, 설계자 본인, 혹은 설계자 밑에서 허가를 받은 정음 전문가가 OK 하지 않으면 완성되지 않는다고 한다. 이 손이 많이 가는 방식에서도, 이즈미홀의 파이프오르간이 얼마나 섬세한 존재인지 전해진다.

- 30년이 지나도 상태는 양호

점검과 청소는 파이프를 하나씩 해체하여, 30년분의 먼지를 제거하고, 일그러짐이나 열화 등을 조정하고 되돌리는 작업을 하고 있다. 해체된 파이프. 꼼꼼히 순서대로 나열하고 기호를 매겨 보관함으로써, 원래대로 되돌릴 때 잘못 넣는 일이 없도록 방지한다.

납은 부드러운 소재. 파이프의 먼지는 솔로 조심히 털어낸다.

기술팀의 말에 의하면, 30년이 지난 상태치고는 열화가 최소한으로, 이즈미홀의 빈틈 없는 공조 관리 덕분에 상태가 양호하게 유지되고 있다고 한다.

개수 후 첫 공개일로, 2018년 10월 6일(금)에 「바흐 · 오르간작품 전곡 연주회 Vol.13」이 예정되어 있다. 역 근처로 찾아가기 쉬운 이즈미홀. 매우 장엄하고 정취가 있는 이 호화로운 공간에, 부담 없이 들를 수 있는 것은, OBP 구역이 콤팩트하기 때문이다. 이것도 역시, OBP의 좋은 점일지도 모른다.

▶ 무대 전면에 파이프오르간

[표] 파이프오르간 사양	
구 분	구 성
스톱 수	46
파이프 총 수	3,231봉
건반 수	4단 손 건반, 1단 발 건반
보조 장치	콤비네이션 조작 버튼 외, 익스프레션 페달
높이	10m
폭	3.6m
파이프 수	3,633봉
설계 · 제작 · 조립	Koenig社 (프랑스)

○ 파이프오르간

오르간은 홀이나 예배 공간에 고정(固定)되는 악기이며, 공간의 음향특성에 맞춰 설계되어, 정음이 이루어진다. 따라서 오르간은 공간의 잔향과 가장 밀접한 관계에 있는 악기로, 오르간 빌더와 연주가는 공간의 잔향에 대해서는 강한 관심(關心)과 주장을 가지고 있다.

▪ 시대(時代)와 풍토성(風土性)

오늘날의 오르간이나 오르간 음악이 만들어진 것은, 16, 17세기 르네상스 이후로, 이들은 18세기의 후반, 바로크 시대의 폴리포닉(다성부의) 한 오르간에서 정점(頂點)에 달한다. 19세기에는 심포닉 한 오르간으로 발전하지만, 그 이후, 오케스트라, 피아노에 음악 활동의 주역 자리를 내어주고, 유럽과 미국에서도, 오르간은 일반 콘서트 활동의 권외(圈外)에 있는 것으로 볼 수 있다.

금세기(今世紀), 바로크 오르간으로의 복귀, 교회음악에서의 독립 등을 내세운 오르간 운동이 일어나지만, 현재, 그 운동 정도의 지나침이 반성되어, 현재, 각 시대의 역사적 오르간이 주목받고 있다.

또, 오르간이라는 악기가 건물에 고정되는 악기인 만큼 풍토와의 연관성은 매우 강하고, 지금도 독일계, 프랑스계 등 음색의 특징이 각 시대의 조율법(調律法)과 함께 보존되고 있다. 따라서 오르간이라 한마디로 말하더라도, 하나하나가 다른 악기로, 이것이 피아노 등과의 큰 차이라 할 수 있다.

▪ 콘서트 오르간(Concert Organ)

많은 교회에 특색 있는 오르간이 설치되고 있는 유럽의 마을에서는, 오르간 리사이틀은 주로 교회 중심으로 이루어지고 있다. 따라서 콘서트홀 오르간의 사용 목적은 자연히 한정(限定)되게 된다. 그런 만큼, 유럽과 미국의 유명한 콘서트홀에서도 오르간을 들을 기회는 거의 없고, 가끔 들린 홀에서 오르간을 연습(演習)하는 것을 듣는 정도의 체험밖에 없다.

한편, 오르간이 있는 교회가 한정되어 있는 우리에게는, 콘서트홀의 오르간에 오르간 음악의 모든 것을 기대(期待)하게 된다. 즉, 각 시대의 오르간 곡을 연주할 수 있는 리사이틀용 악기로서의 기능부터, 오케스트라의 악기로서의 기능까지, 폭넓게 대응할 수 있는 것이 요구된다.

오케스트라의 한 악기로서 역할이 있는데 오르간을 의식해 작곡된 특정 오케스트라 곡으로서 "생상스의 교향곡 제3번, R. 슈트라우스의 교향시 「차라투스트라는 이렇게 말했다(Also sprach Zarathustra)」"등이 있다. 그러나 이들 곡에서 오르간의 역할은 주로, 저음(低音)의 서포터 역할로, 이는 오르간 기능의 일부에 지나지 않는다.

오케스트라와 공연하는 독주 악기로서 역할은 대표 사례로는 "헨델의 오르간 협주곡, 쿠프랭의 「오르간, 현악과 팀파니를 위한 협주곡」" 등이 있다. 협주곡으로서의 독주 악기인 만큼, 오케스트라와의 사이에는 피치와 함께, 음량(音量)의 밸런스 문제가 있다. 헨델의 오르간 협주곡은 포지티브 오르간으로 실내 오케스트라 안에서 연주되는 경우가 많다.

리사이틀 악기로서의 오르간은 콘서트 오르간이라 하더라도, 리사이틀에 사용되는 경우가 많고, 그중에서도 바흐로 대표되는 바로크의 오르간곡이 중심이 된다. 여기서 항상 지적되는 것이 홀의 잔향(殘響) 부족이다. 통상의 경우 레코드나 방송을 통해 대성당이나 카테드랄(cathédrale)의 오르간 연주음이 소개되고 있는 것이 큰 원인이지만, 또 하나 오르간이 관악기(管樂器)나 현악기(絃樂器)에 비해, 잔향감을 붙이기 어려운 악기라는 점에도 원인이 있다고 생각한다.

종교음악의 연주, 합창 등의 반주로서의 역할으로는 "마태수난곡, 포레의 레퀴엠" 등의 연주에는 오르간은 빠질 수 없는 악기이다. 또, 르네상스 합창곡의 반주에는 오르간이 사용된다. 문제는 피치와 조율법으로, 고악기(古樂器)가 사용되는 경우에는, 고전 조율법에 따른 오르간이 사용된다.

- **온도(溫度)와 피치의 문제**

오르간의 피치는 온도에 따라 변화한다. 게다가 플루 파이프(flue pipe)와 리드 파이프(reed pipe)에서는 온도에 따른 피치의 변동 방향(變動 方向)이 반대가 된다. 홀의 공조의 설정 온도도, 겨울과 여름에서는 다르므로, 계절에 따라 오르간의 피치는 달라진다. 게다가 구조상, 연주회 전에 오르간 전체의 피치를 바꾸는 등과 같은 일은 불가능(不可能)하며, 보통, 연주회 직전에 이루어지는 것은 리드 파이프만의 피치 조정이다.

한편, 오케스트라에 따라, 표준으로 하는 피치가 다른데, 오케스트라와의 협연의 경우에는, 오케스트라 측이 오르간의 피치에 맞추는 수밖에 없다. 온도의 영향이 있는데 그것을 조정할 수 없는 것만으로도, 오르간은 특수한 악기라 말할 수 있을 것이다.

- **오르간의 설치장소와 공간**

오르간은 공간과의 관련이 깊은 악기인 만큼, 그 설치장소, 설치 방법은 잔향에 밀접하게 관계한다. 한편, 오르간을 위한 공간의 확보는 건축계획의 큰 과제(課題)가 된다. 또, 홀의 경우, 무대 위의 오르간은 음향효과와 관련된 반사음의 성질에 크게 영향을 미친다.

교회에서의 오르간의 배치에 대해서는, 예배 속에서의 오르간의 중요도, 관습(慣習) 등으로부터 몇 가지 타입이 있다. 제단의 양측, 옆, 후방의 발코니석 등이 대표적인 위치이다. 또, 설치

방법에 대해서도, 오르간의 오랜 역사 속에서 경험적인 지침(指針)이 있다.

콘서트홀의 오르간 설치장소로는 무대 정면(正面)이 자연스럽지만, 다목적홀에서는 우리의 세종문화회관, 일본의 NHK 홀, 신주쿠 문화센터 등과 같이 측벽(側壁)밖에 설치할 장소가 없는 경우가 많다.

설치장소로서는 교회와 마찬가지로, 오르간 관계자가 바라는 것은, 오르간을 실 공간의 중간에 두는 배치이며, 벽면을 도려낸 형태에 집어넣는 배치에는 반대한다.

확실히 오르간이 주위의 반사면으로부터 거리를 두고 설치되고 있는 편이 안 길이의 깊이감, 오르간 소리의 확산 등에 있어서 바람직하다는 것은 이해할 수 있지만, 케이스가 있는 경우 과연 어느 정도 차이가 있을지, 객관적인 방법으로 확인할 필요가 있다.

콘서트홀에서의 오르간 설치 공간의 사례를 표 1에 나타낸다. 일본의 홀에서는 일반적으로, 규정 객석 수를 수용(收用)하는 것 자체가 큰 과제로, 상기와 같은 공간을 스테이지 공간으로 확보하는 것은 건축계획에서는 큰 과제이다. 또, 오르간 상부의 공간은, 32피트의 파이프를 설치하게 되면, 파이프의 길이만으로도 10m가 넘기 때문에, 적어도 15m에 가까운 높이의 공간이 필요하게 된다. 한편, 스테이지 위의 연주자에게 있어 천장에서의 초기반사음은 중요한 실내 음향조건으로, 여기서 무대 정면의 오르간은 홀 형상 설계의 큰 제약 조건(制約 條件)이 되는 것이다. (이러한 문제점을 서울예술의전당 음악당 합창단석 후면 – 파이프오르간 설치 계획 부분 – 에서 잘 볼 수 있다)

[표] 오르간 설치 공간의 규격

	폭	안길이 (m)	높이* (m)
산토리 홀	13.00	2.20~3.00	11.00
도쿄예술극장 대 홀	13.00	5.30	12.00
후쿠시마 음악당	6.70	4.60	12.00
마쓰모토시 음악문화 홀	8.00	3.50~4.50	11.50

* 오르간 하단에서 천장까지의 높이

이러한 점에서만 보면, 오르간을 측벽에 설치하는 방식이 더 무난한 듯 보이지만, 콘서트홀의 측벽도 역시 반사면으로는 중요한 면이다. 어쨌든 무대 근처의 오르간은 실내음향설계(室內音響設計) 상에서 매우 어려운 과제이기도 하다.

오르간의 설치장소에 대해서는, 또 하나 고려해야 할 조건이 있다. 그것은, 스테이지 위의 지휘자, 연주자와 오르간과의 거리이다. 폭이 약 20.0m인 무대에 배치되는 오케스트라조차, 파트에 따라서는 악기 간의 거리에 따른 소리의 전반시간(轉般時間)의 차가 문제가 되는 경우가 있다. 따라서 스테이지에서 떨어진 위치에 설치되는 오르간의 경우는, 시간지연(時間遲延)의 문제는 연주자에게 있어 큰 부담이 된다. 오케스트라와의 협연의 경우에는, 이동용 콘솔을 무대에 두고, 연주하는 경우도 적지 않다. 표 2는 오르간을 배치한 대표적인 홀의 제원, 오르간의 규모와 함께, 무대 선단(先端)과 콘솔까지의 거리를 나타내고 있다.

이상에서 설명한 바와 같이, 오르간에 있어서 선호하는 설치조건은, 콘서트홀의 입장에서는 매우 어려운 결정 단계를 거쳐야 하는 문제이다. 오르간인지, 오케스트라인지, 어느 쪽을 중시(重視)하느냐는, 홀의 건설 기본방침과 관련된 과제로, 기본계획 단계에서, 충분히 논의해야 한다.

○ **국내 공연장 파이프오르간**

- 부천아트센터

- 부산콘서트홀

- 세종문화회관

 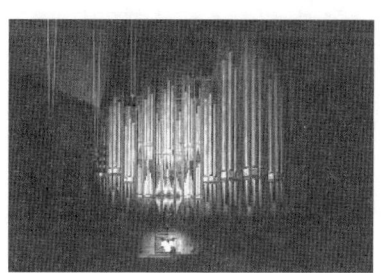

○ 오르간의 음향특성(音響特性)

오르간은 파이프의 집합체로, 무대 공간이 큰 흡음체(吸音體)이다. 그러나 그 흡음특성의 자료는 외국에서도 발표된 것이 없다. 아직 수는 충분하지 않지만, 현장 측정을 통한 자료를 알아보면 다음과 같다. 오르간 고유의 문제로서, 오르간 연주음의 잔향감이 있다.

오르간에 의한 소리의 흡수와 반사에 대한 내용으로 수천 개의 파이프가 늘어선 오르간은 $\lambda/4$ 또는 $\lambda/2$의 포켓형 레조네이터의 집합체(集合體)로, 이론적으로는 각 파이프는 공명주파수에 있어서 최대 $\lambda^2/2\pi$의 흡음력을 나타낸다. 또, 파이프를 수용하는 케이스의 패널은 진동하기 쉬운 구조로, 저음역의 흡음을 더 조장하고 있다. 한편으로, 고음역에서 파이프의 표면에서는 호가산 반사가 일어난다.

오르간의 흡음력에 대해서는, 설치 전후의 잔향시간의 차(差)로부터 산출할 수 있다. 그 값을 그림 5에 나타낸다. 90.0㎡이나 되는 흡음력은 약간 큰 값이지만, 저음역의 흡수가 크다는 것을 예상한 그대로이다. 오르간을 설치하는 홀에서는, 이와 같은 오르간의 흡음력을 고려해 내장설계(內裝設計)를 실시할 필요가 있다.

오르간 연주음의 잔향감에 대한 사항으로 콘서트홀에서 오르간 연주를 듣고 있으면, 잔향이 어느 레벨에서 급격하게 사라지는 느낌을 받는 경우가 많다. 같은 홀에서의 현악기 및 관악기의 잔향감이 서로 다른 것이다. 그 이유로는,

- 청감의 라우드니스 특성으로부터 추정할 수 있는 저음역의 라우드니스의 급격한 감소.
- 무대 정면의 면 음원에 의한 반사음 성분의 부족 등을 생각할 수 있다.

이 현상에 대해서는, 아직 검토되고 있지 않지만, 이 사실만 보더라도 오르간은 다른 악기보다도 긴 잔향이 필요하다는 것은 분명하다.

도면

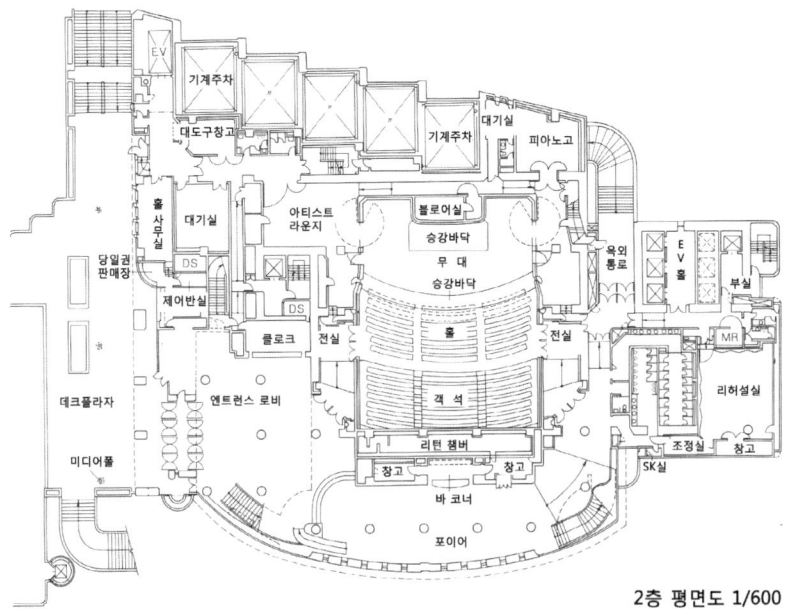

2F 평면도

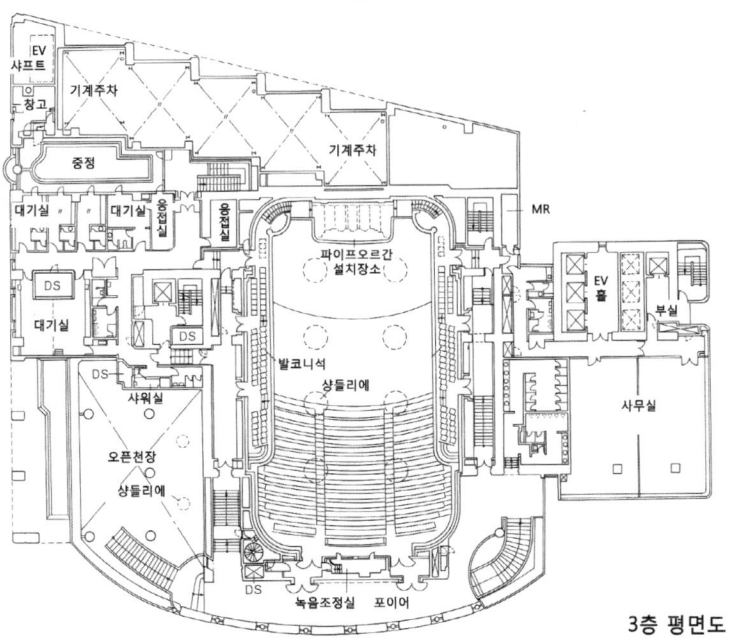

3F 평면도

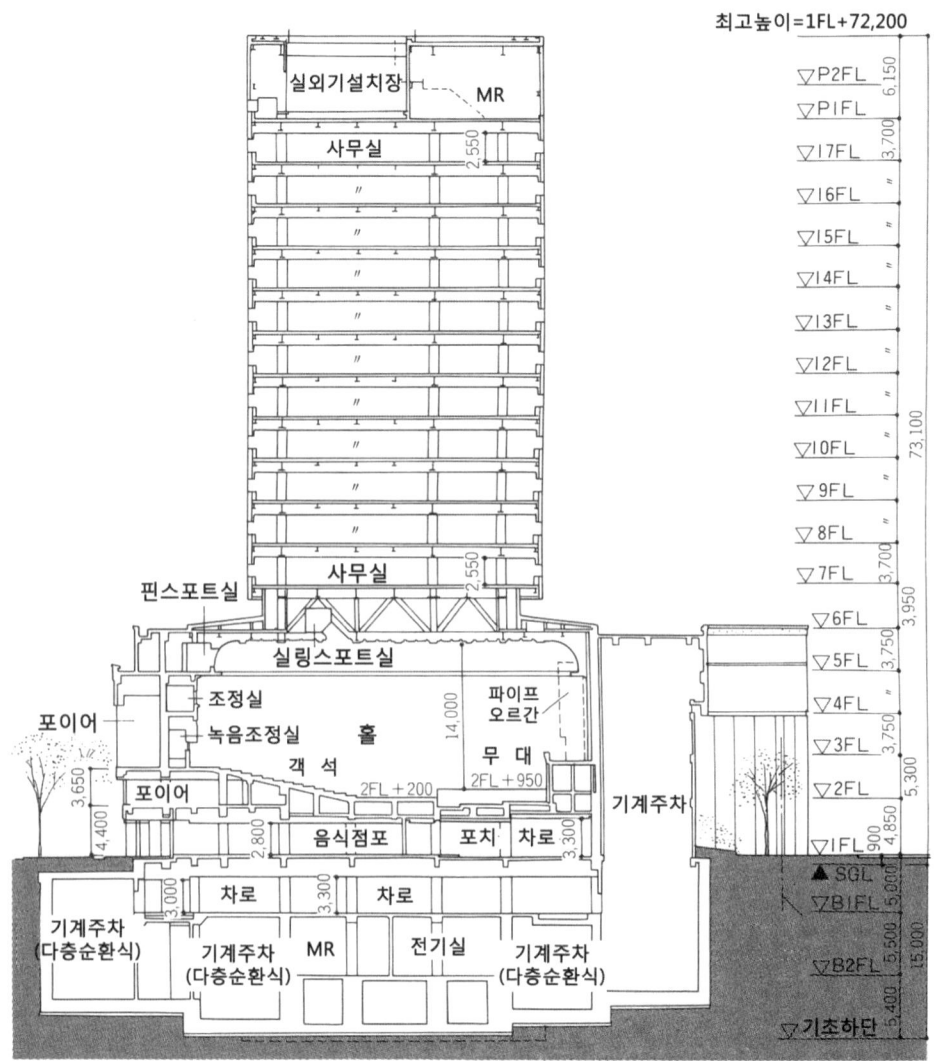

동서단면도 1/800

동서단면도

▶ 무대 평면도

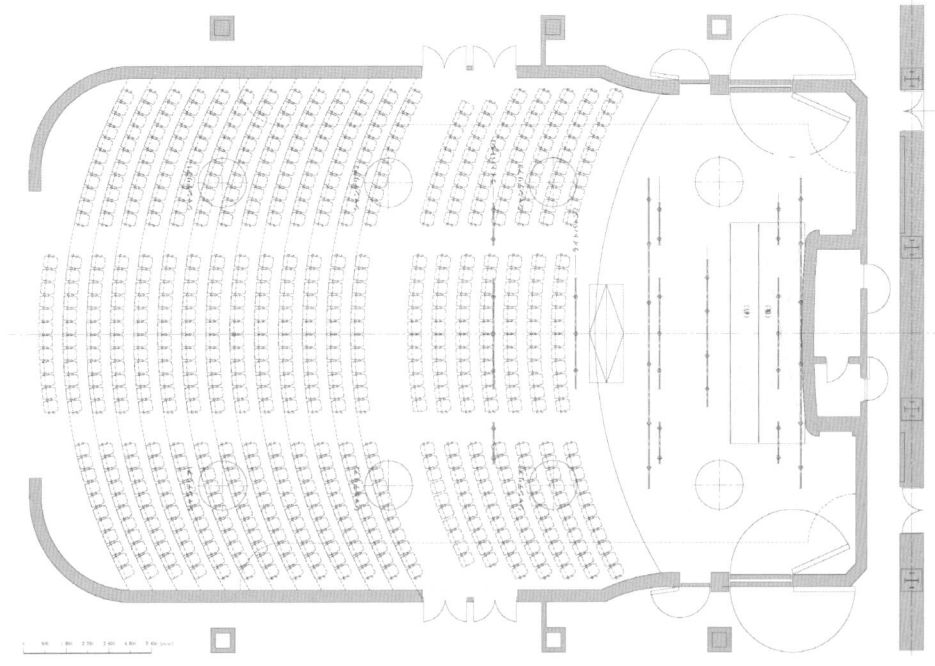

▶ 무대 단면도

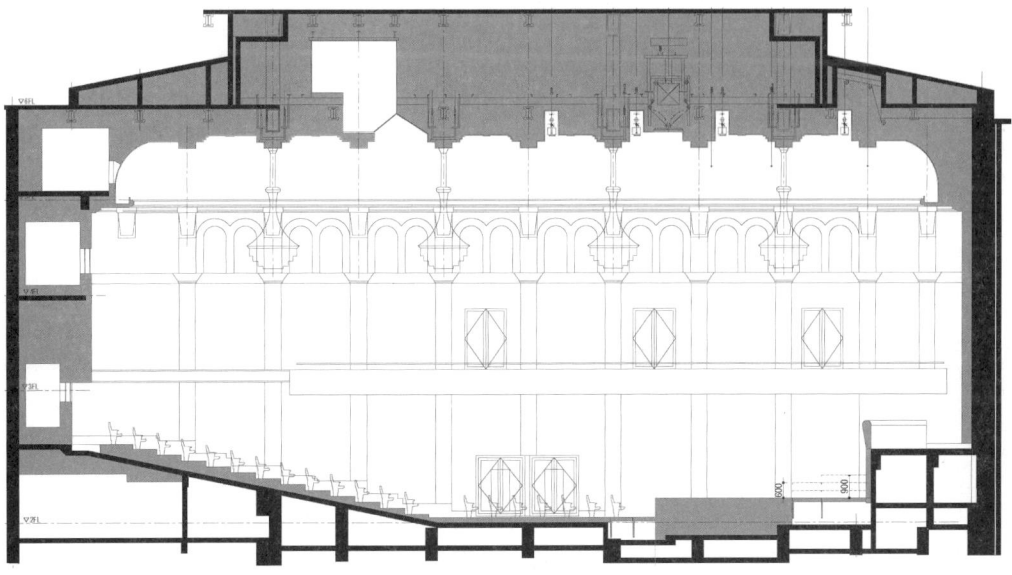

▶ 홀의 장방향 단면 상세

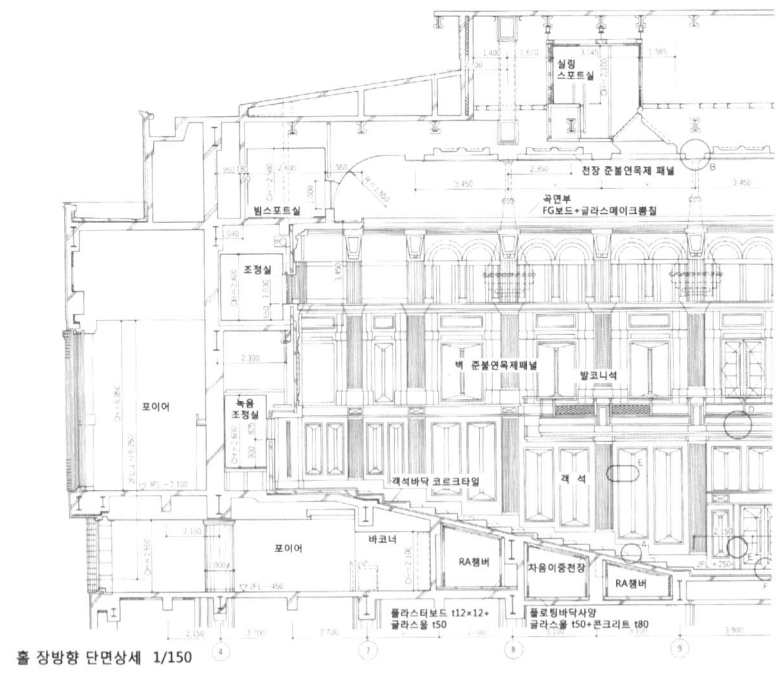

홀 장방향 단면상세 1/150

▶ 홀의 단방향 단면 상세

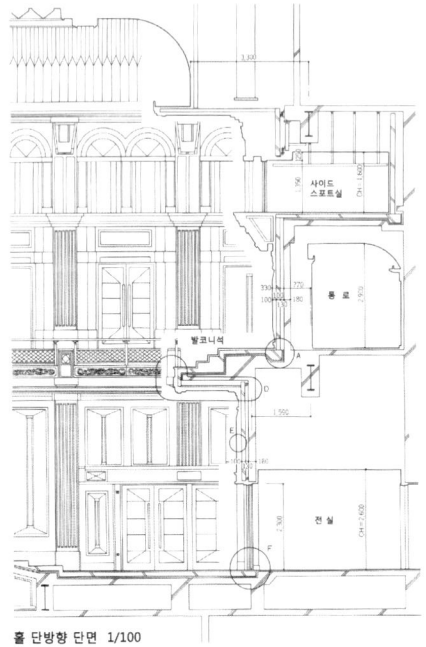

홀 단방향 단면 1/100

▶ 시설 배치도

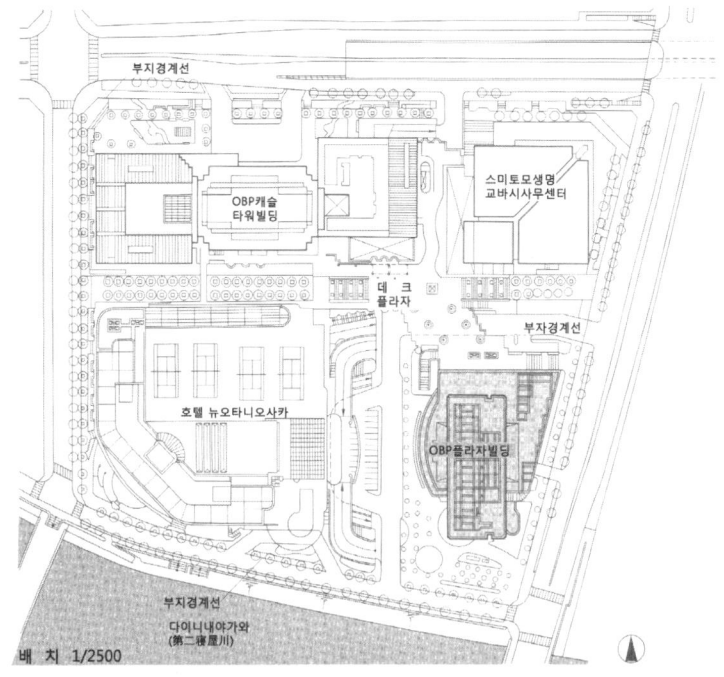

오사카 교향악단(大阪フィルハーモニー交響楽団)

○ Osaka Philharmonic Orchestra

1980년 「오사카 심포니카」로서 창립. 초대 음악 감독·상임 지휘자는 고이즈미 히로시, 창설자 및 종신 명예악단 대표 시키시마 히로코가 '듣는 것도, 연주하는 것도 만족할 수 있는 음악을!'이라는 슬로건을 내세웠다.

언제나 청중을 '뜨겁게' 감동시키는 그 연주는 '영혼의 외침', '열정의 소리'로 평가받고 있다.

1992년 1월에 토마스 잔델링크를 음악 감독, 상임 지휘자(그 후, 2010년 3월까지 계관 음악 감독, 수석 지휘자)로 맞이해 오케스트라로서의 기초를 세웠다.

2001년 1월에 「오사카 심포니카-교향악단」으로 명칭을 변경함과 더불어, 소가 다이스케(음악 감독, 상임 지휘자, 2003년 12월까지), 오야마 헤이이치로(음악 고문, 수석 지휘자, 2004년 9월~2008년 3월), 고다마 히로시(음악 감독, 수석 지휘자, 2008년 4월~2016년 3월), 소토야마 유조(음악 고문, 2016년 4월~2020년 3월, 이후 명예지휘자 2020년 4월~)의 각 지휘 아래 큰 발전을 이루어 왔다. 2022년 4월, 새로운 지휘자 체제로 야마시타 카즈시(상임 지휘자), 시바타 마이쿠(음악 파트너), 타카하시 나오시(수석 객연 지휘자)의 3명이 취임하여, 새로운 도약을 기대하고 있다.

지원 조직으로서 1988년 오사카 심포니카-협회를 설립, 2008년 12월에 일반 재단법인이 되었다. 2010년 4월에 교향악단 명칭을 '오사카 교향악단'으로 개칭, 2012년 4월에 지원 조직과 악단을 통합하여 일반 사단법인 오사카 교향악단이 되어 2018년 11월에 공익사단법인이 되었다.

1990년 오사카부 지사 표창. 2007년 음악 크리틱 클럽상을 수상. 2008년 1월, 헤이세이 19년도(제62회) 문화청 예술제「예술제 우수상」을 수상. 같은 해 7월, 헤이세이 20년도「사카이시 영예상」을 수상. 2009년 7월, 헤이세이 21년도「사카이시 공적 단체」로서 사카이시에서 표창. 2010년 1월, 헤이세이 21년도(제64회) 문화청 예술제「예술제 대상」을 수상. 2022년 3월, 레이와 3년(2021년도) 오사카 문화제상을 사카이 시티 오페라와 합동으로 수상(il Teatro L'alba L'amore "오페라×오케스트라" 공연에 대해). 동상의 수상은 91년, 93년, 99년, 2000년, 2013년에 이어 6번째였다.

해외 공연은, 문화청 "2004년도 국제 예술 교류 지원사업(해외 공연)"의 조성을 받아, 2002년 12월, 일본·루마니아 교류 100주년 기념으로서 첫 유럽 공연을, 또 2003년 3월에는 닛코시 외교 수립 30주년 기념으로 베트남·하노이시에서 공연을 실시하였다.

CD는, 브람스 교향곡 전집과, 공익 재단법인 롬 뮤직 파운데이션의 조성에 의해 코다마 히로시의 디스커버리·클래식 시리즈 전 타이틀 5종(모두 킹 레코드), 우노 코요시 지휘로 베토벤: 교향곡 제9번「합창 첨부」바이올린 협주곡 전집(모두 옥타비아 레코드), 그리고 창립 40주년 기념으로 라이브 CD 제1탄 차이코프스키 3대 교향곡과, 제2탄 베토벤 교향곡 전집, 제3탄 소토야마 유조 작품집, 제4탄 브람스 교향곡 전집(2022년 3월 발매-킹 인터내셔널)을 발매하였다.

이즈미홀(Izumi Hall) 공연자료

これぞドリームチーム！"トッププレイヤー魂"が炸裂するステージ！

動画再生2億回越え！「唱」「踊」の作編曲を手がけた超人気アーティストTeddyLoidとyaSyaの再会が生んだ奇跡のエレクトーンスコア「Ado」全収録曲をノンストップでプレイ！
後半は、6人のプレイヤーそれぞれの個性が再びバースト！全19曲！圧巻のステージ！

STAGE SPOT SPECIAL PRESENTS 2026
ELECTONE SUPER LIVE

BURST of SOUL 6

MASAHIDE NAKANO 中野正英
IZUMI TAKADA 高田和泉
DAIJU KURASAWA 倉沢大樹
MASASHI TAKANO 高野雅史
YASUYA TOMIOKA 富岡ヤスヤ
HIROSHI KUBOTA 窪田 宏

2026 3/1 SUN

サンケイホールブリーゼ
18:00 START (OPEN 17:30)

シングル ¥4,900　ペア ¥9,400
ALL RESERVED SEATS

10/17 ON SALE

主催　三木楽器株式会社
協力　ヤマハミュージックジャパン / ヤマハ音楽振興会
企画　MIKISPOT

チケットの取り扱いは、三木楽器心斎橋　茨木　豊中　堺　岸和田の各センターまで

14. 산케이홀 브리제

サンケイホールブリーゼ – SanKei Hall Breezé

산케이홀 브리제
(サンケイホールブリーゼ － SanKei Hall Breezé)

　브리제(Breezé)란, "산들바람"을 의미(意味)한다. 이 홀에서, 새 시대 문화·예술의 기분 좋은 바람이 인다는, 그러한 뜻이, 이름에 담겨 있다. 1952년에 개장하여, 오사카 극장문화의 기초(基礎)를 만든 산케이홀의 DNA를 물려받아, 차세대의 엔터테인먼트를 키워나가고자 하는, 문화 창조(文化 創造)에 대한 의욕을 가진 홀이다.

　50년을 이어온 자부심과 뉴커머(newcomer)로서의 열의를 토대(土臺)로, 오사카의 새로운 THEATER CULTURE를 창조하고자 한다.

　산케이홀 브리제는, 연극에서 미술가·연출가의 요구에 대응 가능한 트랩 바닥 및 승강 배턴, 팝, 록 콘서트에도 대응하는 하이클래스 음향설비와 플렉시블한 조명설비, 클래식 콘서트에 적합한 이동형 음향반사판, 오페라 및 뮤지컬이 상연 가능한 오케스트라 피트, 일본 무용 등의 전통예능에 사용되는 대승강장치·소승강장치, 가설 하나미치를 장비하고 있다. 모든 무대예술에 대응할 수 있는 "다기능 홀" 산케이홀 브리제는, 수많은 공연 및 무대예술을 지원해 온 기술 스태프와 방문자에 대한 환대가 넘치는 프런트 스태프가, 다양한 공연을 지원하고 있다.

산케이홀 브리제가 들어가 있는 초고층빌딩「BREEZÉ TOWER」는, JR 오사카역이나 지하철과 지하도로 직결하는 편리한 교통 환경이다. 홀 외에, 오피스, 쇼핑, 콘퍼런스 시설로 구성되어 있고, 유백색의 늘씬한 외관이, 니시우메다(西梅田)의 거리에 기품을 부여(附與)하고 있다.

건물의 최대 특징은, 초고층빌딩이면서, 플로어에 외기를 자유롭게 들일 수 있는 자연 환기와 자연채광과 더블 스킨 파사드에 의한 외장구조의 기술을 통해, 자연에너지를 활용하는 환경공생형(環境共生形)의 빌딩으로 되어 있다. 디자인 건축가로서 많은 사람 중에 지목을 받은 크리스토프 인겐호벤(Christoph Ingenhoven)은, 환경 선진국 독일을 대표하는 건축가로서, 환경과 인간에 대한 의식을 고조시킨 건축철학으로 세계에 알려져 있다. 홀의 이름인 브리제(Breezé)는 영어인「BREEZÉ(미풍)」의 끝음을 강조하여「É」라고 한 것은, 생태학(ecology)과 엔터테인먼트(entertainment)의 새로운 가치 창생(蒼生)을 지향하는 자세의 표현이기도 하다.

[표] 건물의 개요

구 분	내 용
소 재 지	오사카시 기타구 우메다 2-4-9 (大阪市北区梅田2-4-9) Breezé 타워 7층
공사발주	산케이빌딩(サンケイビル), 시마쓰상회(島津商会)
설 계	미쓰비시지쇼 설계(三菱地所設計)
디자인건축	크리스토프 인겐호벤(Christoph Ingenhoven) / Ingenhoven Architekten
홀 설계 협력	가지마건설(鹿島建設) 건축설계 본부
시설규모	부지면적 : 5,291.89㎡ (Breezé 타워 전체) 건축면적 : 3,621.29㎡ (Breezé 타워 전체) 연상면적 : 84,756.28㎡ (Breezé 타워 전체)
건축구조	S조(지상)·SRC조(지하) 지상 34층, 지하 3층, 옥탑 1층
시설종류	Breezé : - 연극, 뮤지컬, 댄스, 팝, 클래식, 라쿠고, 일본 무용 등 다양한 무대예술. Breezé플라자 소 홀 : - 기업 식전·세미나·회사 설명회·신상품 발표회부터 댄스 이벤트·토크쇼·음악 라이브 등 멀티 이벤트에 대응

외관 및 로비

▶ 외관 모습

▶ 로비 / 소 홀 공통 로비

14. 산케이홀 브리제

산케이홀 브리제(Breezé)

산케이홀 브리제(サンケイホールブリーゼ)는, 반세기의 역사를 가진 명극장(名劇場)을, 새롭게 재건축한 다목적홀이다. 1952년 완성된 구(舊) · 홀은, 오사카에서 전쟁 후 첫 "문화의 전당"으로서, 전재 부흥(戰災 復興)의 상징이 되어, 많은 사람들에게 사랑받았다.

故 · 아사히나 다카시(朝比奈 隆)가 간사이 교향악단(関西交響楽団)을 이끌고 클래식음악을 세상에 널리 보급시키고, 간사이지방의 부흥에도 크게 기여하는 등, 셀 수 없는 많은 명장면을 탄생시켜 왔다.

그 홀이 2008년 11월, 다시 태어났다. 같은 니시우메다(西梅田)지역에, 다가오는 반세기에 대한 새로운 엔터테인먼트를 육성하고, 예술과 문화의 상쾌한 「Breezé(미풍)」을 일으키려 하고 있다.

새로운 홀은 「블랙박스」라고 이름 붙여진 칠흑의 공간. 벽, 의자, 난간 등의 모든 것이 블랙으로 통일되어, 불필요한 빛의 반사나 겹침을 억제하고, 연기자, 관객 모두 그 의식을 무대로 집중할 수 있다.

대 홀의 객석은 일부러 900석 정도의 중규모로 제한(制限)하여, 연기자와 관객이 서로 숨결을 느낄 수 있는 밀도가 되도록 구성에 중점을 두었다.

이러한 공간의 컨셉은, 일본의 전통적인 연극(演劇) 소극장(小劇場)에서 발상을 얻고 있다.

1층의 객석이 「히라바(平場 ; 무대 정면 바닥에 칸을 자른 관람석)」에 해당되고, 3층의 ㄷ자형 발코니석이 「사지키(桟敷 ; 판자를 깔아 높게 만든 관람석)」로서 둘러싼다. 이러한 공간구성에 의한 "감싸인 감각"이, 일본의 전통예능부터 현대 연극까지 다양한 공연을 모두 함께하는, 그 열기를 한층 더 고조시키는 것이다.

무대와 객석의 일체감을 추구한 산케이홀 브리제. 평면도와 단면도가 보여주듯이, 일본의 연극 소극장을 공간 구성의 콘셉트로 해서, 1층 객석을 3층의 발코니석이 ㄷ자형으로 감싼다.

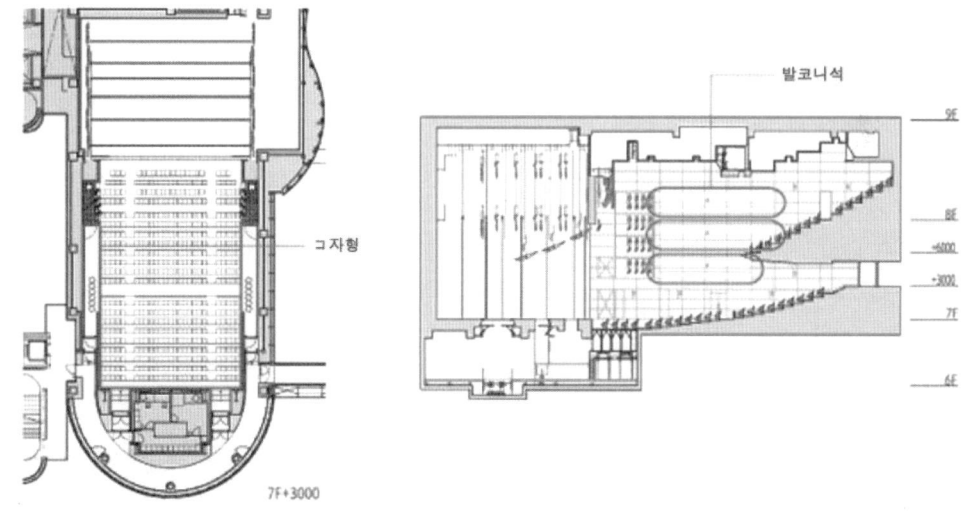

다양한 공연이 이루어지는 산케이홀 브리제에서는, 가수의 목소리나 연기자의 대사가 명료하게 들리는 것이 가장 중요시되기 때문에, 반사음의 적당한 확산이 요구된다. 그래서 객석 부분의 천

14. 산케이홀 브리제

장높이를 최대한 크게 확보하고, 측면의 벽을 3분할(分割)하여 "〈"자형으로 3도 기울여 접음으로서, 적절한 음향 공간을 디자인하였다.

산케이홀 브리제에서는, 클래식 음악에 대응하기 위해, 미국제 가동식 음향 반사판을 채용하였다.

반사판의 유닛은, 벽 부분을 무대 축에 콤팩트하게 격납하고, 천장 부분은 무대의 가장 안쪽 부분에서 매달아 수납하여, 무대의 면적을 확보하였다. 또, 차음 계획에 대해서도 독자적인 고안이 적용되었는데, 최고층 빌딩의 브리제 타워는 구체구조가 철골이기 때문에, 건물 내부에 소리가 전달되기 쉽다. 그래서 홀 자체를 하나의 "닫힌 상자"와 같이 형성하여, 방진고무 등으로 띄우는(플로팅) 구조로 하고 있다.

○ **산케이홀 브리제의 다기능형 홀 설계 컨셉**

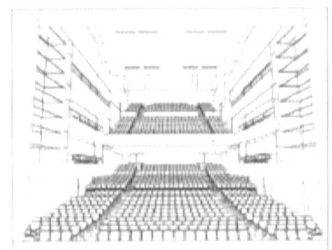
음향·조명 설비를 천장 및 벽에 격납하여, 무대와 객석의 일체감을 잃지 않는 심플한 홀 공간.

연극에서는 빛의 양을 억제, 무대에 의식을 집중시킨다.

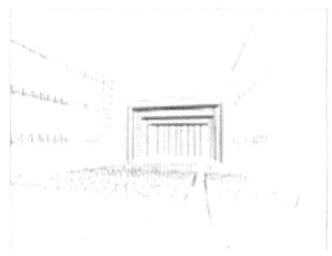
음악 콘서트에서는 라이팅으로 공간의 화려함을 연출한다.

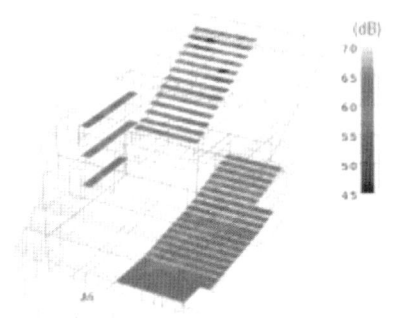
산케이홀 브리제의 반사음 분포도. 각 층의 「관람석(시지키)」에까지 음선은 거의 균일하게 퍼지고 있다.

음향반사판을 조립한 상태의 산케이홀 브리제의 무대. 무대 면적을 확보하여 다양한 공연에 대응하기 위해, 콤팩트하게 격납할 수 있는 가동형의 판을 설치하였다.

컴퓨터 시뮬레이션에 의한 산케이홀 브리제에서의 온도 프로필 예측.

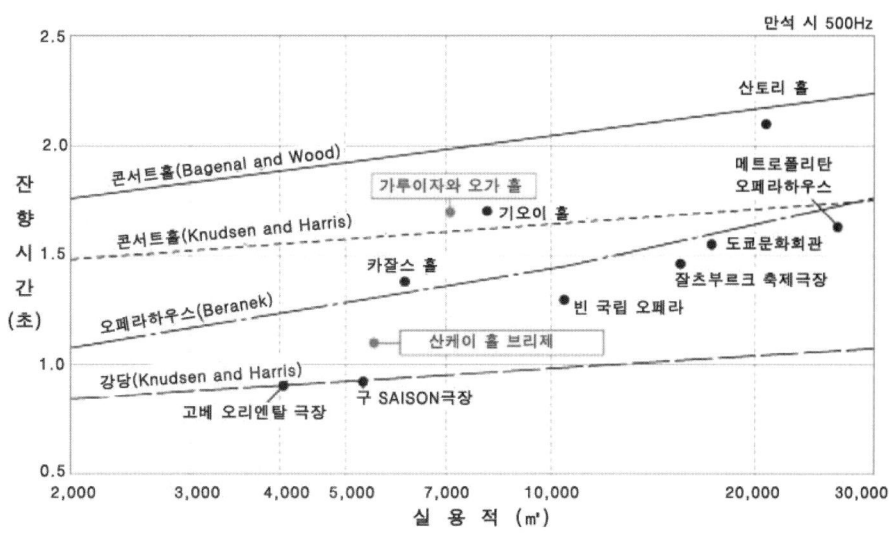
주요 홀과의 잔향시간 비교. 최적 잔향시간은 홀의 용도와 실용적에 따라 달라진다.

산케이홀 브리제는 도시형 홀이다. 객석의 고저 차 및 천장의 높이와 같은 조건을 고려하여, 「치환 공조」를 채용하였다. 이는, 관객이나 공연자가 체류하는 공간만을 효율적으로 공조하는 방식이다. 객석의 바닥 아래와 벽면, 무대의 벽면에서 보내지는 공기는, 설정 실온보다 약간 낮거나(냉방 시), 높게(난방 시) 하고, 매우 천천히 송풍함으로써 "거주역(居住域)"만 조정된 공기를 체류(滯留)시켜, 일정한 층을 구축하여 효율적으로 거주 공간의 공조를 실시한다. 이에 따라 공조 장치의 용량을 작게 할 수 있어, 에너지 절약에도 공헌할 수 있었다.

[표] 산케이홀 Breezé 개요	
구 분	내 용
객 석 수	912석 (1F 562석, 2F 306석, 발코니석 44석) 넓이 : 791㎡
기 타	① 무대 　넓이: 355㎡, 무대면에서 그리드: 15.9m, 무대면에서 무대 지하: 5.4m(무대 지하면높이 3.7m), 객석 바닥면에서 무대면: 0.9m, 무대 앞에서 호리촌트: 12.3m, 돌출무대의 최대 안길이: 3.6m ② 측무대 　폭 : 하수 2.0m, 상수 6.0m 　갤러리 높이 7.7m(들보 밑) ③ 프로시니엄 　개구 너비 : 12.7m ~ 14.5m 　개구 높이 : 7.2m ~ 8.6m ④ 오케스트라피트　　4.2m×12.1m

▶ 내부 전경

Breezé 플라자 소 홀(Small Hall)

Breezé타워 7층에 위치하는 「Breezé 플라자 소 홀」. 새틀라이트 공간으로서, 산케이홀 Breezé의 무대 위 모습을 257인치 스크린을 통해 볼 수 있다. 최대 330명 수용의 다목적홀과, 유연하게 사이즈 변경이 가능한 5개의 컨퍼런스 룸으로 구성. 최신 AV 시스템에 의해, 음향·영상·인터넷 등을 구사한 효과적인 프레젠테이션을 할 수 있다. 912석의 산케이홀과도 연동 이용이 가능하다. 스테이지 측은 반원 형상(半圓形狀)으로, 자연스럽게 프레젠터로의 포커스가 높아지는 디자인으로 되어 있다.

기업 행사·세미나·회사 설명회·신상품 발표회부터 댄스 이벤트·토크쇼·음악 라이브 등 멀티 이벤트에 대응. 기재·음향의 기술 지원 인원이 상주한다.

[표] Breezé 플라자 소 홀개요

구 분	내 용
객 석 수	최대 330석 다목적홀 : 266㎡(넓이)
기 타	[회의실] 701 : 9㎡ (소 홀 대기실) / 801 : 61㎡ / 802 : 60㎡ / 803 : 63㎡ 804 : 59㎡ (803과 일괄 이용 가능) / 805 : 86㎡ [용도] 기업 행사·세미나·회사 설명회·신상품 발표회부터 댄스 이벤트·토크쇼·음악 라이브 등 멀티 이벤트에 대응

▶ 내부 전경_ 소 홀

도면

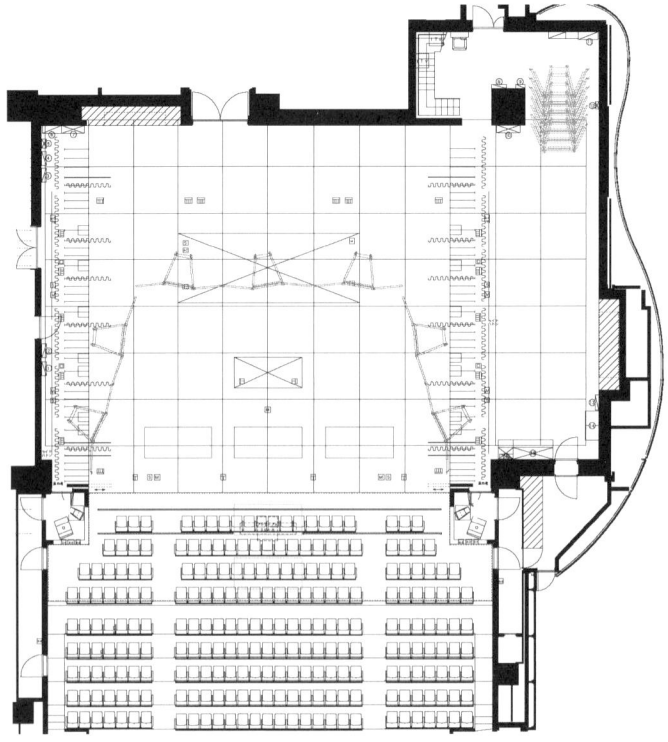

공연장 부분 무대 평면도(1/100)

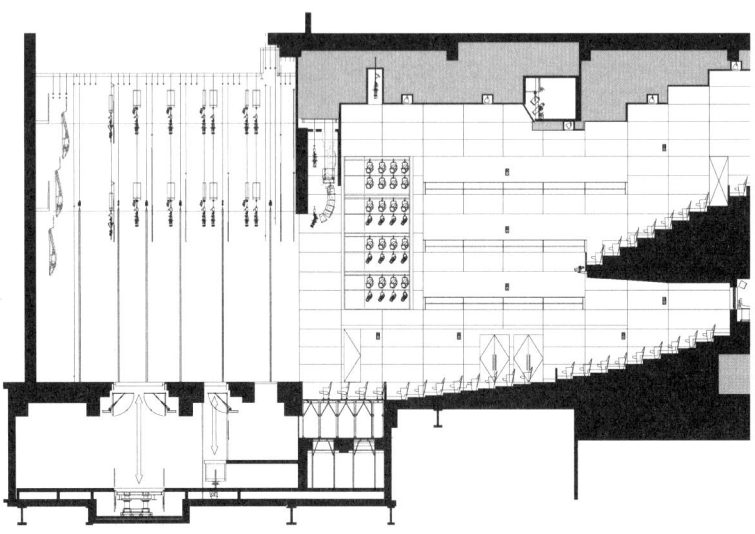

공연장 부분 무대 단면도 (1/100)

▶ 평면도

• 7층 평면도

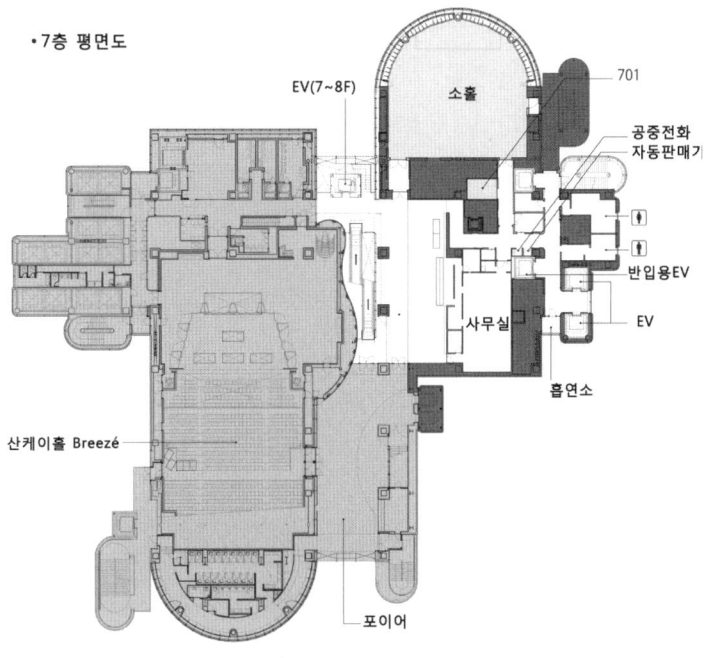

• 8층 평면도

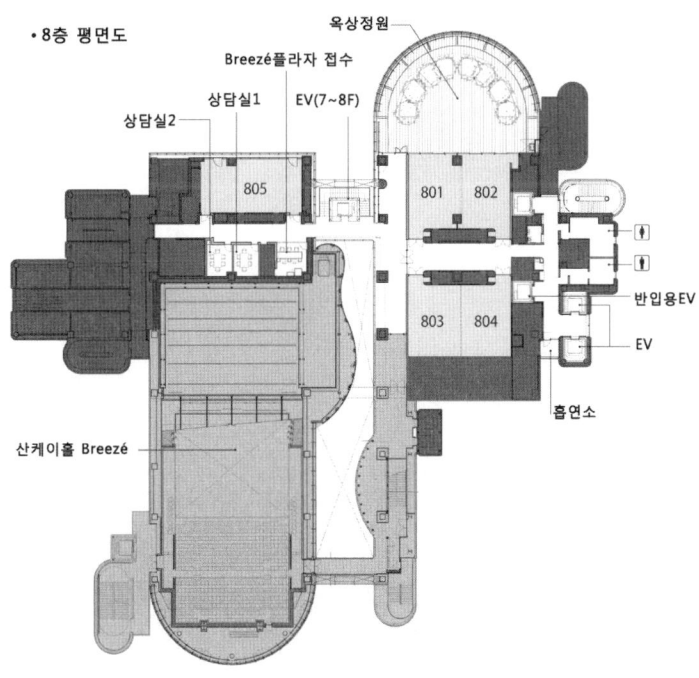

14. 산케이홀 브리제

… 산케이홀 브리제(SanKei Hall Breezé) 공연자료

2025年 2·3月 サンケイホールブリーゼ催物ご案内

月	月日	開演時間	公演概要	料金(税込)	お問い合せ先
2	1(土)	18:00	WEi Japan Concert "The Feelings"	VIP[ミニトークショー 撮影 トレカ付き]¥16,500 一般¥11,000	KISS Entertainment https://kissent.jp/mailform
	6(木) 7(金)	18:30 13:00	KERA CROSS 第六弾「消失」 作・ケラリーノ・サンドロヴィッチ 演出・河原雅彦 出演・藤井隆、入野自由、岡本圭人、坪倉由幸、佐藤仁美、猫背椿	¥10,500 U25¥4,800	ブリーゼチケットセンター 06-6341-8888
	8(土)	13:40/15:50	エバリーコンサート 2025 in 大阪 出演・Everly	大人¥2,900 小学生以下¥2,700	エバリー音楽事務所 info.everly.jp@gmail.com
	9(日)	17:30	第9回SIROCO・奥野裕貴子 フラメンコ教室 カルメン大阪校 発表会 FLAMENCO 9 a fin de curso	自由席¥3,500 指定席¥4,500	コンフォート企画株式会社 info@comfortkikaku.com
	11(火)	14:00	米朝一門落語会シリーズ2025「桂米紫独演会」 出演・桂米紫、桂佐ん吉、桂八十助	S席¥4,500 A席¥4,200	ブリーゼチケットセンター 06-6341-8888
	15(土) ～ 24(月)	14:00 18:00	ムロムカイ 構成・出演・向井康二、宮﨑太	(15-24公演日程表)	S席¥9,500 A席¥8,500	キョードーインフォメーション 0570-200-888
3	1(土)	17:00	中村佳穂 SOLO TOUR 2025	¥6,500 高校生以下学割¥5,500 ※別途ドリンク代¥600必要	YUMEBANCHI(大阪) 06-6341-3525
	2(日)	18:00	ヤマハエレクトーンスペシャルコンサート MIKI SPOT SPECIAL PRESENTS 2025「HIT PARADE」 出演・中野正英、品田和泉、倉沢大樹、鷹野雅史、富岡ヤスヤ、窪田宏	シングル¥4,900 ペア¥9,200	三木楽器心斎橋店/ハーモニーパーク心斎橋 06-6251-4595
	5(水)		非公開		
	7(金)	19:00	ワンマントークショー ーはじまりと おわりと はじまりとー 出演・川西賢志郎	¥4,000	FANYチケット 問合せダイヤル 0570-550-100
	14(金) ～ 16(日)		迷宮歌劇「続・美少年探偵団」 原作・西尾維新「美少年シリーズ」(講談社タイガ) キャラクター原案・キナコ 演出・作詞・三浦香 脚本・畑雅文 音楽・TAKA 出演・双翁駿平、富本惣昭、咲乃良示、立花裕太、満井満、永田稔一朗、足利瑞央、持田悠生、指輪森作、北川尚弥、鵜島直美、齋藤かなこ、川池遊海、神越翔、永久井こわ子、小林由佳 ほか	(14-16公演日程表)	¥11,500	[チケットに関するお問合せ] Mitt 03-6265-3201 [公演に関するお問合せ] ネルケプランニング https://www.nelke.co.jp/contact/
	19(水) 20(木)	18:30 11:00	米朝一門落語会シリーズ2025 米朝十年祭「米朝一門会」 3月19日:桂南光、桂米二、桂米團治、桂米左、桂紅雀、桂ハナハ ゲスト 桂文治 3月20日:桂南光、桂千朝、桂米團治、桂米平 ゲスト 笑福亭鶴瓶	¥5,500	ブリーゼチケットセンター 06-6341-8888
	20(木)	15:00	米朝一門落語会シリーズ2025 「ひろば改め二代目桂力造 ちょうば改め四代目桂米之助 そうば改め二代目桂惣兵衛 三人同時襲名披露公演」 出演・ひろば改め二代目桂力造、ちょうば改め四代目桂米之助、そうば改め二代目桂惣兵衛 桂南光、笑福亭仁智、桂塩鯛、桂米團治、桂出丸、桂りょうば	¥5,500	ブリーゼチケットセンター 06-6341-8888
	22(土) 23(日)	17:30 11:30/16:30	真夜中に起こった出来事 作・マーク・ヘイハースト 翻訳・小田島恒志 演出・深作健太 出演・島橋恭子、戸塚祥太、モロ師岡、畠中洋、松井工、生津徹、小日向春平、西岡徳馬	S席¥10,500 A席¥7,500	チケットぴあ live_info@pia.co.jp
	26(水)	14:00	女声フォレスタコンサート in 大阪	¥6,600	ページ・ワン 06-6362-8122

※都合により、公演内容等が変更になる場合もございます。予めご了承ください。チケットの販売状況についてはお問い合わせください。 1/23現在

サンケイホールブリーゼ　ブリーゼチケットセンター TEL 06-6341-8888 (11:00～15:00)
〒530-0001 大阪市北区梅田2-4-9 ブリーゼタワー7F
https://www.sankeihallbreeze.com/[インターネットからもご予約いただけます]

サンケイホールブリーゼ オフィシャルサポーターズ「私たちはサンケイホールブリーゼを応援しています」

鹿島建設㈱　サントリービバレッジソリューション㈱　㈱フジテレビジョン　関西テレビ放送㈱　産経新聞社

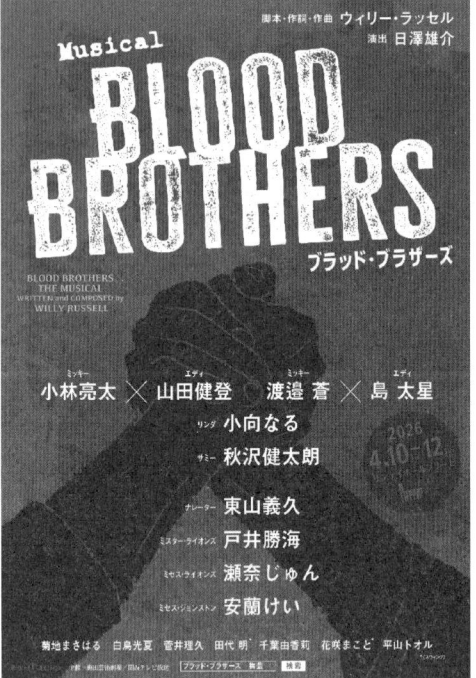

共同主催 AMATI×あいおいニッセイ同和損保ザ・フェニックスホール

福田進一 70歳記念 クリスマスイヴ・コンサート

Shin-ichi Fukuda "70th Anniversary" Christmas Eve Concert

2025/ 12/24(水) 18:00開演(17:30開場)
Wed. 24th December 2025 6.00p.m at The Phoenix Hall

70年の歴史を、盟友と共に紡ぐ
一夜限りのスペシャル・コンサート

あいおいニッセイ同和損保
ザ・フェニックスホール

《出演》
福田進一（ギター）
工藤重典（フルート）

Program

★ギター・ソロ★
坂本龍一：Merry Christmas Mr. Lawrence ～「戦場のメリークリスマス」より（佐藤弘和編）
武満 徹：フォリオス(1974)、波の盆(1983/鈴木大介編)
L.ブローウェル：悲歌～イン・メモリアム・タケミツ（1996/福田進一に献呈）
国枝春恵："With Great Blessings" for Guitar Solo（古希記念/委嘱新作初演）

★アルト・フルート&ギター★ 武満 徹：海へ
★フルート&ギター★
A.ピアソラ：カフェ1930＆ナイトクラブ1960～「タンゴの歴史」より
瀧廉太郎：荒城の月（野平多美編）
R.シャンカール：トディ～魅惑の夜明け

※曲目は変更になる可能性がありますので、ご了承ください。

2025年
12月25日は
福田進一
70歳の誕生日！

©石井孝典

全指定席 一般 ¥5,000（友の会会員 ¥4,500）
学生 ¥2,000（25歳以下）※ホールチケットセンターのみのお取り扱い ※未就学児童の入場はご遠慮ください。

※ザ・フェニックスホール 友の会先行予約 7/12(土) 10:00受付開始（発売日初日はお一人様2枚まで）
※一般発売 7/18(金) 10:00受付開始

［チケットのお申込み］
ザ・フェニックスホールチケットセンター 06-6363-7999（平日10:00～17:00／土日祝 休業）
チケットぴあ https://t.pia.jp/【Pコード：303-737】

〈お問い合わせ〉
株式会社AMATI 03-3560-3010 www.amati-tokyo.com
あいおいニッセイ同和損保ザ・フェニックスホール https://phoenixhall.jp

〈主催〉AMATI／あいおいニッセイ同和損保ザ・フェニックスホール

愛犬シロップ

15. 피닉스홀

ザ・フェニックスホール － The Phoenix Hall

피닉스홀(ザ・フェニックスホール - The Phoenix Hall)

　아이오이 닛세이 도와 손해보험(あいおいニッセイ同和損害保険) 피닉스홀(THE PHOENIX HALL)은 1995년, 아이오이닛세이 도와 손해보험 주식회사의 전신회사 중 하나인, (구)도와 화재해상보험(同和火災海上保険) 주식회사의 창립 50주년을 맞아, (구)오사카본사 내에 개설(開設)되었다.

　오카자키 마사오(岡崎 真雄, 당시 도와화재해상보험 사장) 관장으로부터「모두에게 친절한 홀을」만들어 달라는 의뢰가 있었다고 건축가 요사노 히사시(與謝野 久)는 말한다. 예술문화 시설을 병설(併設)한 오피스빌딩은, 설계를 시작한 1980년대 후반의 오사카에서는 거의 보기 드문 시설이었다. 건립지는 한큐(阪急) 및 JR의 대규모 역을 축으로 하나의 군을 이루는 오피스거리·상업지구와 문교지구(文教地区)인 나카노시마(中之島), 금융가·요도야바시(淀屋橋)와의 결절점(結節點)이다. 부담 없이 들릴 수 있는「오피스와 문화의 복합체」로서「수직의 거리」를 구축하는 구상이었다. 그중에서도 홀은, 청중은 물론이고 아티스트, 공연의 기획·제작에 종사하는 사람들을 배려한 공간을 만드는 것을 추구하였다.

피닉스홀은 화려한 살롱 분위기를 가지는, 간사이(関西) 유일의 음악 홀이다. 자체 기획 공연을 개최하여, 클래식 음악을 메인으로, 소 홀의 특성을 최대한으로 살린 독특한 프로그램을 기획·구성하고, 예술·문화의 발신 기지로서의 역할을 하고 있으며, 피닉스(불사조)의 날개를 이미지화하여 디자인된 천장 및 벽에는, 홀의 잔향을 결정짓고 세밀하게 조정할 수 있도록, 곳곳에 반사/흡음의 가변 기구가 설치되어 있다. 악기의 특징에 따라, 유려하고 풍부한 잔향을 얻을 수 있도록 적정한 잔향 조건을 추구하였다. 대개구 글라스 스크린 너머로, 도시를 조망하면서 콘서트를 즐기는 공중 극장(空中 劇場)으로, 차광 벽을 내리면, 완전한 실내악 홀이 된다.

[표] 건물의 개요	
구 분	내 용
소 재 지	오사카시 기타구 니시텐마 4-15-10 (大阪市北区西天満4-15-10) 아이오이닛세이 도와손해보험(あいおいニッセイ同和損保) PHOENIX TOWER 내 1~4층
공사발주	도와화재해상보험(同和火災海上保険)(현·아이오이 닛세이 도와 손해보험 주식회사)
설 계	닛켄설계(日建設計), 아즈사설계(梓設計) 담당 건축가 : 요사노 히사시(與謝野 久)
시설규모	건축면적: 1,259㎡ / 연면적: 30,370㎡ / 부지면적 2,325㎡ (건물 전체) 건물 높이 145.45m
건축구조	철골조(일부 철골철근콘크리트 조, 철근콘크리트 조) 지하 3층, 지상 29층, 옥탑 1층
시설종류	피닉스홀 : 클래식 음악의 리사이틀, 실내악 콘서트

외관 및 로비

오사카·우메다신도로(梅田新道) 교차점, 그 동남쪽 모퉁이에 있는 것이, 아이오이 닛세이 도와 손해보험 피닉스 타워이다. 아이오이 닛세이 도와 손해보험 피닉스 홀은, 건물의 1~4층 부분에 있다.

유리 너머로 건물의 내부 공간을 엿볼 수 있다. 지지기둥에는 베네수엘라 출신으로 파리에서 활약한 조각가, 라파엘 소토(Jesus Rafael Soto)의 작품 「북쪽 노보리(北の幟)」가 설치되어 있다. 블루·레드·그린·블랙 색상의 금속 봉을 조합시킨 것으로, 같은 배색(配色)은 홀 내부의 복도 카펫 등에도 적용되어 있다. 「내외 공간의 연속성」이, 여기에도 디자인되어 있다.

▶ 외부 및 전경

▶ 로비 및 휴게 공간

15. 피닉스홀

피닉스홀(Phoenix Hall)

아이오이 닛세이 도와손해보험 더 피닉스 홀은, 화려한 살롱풍의 분위기를 가지는 음악 홀로, 객석 300여 석의 친밀한 공간은, 무대와 관객이 매우 가까워 동경(憧憬)하는 아티스트가 눈앞에서 연주하는 음색을, 숨소리마저 만끽할 수 있는 "음악의 프라임" 공간이다.

홀 내에 한걸음 들어서면, 외부의 소음이나 진동으로부터 차단된 "소리의 성역(聖域)"이 나타난다.

1층은, 무대와 좌석과의 경계가 느껴지지 않는 플로어석, 2층은, 연주자를 둘러싸듯이 무대를 감싸는 발코니석이다. 홀 1층석(건물 3층), 홀 2층석(건물 4층)으로는 엘리베이터 또는 계단을 이용해 갈 수 있다.

홀은 건식 플로팅구조를 채용하여 홀 전체를 띄우는 구조를 통해, 외부에서의 소음 및 진동을 차단하고 있다. 더 피닉스 홀에서는, 서양 예술 음악의 정수(精髓) 클래식의 실내악을 중심으로, 때로는 6대륙의 민족음악, 일본의 전통음악 연주에도 대응할 수 있다.

무대 뒤편의 벽을 버튼 조작으로 올릴 수 있고, 거기에 설치된 유리 스크린을 통해, 도시의 경관 및 계절의 변화 등을 실내에서 즐길 수 있다. 이 아이디어는, 헝가리의 아이젠슈타트에 있는 「하이든 잘」을 방문했을 때, 얻은 「반짝임」이 그 시작이었다. 「실내악의 아버지」 요제프 하이든이 일했던 에스테르하지(家)의, 궁정의 대 홀은 지금도 가끔 콘서트에 사용되고 있다. 그곳은 벽면에 큰 창문이 여러 개 있어, 햇살이 쏟아져 들어온다. 부드러운 자연광 속에서, 연주는 일본의 콘서트홀에는 이러한 곳을 거의 볼 수 없다. 그 인상이 매우 강렬해, 언젠가 꼭 이런 디자인을 살리고 싶다고 생각해, 기회를 보고 있었다고 건축가 요사노 히사시는 말한다. 설계 당시에 생각했던 것은, 건물의 얼굴, 즉 타워의 「정면」을 어느 방향에 둘 것인가 하는 것이었다. 지금 타워는 우메다 신도로(新道路)의 교차점 동남쪽 모퉁이의 부지에, 45도의 각도로 북서를 향해 서 있다. 「모퉁이 지역」의 입지 특성을 최대한 살려, 하이든 잘과 같이 자연광(自然光)을 실내에 넣을 수 있는 배치이다. 그와 동시에 타워 「정면」의 홀 층 부분의 외벽을 전면 글라스 스크린으로 해서, 앞뒤 모두, 홀 내부에서는 그것이 무대의 배경이 되고, 날이 저문 이후에는 특히 자연광에 의해 효과적으로 연출이 가능하다. 청중은 거리의 파노라마, 자연(自然) 및 하늘의 경치(景致)와 함께 연주를 즐길 수 있고, 거리를 지나는 사람들도 그곳에서 라이브연주가 연주되고 있는 것을 엿볼 수 있다.

안팎의 공간 경관을 쌍방(雙方) 활용하여, 시각적으로 커뮤니케이션할 수 있는 특수한 구조이다. 건축가가 목표로 한 「개방적인 형태」이다.

어느 음향전문가는 더 피닉스 홀에 대해, 소리의 발생 장소를 알 수 있는 「소리의 청명함」, 청중이 잔향에 휩싸인 듯이 느껴지는 「풍양(豊穣)감」이 두드러진다고 평가하고 있다.

\[표\] 피닉스 홀의 개요	
구 분	내 용
객 석 수	총 객석수 : 301석 └ 1F 표준 168석(1F 좌석 증설 가능 최대 202석) 　홀 2층석 고정 133석
건축음향	주용도 : 클래식 음악의 리사이틀, 실내악 콘서트 형식 : 오픈 스테이지 형식
기 타	① 천장높이 13m 확보 → 충분한 음장 볼륨을 확보 ② 무대 : 16분할 승강 바닥에 의한 어댑터블(adaptable) 방식의 홀 1층석 플로어 중앙 부분은 16개의 블록으로 나뉘어 있어 각각 독립된 승강이 가능. 공연에 따른 무대 설정을 할 수 있다. ③ 피아노 : Steinway [D274] 1대, YAMAHA [CFⅢ-S] 1대 ④ 음향 공간 : 천장 및 벽은 피닉스(불사조)의 날개를 이미지화하여 디자인되어 있어, 유려하면서 풍부한 잔향을 전달 ⑤ 잔향을 미세조정 할 수 있는 경사 패널 및 흡음커튼 갖추고 있음.

▶ 내부 전경

○ 주출입구 손잡이 디자인

더 피닉스 홀에는, 10개의 객석 문이 있다. 1장의 문으로 로비의 이야기 소리나 소음을 차단하고, 홀 내부의 정숙함을 유지하기 위해, 매우 중후(重厚)하게 제작되어 있다. 손잡이는 약간 신기한 형태로 이루어져 있다. 홀 설계를 담당한 요사노 히사시의 말에 따르면, 이 형태는, 사실 홀 이름에도 명시(明示)되어 있는, 전설상의 불사조, 피닉스의 날개를 형상화(形象化)한 것이라고 한다. 홀에는, 벽 및 천장 면에도, 삼각형의 모티브가 곳곳에 있다. 이들도 피닉스의 날개를 이미지화한 것이다. 손잡이는, 보는 방식에 따라 「하트형」「나비의 날개」「누에콩」 등, 사람에 따라 가지각색으로, 상상력을 부풀린다.

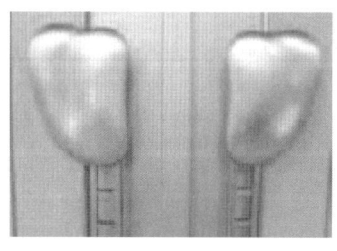

사진 출처-아이오이 닛세이 도와손해보험 더 피닉스홀 정보지(2015.9)

○ 공연 공간의 특성(特性)

- 실용적에 대해서

1석당 10.0㎥라는 공간 용적(容積)은 콘서트홀의 용적 기준으로서 수용되는 기준이다. 대형 홀에서는 이 조건을 만족시키는 것은 어렵지 않지만, 빌딩 내에 설치되는 소 홀의 경우는, 천장높이의 제약(制約) 등으로 인해 어려운 경우가 많다. 소 홀의 경우 만족시키지 못하는 홀도 있지만, 피아노나 가곡의 리사이틀에서는 그 나름의 평가를 얻고 있다. 그러나 소 홀의 경우, 용적 즉, 천장높이의 차이에서 오는 잔향의 성질의 차이가 큰 것도 사실이다.

- 잔향시간에 대해서

음향설계에 있어서 잔향시간의 중요도에 대해서는, 시대에 따라 또, 설계자에 따라 다양하다. 공공 홀의 설계 사양서에 잔향시간 2.0±1.0초 등과 같은 기재 사례도 있었지만, 이는 전혀 의미가 없다. 한편, 잔향 2.0초와 같은 말이 유행한 것처럼, 또 음향의 전문서에 기재되어 있는 최적 잔향시간 특성에서도, 대형 콘서트홀의 잔향시간은 2.0초 전후가 설계 기준이 되고 있다. 이 값은 500~1,000Hz의 중음역의 값이라고 판단해야 하며, 잔향시간에 대해서는 그 주파수특성도 중요한 설계 조건이다. 특히, 불연보드의 내장이 많은 최근의 홀에서는, 판진동 때문에, 저음역의 잔향이 저하되는 경향에 있다. 오케스트라 음악에 대해서는 저음역의 잔향시간이 약간 상승하는 편이 바람직하다는 것은 음향학자 Beranek도 지적하고 있고, 판진동의 제어는 콘서트홀에서는 중요한 대책 중 하나이다. 공연 직전의 리허설을 청취하는 경우, 만석 시보다 좋게 느껴지는 경우가 종종 있다. 만석 시 잔향 2.0초의 홀에서는, 리허설 시에는 2.5초 정도가 될 것이다. 특히, 낭만파의 관현악곡에 대해서는, 2.5초 정도까지는 허용(許容)이 가능하다고 판단된다. 그러나 소 홀에서 이루어지는 피아노나 가곡의 리사이틀은, 1.0초 정도의 잔향시간으로, 예전 잔향이 긴 홀에서는 맛보지 못한 곡의 섬세한 뉘앙스를 즐길 수 있다는 것도 사실이다. 현재의 최적 잔향특성(最適 殘響特性)에 대한 재검토의 필요성을 강하게 느끼고 있다.

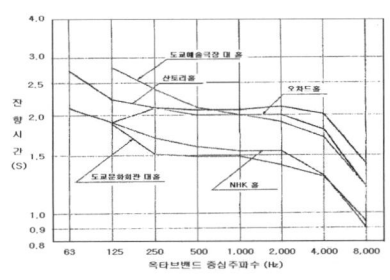

[그림] 대 홀의 잔향특성

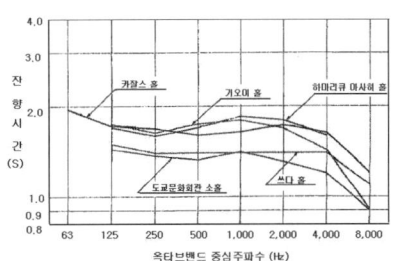

[그림] 소 홀의 잔향특성

- 초기반사음에 대해서

국제적으로도 평가가 높은 홀, 또 청취 체험을 통해 평가가 확인되고 있는 일본의 홀에 대해, 초기반사음에 대해서 양호한 조건을 파악한 결과, 지금, 주목하고 있는 지표는 시간축(時間軸) 상에서의 초기반사음의 분포(分布)이다. 평가가 높은 홀, 혹은 콘서트 애호가에게 평판이 좋은 좌석은 초기반사음이 시간축 상에서도, 거의 균등하게 분포하고 있음을 확인하고 있다. 객석 상과 시간축 상의 분포의 균등성(均等性)을 하나의 기준으로 하고 있다.

모형실험을 대신해 등장한 컴퓨터 시뮬레이션 수법은, 설계의 초기 단계에서의 실 형상의 검토, 반사면의 각도 검토 등에는 유력한 도구이다. 그러나 현재 시뮬레이션 기법에는 당연히 한계가 있다.

슈박스형과 측벽이 열린 다목적형의 홀의 분포의 차이는 공간 분포에서도 시간축 상의 분포에서도 분명하지만, 슈박스형 홀의 경우는, 확실히 잔향의 성질이 다른 홀 간에도 이 기법으로부터 특징을 추출하기 어렵다. 음향효과에 대해서는 다차원(多次元)의 척도로부터의 평가가 필요한 것이다.

- 잔향시간에 대해서는 현재 적용되고 있는 최적 잔향특성을 참고로, 주요 연주 장르를 고려해, 다소 여유를 두고 고려하는 것이 좋다. 단, 그 주파수특성은 중요하다.
- 초기반사음에 대해서는, 폭이 좁은 슈박스 형의 홀에서는 특별한 대책은 필요 없지만, 대형 홀의 경우는 초기반사음의 공간 분포와 함께 시간 축 상의 분포가 균등해지도록, 또 복수의 반사음이 입사되도록 천장 반사판, 객석 배분의 설계를 실시한다.
- 제1차 반사에 관한 반사면은 산란 구조(散亂 構造)로 한다.

소 홀에서는, 성악을 포함한 다양한 악기의 리사이틀, 실내악, 소편성의 앙상블 등이 이루어진다. 양호한 잔향의 조건은, 음악 장르, 연주의 규모, 음악의 내용에 따라 미묘하게 달라지고, 용적이 작은 데 따른 음장 조건의 차이가 있다. 소 홀의 잔향 설계에 대해서는 대 홀과는 다른 관점에서의 검토가 필요하다. 또, 홀 설계 시에, 스테이지의 규모는 큰 과제이다. 스테이지 공간의 잔향은 연주 규모에 따라 크게 변화하기 때문에, 스테이지는 홀 안에서 음향적으로 가장 불확정한 공간이다.

그 외, 스테이지 공간의 흡음의 조정, 오케스트라 스테이지 라이저의 문제 등, 스테이지 공간에는 홀의 잔향과 관계있는 많은 문제가 있다.

도면

▶ 좌석 배치도

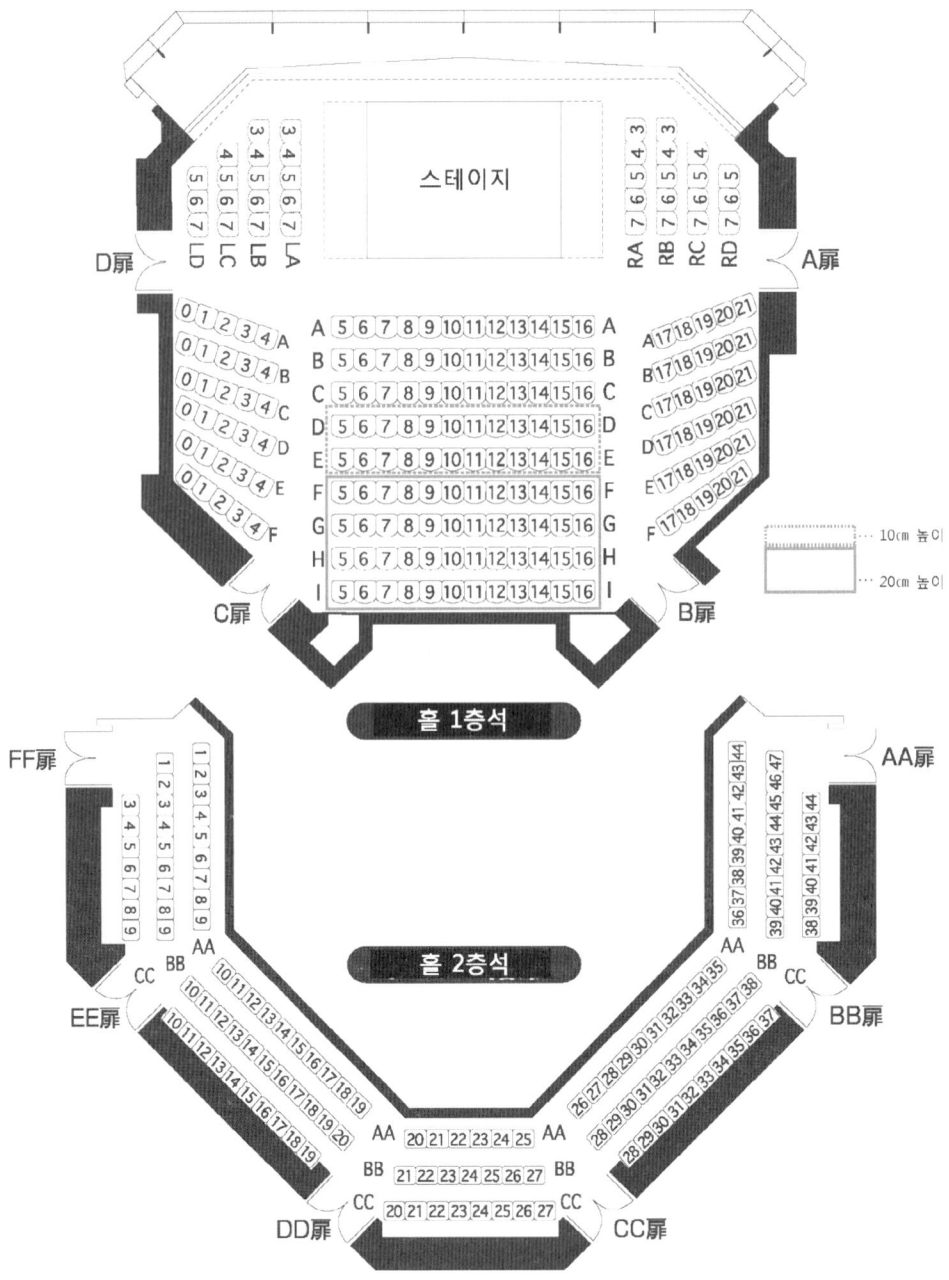

피닉스홀(Phoenix Hall) 공연자료

ティータイムコンサートシリーズ

平日午後2時に開演、4時頃に終演するお昼のコンサートです。夜の演奏会にも劣らぬ上質な「生」の音楽を、平日お昼間の気軽な雰囲気でお楽しみいただきます。夜間に外出しづらい方にもお越しいただきやすく、ホール開館の1995年から30年続く人気シリーズです。

/ ティータイムコンサートシリーズ175 / ウィーンフィル首席奏者の矜持を聴く
ワルター・アウアー フルートリサイタル

2025.6/20(金) 14:00開演 [指定席]
- 出演：ワルター・アウアー(フルート)、沢木良子(ピアノ)
- 曲目：ボルヌ：カルメン・ファンタジー
  プロコフィエフ：フルートソナタ ニ長調 op.94 ほか
- チケット：一般／4,500円(友の会会員4,050円)、学生(25歳以下)／1,500円
- ★チケット発売日：2025年3月21日(金) 友の会先行予約：3月15日(土)

/ ティータイムコンサートシリーズ176 / フランスの至宝、至極のピアニズム
パスカル・ロジェ ピアノリサイタル

2025.7/24(木) 14:00開演 [指定席]
- 出演：パスカル・ロジェ(ピアノ)
- 曲目：ラヴェル：亡き王女のためのパヴァーヌ、鏡、ソナチネ
  ドビュッシー：前奏曲集 第1巻
- チケット：一般／5,000円(友の会会員4,500円)、学生(25歳以下)／1,500円
- ★チケット発売日：2025年3月21日(金) 友の会先行予約：3月15日(土)

/ ティータイムコンサートシリーズ177 / ドイツ拠点の正統派
アマリリス弦楽四重奏団

2025.10/17(金) 14:00開演 [指定席]
- 出演：グスタフ・フリーリングハウス、レナ・サンドゥ(以上ヴァイオリン)
  マライケ・ヘフティ(ヴィオラ)、イヴ・サンドゥ(チェロ)
- 曲目：モーツァルト：弦楽四重奏曲 第23番 へ長調「プロイセン王第3番」JK590
  ブラームス：弦楽四重奏曲 第2番 イ短調 op. 51-2 ほか
- チケット：一般／5,000円(友の会会員4,500円)、学生(25歳以下)／1,500円
- ★チケット発売日：2025年3月21日(金) 友の会先行予約：3月15日(土)

/ ティータイムコンサートシリーズ178 / まさに天上の音色、大注目のオーボエ奏者
荒木奏美 オーボエリサイタル

2025.11/28(金) 14:00開演 [指定席]
- 出演：荒木奏美(オーボエ)、津田裕也(ピアノ)
- 曲目：ドビュッシー：美しき夕暮れ
  パスクリ：「シチリア島の夕べの祈り」の主題による大協奏曲 ほか
- チケット：一般／3,500円(友の会会員3,150円)、学生(25歳以下)／1,000円
- ★チケット発売日：2025年7月18日(金) 友の会先行予約：7月12日(土)

/ お得な「6公演セット券」 /

「ティータイムコンサート」を聴くなら断然「友の会」に!
友の会価格のセット券で1公演あたり約3,300円に!

一般／**24,000円** (友の会会員／**20,000円**)

販売期間：2月1日(土)〜6月19日(木)

≪ザ・フェニックスホール友の会≫

- チケット予約と同時にご入会いただけます。
- 入会金不要
- 年会費 ¥1,000
- ホール主催公演・協賛公演が割引に
- 情報誌「Salon」お届け

ザコンサートホール
名古屋・伏見・電気文化会館

16. 전기문화회관 더 콘서트홀

電気文化会館 – Denki Bunka Kaikan_The Concert Hall

전기문화회관 더 콘서트홀(電気文化会館 -Denki Bunka Kaikan_The Concert Hall)

전기문화회관(電気文化会館)은 아이치현 나고야시에 있는 중부전력(中部電力)의 문화시설이다.

나고야 최초의 전력회사「나고야덴토(名古屋電燈)」가 있던 장소에 1986년 7월에 오픈한 시설로, 1층부터 4층에는 전기과학관(電氣科學館)이 있고, 지하 2층은 콘서트홀로 되어 있으며, 그 외 이벤트 홀 및 갤러리 등도 갖추어져 있다.

더 콘서트홀은 일본에서 실내악 전용 홀의 선구자(先驅者)가 된 시설로도 알려져 있으며, 클래식 콘서트 등이 개최된다. 이벤트 홀은 300명 정도를 수용할 수 있는 넓은 홀이다.

무대 설비 및 조명 설비도 충실히 갖추고 있다. 그리고 갤러리는 320.0㎡의 규모로, 이동식 패널 및 스포트라이트 등의 설비가 충실하다. 본 시설은 콘서트 및 전시회 등에 이용되고 있다.

관리·운영은 중부전력그룹의 쥬덴부동산(中電不動産)이 맡고 있으며, 쥬덴부동산 본사도 본 시설에 입주(入住)해 있다.

[표] 건물의 개요	
구 분	내 용
소 재 지	아이치현 나고야시 나카구 사카에 2-2-5 (愛知県名古屋市中区栄2-2-5)
공사발주	주식회사 전기문화회관(電気文化会館)(현 쥬덴부동산(中電不動産)주식회사)
설　　계	중부전력 건축 제1과(中部電力建築第一課), 닛켄설계(日建設計) 나고야사무소
시설규모	건축면적: 2,149.46㎡ / 연면적: 23,810.11 ㎡ / 부지면적: 3,007㎡, 높이 58m
건축구조	S조, SRC조 / 지하 3층, 지상 13층, 옥탑 1층
시설종류	더 콘서트홀 : 클래식콘서트 이벤트 홀, 갤러리 등

외관 및 로비

▶ 외부 및 전경

▶ 로비 및 휴게공간

더 콘서트홀(Concert Hall)

후시미역(伏見駅) 4번 출구에서 도보 2분 정도에 위치하여 접근이 편리한「전기문화회관」지하 2층에 있는 실내악 전용 홀이다. 더 콘서트홀은 실내악 및 리사이틀에 이상적인 슈박스 형의 음악전용 홀로, 라이브 연주의 매력을 최대한으로 이끌어내는 우수한 음향, 스테이지와 객석의 친밀감이 특징이다.

주최 콘서트 외에, 거의 매일 여러 음악가의 다양한 연주회가 열리고 있다. 2대의 Steinway, 쳄발로, 포지티브 오르간을 보유하고 있다.

[표] 더 콘서트홀의 개요

구 분	내 용
객 석 수	총 객석수 : 정원 395명 (고정석 철거 일부 가능) 장애인용 휠체어 공간 (2대분) 객석 후방에 유리 마감의 가족관람실 설치
건축음향	잔향시간 : 1.80~1.60초(잔향가변장치 있음) 주용도 : 음악 전용 홀 형식 : 슈박스 형
기 타	① 무대 : 너비 12.5m, 안길이 8.4m, 높이 9m (최전부)~8m(최후부) 　무대바닥 : 히노키(노송나무) 집성재 ② 벽면 마감 : 대리석 ③ 악기 : 　피아노 - Steinway D274(I)·Steinway D274(II)·YAMAHA CFIII·KAWAI EX 　쳄발로 - Atelier von Nagel社 제조 　포지티브오르간 - Karl Schuke社 제조 ④ 그 외 시설 : 분장실(5실), 리허설 룸 등

▶ 내부 전경

▶ 내부 전경

16. 전기문화회관 더 콘서트홀

기타 시설

○ 이벤트 홀

[표] 이벤트 홀의 개요

구 분	내 용
객 석 수	총 객석수 : 300명 (최대 수용 가능 인수) 　　시어터 형식의 경우 : 270석 정도까지 　　스쿨 형식(테이블 사용)의 경우 : 200석 정도까지
건축음향	실용적 : 266㎡ (12.6m×20.6m) 형식 : 시어터, 스쿨 형식
기 타	① 무대설비 : 가설이동 스테이지 (1.2m×2.4m) : 20대 　　피아노용 특수 스테이지 (90㎝×90㎝ 높이 20㎝) : 4대 　　칸막이 패널(대 6장, 소 6장, 간이 16장) 　　스크린 : 2장 (스탠다드 3.4m×3.4m, 와이드 6.7m×3.4m) 　　강연대, 사회대, 화대, 공연 알림대(넘김식) 각 1대, 화이트보드 2대 ② 천장높이 : 6m (일부 4.5m, 저천장부 2.8m)

▶ 내부 전경

○ 갤러리

[표] 갤러리의 개요

구 분	내 용
규 모	면적 : 320㎡ (1실)
바닥 하중	500kg/㎡
기 타	① 내부마감 : 　　바닥 : 카펫, 벽 : 케이칼판 크로스 도장 (핀 박기 불가), 천장 : 암면흡음판 ② 천장높이 : 2.8m ③ 전기가능 벽면 : 60~150m

▶ 내부 전경

○ 나고야 필하모니교향악단(名古屋フィルハーモニー交響楽団)
Nagoya Philharmonic Orchestra

　아이치현 나고야시(愛知県 名古屋市)를 중심으로, 도카이(東海)지방을 대표하는 오케스트라로서, 지역의 음악계를 선두에서 이끌고 있다. 혁신적인 정기연주회의 프로그램 및 충실한 연주내용으로 널리 일본 전역에 화제를 발산하여, "나 필(名フィル)"이라는 애칭으로 현지 주민들에게도 사랑을 받으며, 일본의 프로 오케스트라로서 확고한 입지를 구축하고 있다.

　2023년 4월, 여러 명 필하모니의 지휘자, 정지휘자를 역임한 카와세 겐타로(川瀬賢太郎)가 제6대 음악감독으로 취임하였으며, 그 밖의 지휘자 진으로는 코이즈미 카즈히로(小泉和裕, 명예 음악감독), 코바야시 겐이치로(小林 研一郎, 계관(桂冠)지휘자), Thierry Fischer(명예 객연 지휘자)가 이름을 올리고 있다. 또한 2023년 4월에 노이코 코이데(小出稚子)가 제4대 상주 작곡가로 취임하였다.

2002~17년 빈 필하모니의 콘서트 마스터인 라이너 호넥(Rainer Honeck)이 수석 객연 콘서트마스터를 맡았으며, 2000년 이래 빈 필하모니와 빈 국립 오페라 극장 관현악단 멤버들을 중심으로 특별히 편성된 오케스트라인 '도요타 마스터 플레이어스, 빈'과 합동 연주를 진행하여 깊은 관계를 이루고 있다.

1988년 첫 해외 공연으로 유럽의 2개국(프랑스, 스위스) 투어를 히로카미 준이치 지휘 이래 진행하였으며, 2000년 아시아 8개국 (브루나이, 싱가포르, 필리핀, 한국, 말레이시아, 베트남, 태국, 대만) 투어를 혼나 테츠지 지휘 아래 진행. 2004년 '프라하의 봄' 국제음악제의 정식 초청을 받아 유럽 3개국(독일, 오스트리아, 체코) 투어를 류스케 누마지리, 히데아키 무토, 토마쉬 하누스 지휘 아래 진행. 2006년 아시아 7개국 (싱가포르, 필리핀, 대만, 한국, 태국, 홍콩, 말레이시아) 투어를 타츠야 시모노 지휘 아래 큰 성공을 이루었다.

다양한 CD 녹음과 적극적인 영상 매체를 통한 전달을 실시하여, 유튜브 등의 플랫폼으로 지속적으로 발전하고 있다. 수상경력으로는 도카이 텔레비전 문화상 (1990년), 아이치현 예술 문화 권장문화상(1991년), 문화청 예술 작품상 레코드부문(1997년) 등을 수상하였으며, 2020년에는 상주 작곡가의 성과를 바탕으로 제32회 뮤직 팬클럽 음악상 클래식 분야 '현대음악부문상'을 수상한 바 있다.

악단 결성은 1966년 7월. 1973년에 나고야시의 출연(出捐)에 의해 재단법인으로, 2012년에 아이치현으로부터 인정을 받아 공익재단법인이 된다. 2013년에 토카이시, 2016년에 아이치 현립 예술대학, 2018년에 토요타시와 각각 음악 교육의 추진 및 문화 예술 진흥을 목표로 한 협정을 체결하였다.

의욕적인 내용으로 정평이 나 있는 「정기연주회」를 비롯해, 친숙한 「시민회관 명곡 시리즈」 및 장애가 있는 분을 대상으로 한 「복지 콘서트」, 어린이들에게 오케스트라의 즐거움을 전하고 있는 「어린이 명곡 콘서트」 등, 다양하고 풍부한 공연을 연간 약 110회 진행하고 있다.

도면

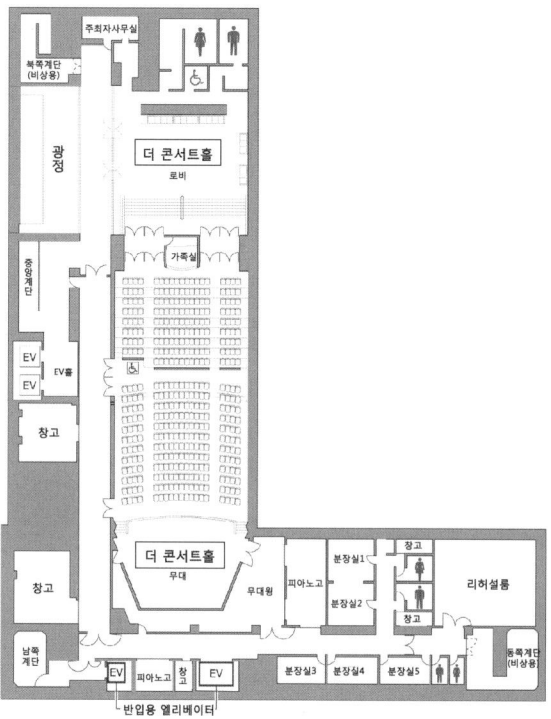

지하2층 평면도

5층 평면도

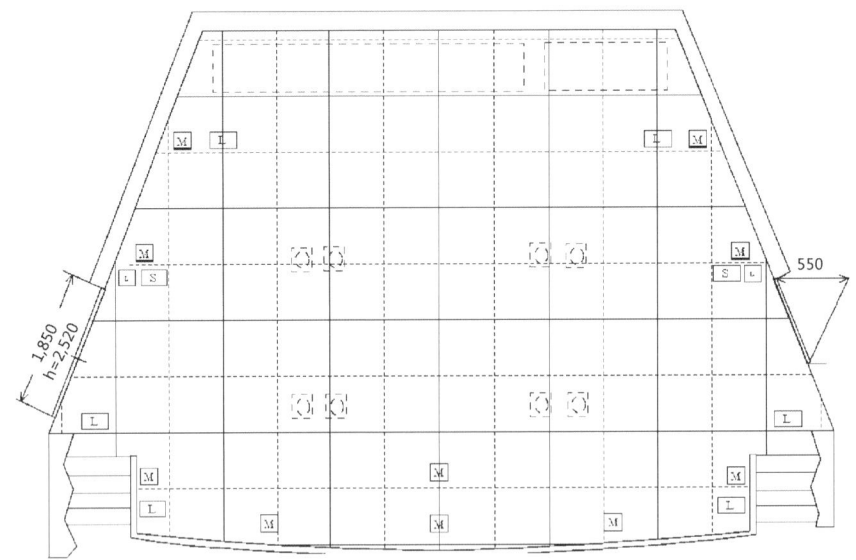

더 콘서트홀 무대평면도

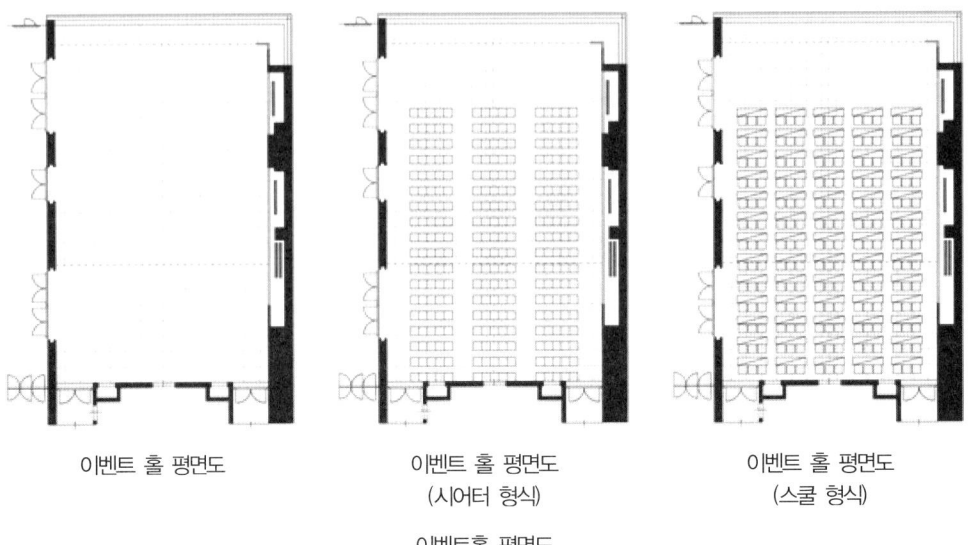

이벤트 홀 평면도

이벤트 홀 평면도
(시어터 형식)

이벤트 홀 평면도
(스쿨 형식)

이벤트홀 평면도

전기문화회관 더 콘서트홀(Denki Bunka Kaikan_The Concert Hall) 공연자료

高年大学鯱城学園OB
混声合唱団【ルーチェ】定期演奏会

Spring Concert

2025年3月26日(水)
電気文化会館　ザ・コンサートホール
開場13：30　開演14：00　入場無料　(満席の場合には入場をお断りすることがあります)

賛助出演　　　　　　　Program
　　　　　　　　　　《第一部》金子みすゞ作品集「このみちをゆこうよ」
　　　　　　　　　　《第二部》中国の太鼓 / ツィゴイネルワイゼン 他 (賛助)
　　　　　　　　　　《第三部》底力のタンゴ / ふりむかないで名古屋の人
　　　　　　　　　　　　　　　犬のおまわりさん＆セレブな子猫ちゃん 他

永野 佐紀　　豊倉 雅大　　混声合唱団ルーチェ
(ピアノ)　　　(ヴァイオリン)　指揮 / 柴田 和子　伴奏 / 永野 佳子

《　主催　》混声合唱団ルーチェ定期演奏会実行委員会
《お問合せ》080-5117-4816（羽田）
《会場アクセス》地下鉄東山線・鶴舞線「伏見」駅4番出口より徒歩2分

Munetsugu Hall

山の奥にひっそりと隠れ住んだ最強武装民族コルシカの民。
そのルーツを持つヴァイオリニストのベルトロンが古澤と日本で出会い
その経験を元に創られた祭り「コルシカ音楽祭」
今では毎夏2週間行なわれるフランスを代表する音楽祭として22年目を迎えている。

古澤 巖
Iwao Furusawa, Violin

コルシカ音楽祭
〜古き良き時代の大衆的音楽会〜

チャルダッシュの女王メドレー
ガーシュウィンメドレー　他
※午前の部、午後の部共に同一プログラム

2026年 **2/10** [火]

午前の部 **11:00** 開演（10:30開場）
午後の部 **14:30** 開演（14:00開場）

全指定席（各部）一般 ¥5,500　ハーフ60 ¥3,300

チケットのお求めは **10月12日(日)** 10時より販売開始

● 宗次ホールチケットセンター TEL：052(265)1718 [店頭購入は販売開始翌日より]
● チケットぴあ　WEB購入＝https://t.pia.jp/　店頭購入＝セブンイレブン
● 芸文プレイガイド　TEL購入＝052(972)0430　店頭購入＝愛知芸術文化センター地下2階
　営業時間：平日10時〜19時　土・日・祝10時〜18時　月曜定休（月が祝日の場合は翌日）
※「ハーフ60」は宗次ホールのみの取扱いとなります。※未就学児のご入場は、ご遠慮ください。

くらしの中にクラシック
宗次ホール Munetsugu Hall
名古屋市中区栄4-5-14　〒460-0008
営業時間 10:00〜16:00　不定休

17. 무네쓰구홀

宗次ホール － Munetsugu Hall

무네쓰구홀(宗次ホール - Munetsugu Hall)

무네쓰구홀(宗次ホール)은, 2007년 3월에 개관한 클래식 전문 콘서트홀로, CoCo이치방야(CoCo壱番屋)의 창업자 무네쓰구 도쿠지(宗次 德二)가 사재(私財)를 투자해 건설하고, 작곡가 사에구사 시게아키(三枝成彰)가 감수(監修)를 맡았다.

홀의 컨셉는「일상생활 속의 클래식 음악」으로, 유명 음악가의 발표 공연장인 동시에, 젊은 음악가 육성(育成)과 기술을 위한 장을 제공하여, 음악예술문화의 보급(普及)에 공헌하고 있다.

홀은 310석 규모의 클래식 음악 전용 콘서트홀로, 연주자와 관객을 하나로 감싸서, 전 좌석에서 감동(感動)을 더 가까이 느낄 수 있도록 설계되어 있다.

개관 공연은 고토 류(五嶋 龍)의 바이올린 리사이틀로, 개관을 기념해 개최된 제1회 무네쓰구 엔젤 바이올린 콩쿠르2)에서는 나가오 하루카(長尾 春花)가 우승을 하였다.

홀의 오픈 당초(當初)부터 런치와 클래식콘서트를 세트로 한 런치타임 콘서트를 개최하고 있으

며, 2010년 1월부터는 스위트 타임 콘서트 및 디너 타임 콘서트도 개최되고 있다. 2010년 2월부터는 중부국제공항 개항 5주년 기념 센트레아 홀(セントレアホール) 및 무네쓰구홀 제휴기획으로서, 센트레아 홀과 무네쓰구홀이 런치 타임 콘서트를 매월 공동 개최하고 있다.

[표] 건물의 개요

구 분	내 용
소 재 지	아이치현 나고야시 나카구 사카에 4-5-14 (愛知県名古屋市中区栄4丁目5番14号)
공사발주	무네쓰구 도쿠지(宗次德二)
설 계	주식회사 단 노리히코 건축설계사무소(團紀彦建築設計事務所) 음향설계 : (주)가라사와마코토 건축음향설계사무소(唐澤誠建築音響設計事務所)
시설규모	부지면적 831.96㎡ / 건축면적 712.21㎡ / 연상면적 : 4,076.29㎡
건축구조	SRC조, S조 / 지하 1층, 지상 7층
시설종류	메인 홀 : 클래식 전문 콘서트홀 리허설실, 분장실 등

외관 및 로비

화강암이 세트 백(set back)하면서 쌓여 올라간 듯한 도로 측의 외관은, 거의 개구부(開口部)가 없기 때문에 독특한 임팩트가 느껴진다. 사카에역(栄駅) 12번 출구에서 도보로 5분 정도의 거리에 위치한다.

▶ 외부 전경

---

2) 무네쓰구 엔젤 바이올린 콩쿠르(宗次エンジェルヴァイオリンコンクール)는, 무네쓰구홀이 2년에 한 번, 주최하는 음악에 관한 상으로, 25세 이하의 젊은 바이올리니스트가 그 대상이며, 상위 입상자에게는 바이올린의 무상대여 및 입상자는 각종 지원을 받는다.

▶ 외부와의 출입 통로

▶ 로비

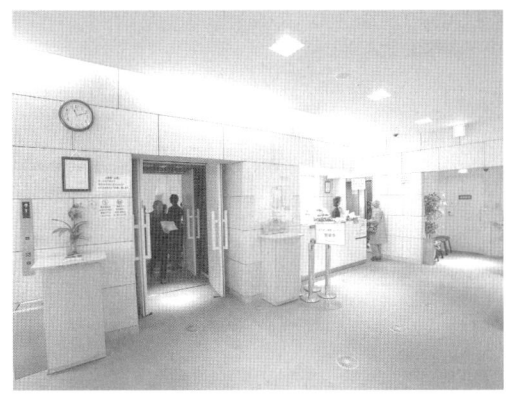

무네쓰구홀(宗次ホール)은, 310석 규모의 클래식 음악전용 콘서트홀로서, 2007년에 오픈하였다. 「일상생활에 클래식 음악을」이라는 오너의 콘셉트에 따라, 저명한 음악가의 발표 연주회장과 함께, 젊은 음악가 육성과 기술을 위한 장을 제공하여, 음악예술문화의 보급에 공헌하고 있다.

메인 홀(Main Hall)

무네쓰구홀은 클래식 음악전용 콘서트홀로, 카레하우스 CoCo이치방야(CoCo壱番屋)의 창업주·무네쓰구 도쿠지(宗次德二)에 의해 설립되었다. 음향이 우수한 310석 규모의 홀은, 객석 구성은 여유 있는 좌석 앞뒤 폭으로, 어느 좌석에서도 연주(演奏)가 가깝게 느껴지도록 설계되어 있다.

무네쓰구홀에서는, 정숙한 실내 공간을 구축한 다음, 클래식음악을 주체로 한 다양한 악기 및 연주곡목, 그 외의 공연물에 대해서도 최적의 잔향을 컨트롤할 수 있도록 잔향가변장치를 구비하고 있다.

바이올린 등 악기 특유의 특징이나 가능성, 풍부한 잔향 등을 최대한 이끌어내도록 함과 동시에, 연주의 편이성을 추구한 실내음향설계가 이루어져 있다. 또, 소규모 홀이면서, 대규모 홀 급의 잔향을 창출(創出)할 수 있는 것도, 이 홀의 대표적인 잔향 특징이라고 할 수 있다.

부담 없이 클래식의 라이브 연주를 즐길 수 있는 「런치 타임 콘서트」를 비롯해, 홀 주최의 콘서트도 다수 개최되고 있으며, 무네쓰구 콩쿠르 등, 젊은 연주가의 지원사업도 적극적으로 실시하고 있다.

구 분	내 용
객 석 수	총 객석수 : 310석(휠체어용 6석 설치) └ 1층 778석, 2석 424석, 3층 138석 (하나미치 사용 시) 객석 면적 : 1층 162.6㎡, 2층 67.5㎡
건축음향	실용적(V) : 2,970㎥ / 실 표면적(S) : 1,283㎡ V/S : 2.31m(1좌석당 실용적 : 9.6㎥) 잔향시간 : • 실내음향 / 2.00초(공석 시), 1.80초(만석 시) • 음장 지원 장치 사용 시 / 최대 2.6초(공석 시), 최대 2.34초(만석 시) 주용도 : 클래식 음악 전용 콘서트홀
기 타	① 음향내장에 의한 소리의 잔향 창출 음향내장의 마감과 밀접한 관계에 있는 잔향의 잔향음(후기 반사음)에 착목 ② 무대 규격 : 너비 11.9m, 안길이 5.4m, 높이 0.4m, 면적 45.2㎡ 무대바닥 : 히노키(노송나무) ③ 객석의자 : 리허설과 본 공연에서 발생하는 연주음의 잔향 편차를 청감상 최소한으로 하도록, 좌석 표면·등받이 표면에 인공가죽, 좌석 안쪽·등받이 안쪽에 합판 재료를 채용함과 동시에, 좌석과 등받이 사이에 흡음 포켓을 설치하여 흡음 조정 ④ 피아노 : Steinway D-274, YAMAHA CFIIIS ⑤ 그 외 시설 : 분장실 2, 리허설실(40㎡) 등

[표] 메인 홀 개요

▶ 내부 전경

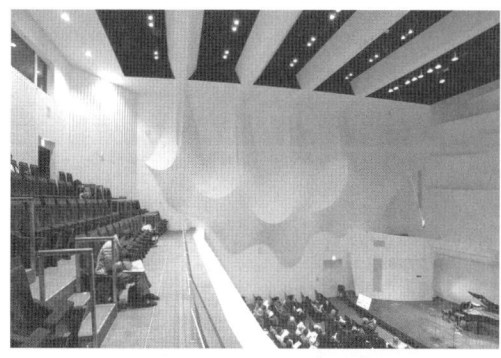

○ 천장 잔향가변(殘響可變)

홀의 적절한 잔향 형태는, 클래식 등의 음악연주와 강연 등의 스피치에서 크게 달라진다. 클래식 연주에서는 비교적 라이브 한 잔향이 요구된다. 한편, 강연회 등에서는 잔향을 적절하게 억제하여 스피치의 명료도를 높이는 것이 우선시된다. 무네쓰구홀에서는, 다양한 상연물에 대응할 수 있도록, 라이브 한 잔향 형태와 데드 한 잔향 형태를 밸런스 좋게 양립·조정하기 위한 천장 승강 롤 식 기구인 잔향 가변장치를 도입하였다. 아래 그림과 같이, 천장부의 흡음막을 임의의 높이로 하강(下降)시킴으로써 잔향시간을 변화시키는 장치이다.

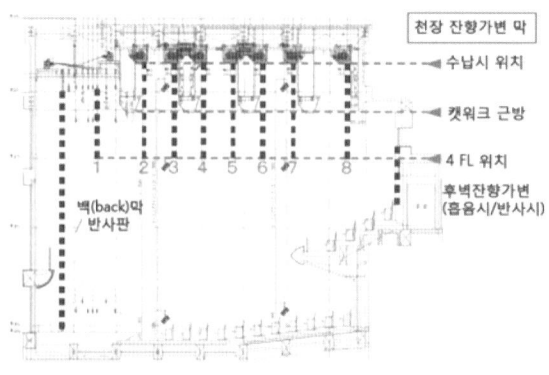

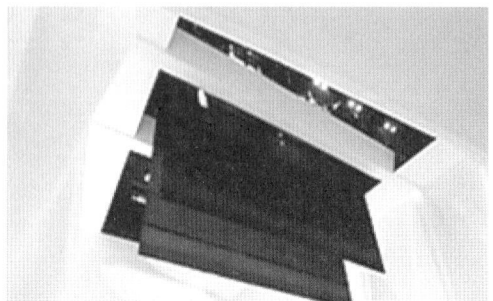

후벽 루버형태

발코니석 형태

발코니석 바닥형태

무대 정면 반사판 형태

객석 측면 반사판 형태

○ 음향 확산체(擴散體)

무네쓰구홀의 확산체는, 복잡한 곡면으로 구성되어 있다. 측벽 확산체는, 1차 반사음의 단계에서 청취자에 대해 대각선 전방 및 대각선 후방으로, 밸런스 좋게 전방향의 확산 방사가 창출될 수 있는 형상으로 하였다. 이를 위해, 음향모형 실험에 의한 검토를 반복적으로 실시하여 검증하였다. 또, 직접음에 대한 1차 반사음을 전방·측방으로부터 에너지 보강하는 확산체인 동시에, 최대한 상방(上方)으로 확산시켜, 밸런스 잡힌 긴 잔향음을 얻을 수 있도록 배려하였다. 단순한 시각적인 확산체가 아니라, 음향확산체로서의 충분한 기능을 달성하여, 초기음으로부터 실의 확산성을 높여, 공간 전체에 표류(漂流)하는 특징적인 잔향의 검출(檢出)을 가능케 하였다.

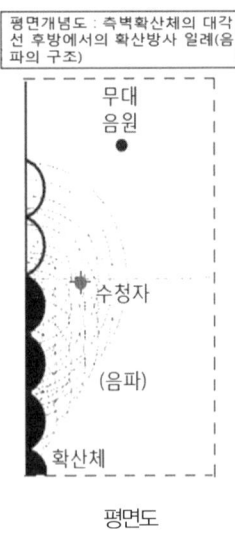

평면도   단면도

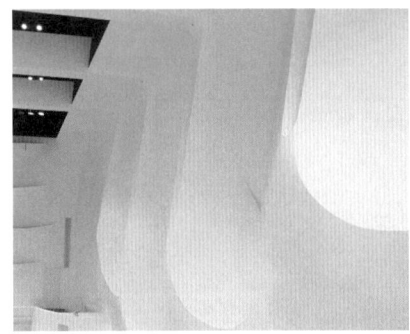

○ 객석의자의 흡음특성

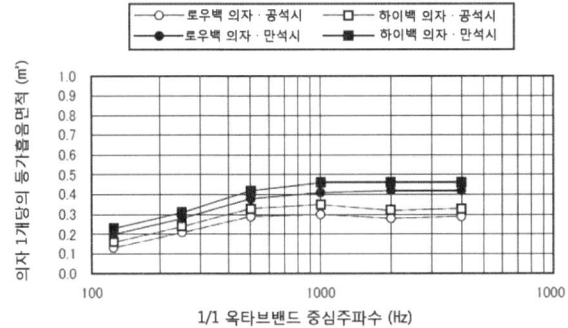

그림 잔향실법 흡음률 측정에 의한 홀 의자 1개당의 등가 흡음면적 결과

○ **실내음향설계의 요점**

무네쓰구홀에서는, 정숙한 실내 공간을 구축한 다음, 클래식 음악을 주체로 한 다양한 악기 및 연주곡목, 그 외의 공연물에 대해서도 최적의 잔향을 컨트롤할 수 있도록 잔향 가변장치를 구비하고 있다.

바이올린 등 악기 특유의 특징이나 가능성, 풍부한 잔향 등을 최대한 이끌어내도록 함과 동시에, 연주의 편이성을 추구한 실내음향설계가 이루어져 있다. 또, 소규모 홀이면서, 대규모 홀 급의 잔향을 창출할 수 있는 것도, 이 홀의 대표적인 잔향 특징이라고 할 수 있다. 무네쓰구홀에 관한 제원은 아래와 같다.

홀의 제원	
실용적 V(m^3)	2970
실표면적 S(m^2)	1283
용적 / 표면적 V/S(m)	2.31
평균자유행정 P: 4 · V/S(m)	9.24
수용 좌석 수 N(석)	310
1좌석 당 실용적 V/N(m^3)	9.6

■ **실내형상에 따른 소리 잔향의 창출**

무네쓰구홀의 음향설계에서는, 실내 형상과 밀접한 관계가 있는 잔향의 초기반사음과 확산된 잔향음의 관계에 주목하였다.

음향 설계 시, 목표로 한 실내 형상의 기본요건은 다음과 같다.

- 음향장애가 없는 명료한 잔향을 확보할 수 있을 것.
- 초기음의 단계에서 공간 전체에 대한 잔향을 창출할 수 있는 실 형상일 것. (1차 반사음의 단계에서는 객석에 대해 기여함과 동시에, 잔향음이 되는 성분을 충분히 가지는 실 형상)
- 단순한 시각적인 확산체가 아니라, 음향확산체로서의 충분한 기능을 달성할 것.
- 실내 전체에 대해, 일률적으로 밸런스가 좋은 잔향을 확보할 수 있을 것. (잔향의 질, 양 모두 확보)

■ **음향내장에 의한 소리의 잔향 창출**

무네쓰구홀의 음향설계에서는, 음향내장의 마감과 밀접한 관계에 있는 잔향의 잔향음(후기 반사음)에 중점을 두고 설계하였다.

- 잔향시간 주파수특성의 조정 (잔향의 질, 잔향의 양의 적절한 조정)
- 음향 장애의 방지 (롱 패스 에코 등의 흡음처리)

도면

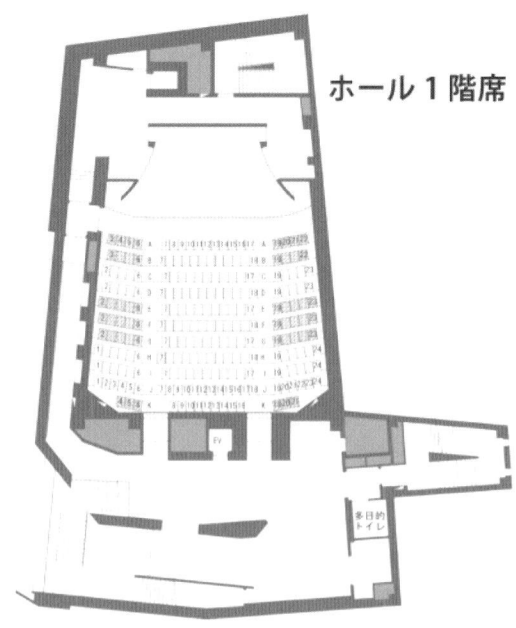

ホール1階席

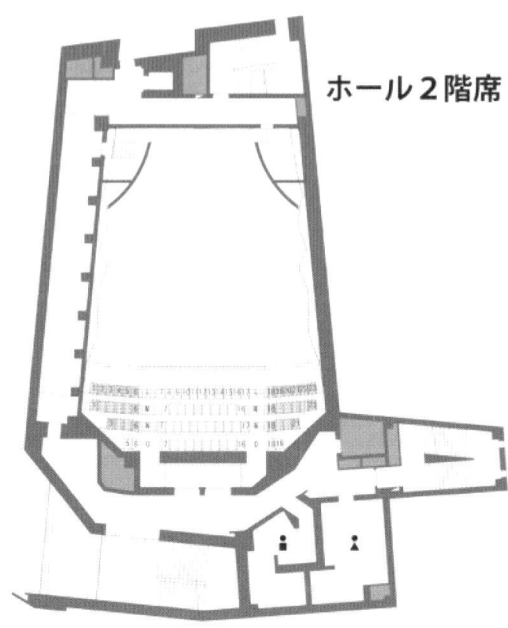

ホール2階席

무네쓰구홀(Munetsugu Hall) 공연자료

Munetsugu Hall

昼のひとときに贈る、名曲の調べ。
ランチタイム名曲コンサート 2025年 4月 前半
後半は、裏面に！

11:30開演　11:00開場（12:30終演予定）　一般自由席 ¥1,000
プレミアム指定席／1階A列7番～17番11席 ¥1,500　指定席／1階B列7番～18番12席 ¥1,000

Vol.2684　1日（火）
淡く優しい日本の旋律

馴染みの深い日本の旋律、民謡を日本語のみのプログラムでお届け致します。うららかな春の音色をお楽しみください。

山田 耕筰：この道
中田 喜直／別宮 貞雄：さくら横ちょう
團伊玖磨：歌劇「夕鶴」より"さよなら" 他

加藤 明美（ソプラノ）　萩 賢輔（ピアノ）

Vol.2687　7日（月）
舞踏会へようこそ♪
～舞曲の名曲の数々～

私たちルージェの音楽舞踏会にようこそ！心踊る名曲の数々をお楽しみください。

J.シュトラウスⅡ：春の声
ドヴォルザーク：スラブ舞曲集より
ブラームス：ハンガリー舞曲より 他

トリオ・ルージェ
足立 真由（ピアノ）　伊藤 里紗子（ヴァイオリン）　米本 希（チェロ）

Vol.2685　3日（木）
お散歩ピアノ♪Vol.6
～魔王・悪魔・魔女・妖精の国へのおでかけ～

ヨーロッパに伝わる妖精・小人の世界へピアノの魔法使い田中正也氏をゲストに豪華にお散歩しませんか？

スメタナ：モルダウ（4手連弾）
グリーク：妖精の踊り・小人の行進
シューベルト＝リスト：魔王 他

關谷 範子（ピアノ）　スペシャルゲスト 田中 正也（ピアノ）

Vol.2688　8日（火）
春をつむぐ音の宝石

4つの音の輝きが皆さまの心に届きますように♪

J.シュトラウスⅡ：春の声
小林 秀雄：すてきな春に
リスト：愛の夢 他

水野 みどり（マリンバ）　笠置 陽子（フルート）　小出 真琴（ソプラノ）　沢崎 央子（ピアノ）

Vol.2686　4日（金）
幸せな癒し空間の約束
～ハープとヴァイオリンによる幸福の便り～

好評につき2回目のハープとヴァイオリンデュオの音色で、4月4日「幸せの日」をお過ごし下さい。

マスネ：タイスの瞑想曲
チャイコフスキー：アンダンテ・カンタービレ
ボッセ：エチュード（ハープソロ）他

森 麻祐子（ヴァイオリン）　天野 世яр（ハープ）

Vol.2689　10日（木）
春のラプソディ
～ピアノで紡ぐ春の音～

若さと情熱に溢れた春。力強い音楽のエネルギーを春一番と共に、2台ピアノでお届けします！

サン＝サーンス：死の舞踏
プロコフィエフ：ピアノ協奏曲 第2番より
ガーシュウィン：ラプソディ・イン・ブルー 他

山田 ありあ（ピアノ）　高浪 杜和（ピアノ）

自由席チケットは、ネット予約も可能です！！
お電話、FAXからのお申し込みの他自由席公演についてはネット予約も承ります。

 宗次ホール公式LINE　 宗次ホールオフィシャルWEB

いずれからもご予約いただけます。
ご利用の際は、注意事項・支払い方法などをご確認の上お申し込みください。

4月のランチタイム名曲コンサート 自由席のご予約 は
1月12日（日）10:00より発売！
WEB・FAX・お電話・店頭にて販売　WEB購入はこちら→

4月のランチタイム名曲コンサート 指定席のご予約 は
各公演 1階A列7番～17番 ¥1,500／1階B列7番～18番 ¥1,000
1月12日（日）15:00より発売！
発売日は、お電話のみで販売　※演奏者より購入されたチケットは利用不可
自由席・指定席いずれも、店頭での取り扱いは翌日15日より開始いたします。

主催：宗次ホール　後援：名古屋市教育委員会

宗次ホール　TEL 052 (265) 1718
営業時間 10:00 ～ 16:00　※終了時間は17:00もしくは18:00の場合有　不定休

協力　3日（木）關谷田中オフィス　TEL 06-7508-6570

本日の公演情報は 中日新聞の公演案内欄に毎日掲載！！
※団体のお客様の為に席の一部を確保させていただく場合がございます。
※やむをえず、曲目などに変更がある場合がございます。あらかじめご了承ください。
※未就学児のご入場は、お断りしております。

地下鉄栄駅②番出口より東へ徒歩4分→

Munetsugu Hall

ランチタイム名曲コンサート 2025年 4月 後半
前半は、裏面に！

11:30開演　11:00開場（12:30終演予定）　一般自由席 ¥1,000
プレミアム指定席／1階A列7番～17番 11席 ¥1,500　指定席／1階B列7番～18番 12席 ¥1,000

Vol.2690　11日（金）
おとのえほん
～文字のない物語～

物語の世界を音楽で楽しんでみませんか？スフィーダが紡ぐ、音の絵本をお届けます。

ショパン：バラード 第1番 Op.23
マスカーニ：カヴァレリア・ルスティカーナ
ヴィヴァルディ：「四季」より 春 他

sfida（スフィーダ）
岡田 薫子（フルート）
大田 梨湖（ピアノ）
飯田 桐乃（ヴァイオリン）

Vol.2693　24日（木）
写真とともにおくる♪
お花見de名曲コンサート

ホールに入るとそこは満開の桜！各地の桜の映像とともに歌とピアノの宴をお楽しみくださいませ♪

瀧 廉太郎：花
平井 康三郎：幻想曲「さくらさくら」
プッチーニ：ある晴れた日に 他

つじ村 ふみ恵（ソプラノ）
秀平 雄二（ピアノ）
坂井 見依子（司会）元NHK宇都宮放送局アナウンサー

Vol.2691　21日（月）
うららかな春の メロディ

うららかな春のひととき、フェリシアのハーモニーでお楽しみください。

ベートーヴェン：スプリング・ソナタより
日本の春メドレー
J.シュトラウスII：春の声 他

Trio Felicia（トリオ フェリシア）
久永 彩加（ヴァイオリン）
堀江 綾乃（ソプラノ）
江野 藍子（ピアノ）

Vol.2694　25日（金）
お腹いっぱい オーケストラ

オーケストラの名曲をお腹いっぱいにお届けします♫心も身体も満たされるひと時をお楽しみください。

J.シュトラウスII：こうもり 序曲
ベートーヴェン・メドレー
ドヴォルザーク：家路 他

Trio Reson（トリオ・レゾン）
妹尾 寛子（フルート）
桐山 尚子（ピアノ）
中瀬 梨予（ヴァイオリン）

Vol.2692　22日（火）
フランスからの おくりもの

パリで共に学んだ二人による第2弾！春を感じる曲からフランスの名曲まで幅広くお楽しみください♪

サラサーテ：序奏とタランテラ
ドビュッシー：ソナタ より 第1楽章
ラヴェル：クープランの墓 より 他

澤本 真由香（ヴァイオリン）
栗山 沙桜里（ピアノ）

Vol.2695　28日（月）
時代を切り拓く音楽

20世紀を生きたクラシックの作曲家の名曲を集めました。色彩豊かなヴァイオリン二重奏の響きをお楽しみください。

ガーシュウィン：アイ・ガット・リズム
山田 耕筰：からたちの花
サン＝サーンス：
交響詩「死の舞踏」より 他

鈴木 理桜（ヴァイオリン）
谷口 沙和（ヴァイオリン）

宗次ホールグループプラン

宗次ホールではランチタイム名曲コンサートをPTA・サークル仲間・職員親睦会・文化教室のお仲間と一緒に聴き、癒しの一時をお楽しみいただくグループプランがございます。グループプランご利用の場合は、お席の確保も可能です。人気のコンサートとレストランでのお食事とのセットプランもぜひご利用ください。

8名様以上で適用

ランチ（昼食）とのセットプランも！
一例：東急ホテル なだ万 ¥4,200

主催：宗次ホール　後援：名古屋市教育委員会

宗次ホール TEL 052（265）1718
営業時間 10:00～16:00　終了時間は17:00もしくは18:00の場合あり　不定休

協力　3日（木）關谷田中オフィス　TEL 06-7508-6570

本日の公演情報は 中日新聞の公演案内欄に毎日掲載！！
※団体のお客様の為に席の一部を確保させていただく場合がございます。
※やむをえず、曲目などに変更がある場合がございます、あらかじめご了承ください。
※未就学児のご入場は、お断りしております。

地下鉄栄駅⑫番出口より東へ徒歩4分→

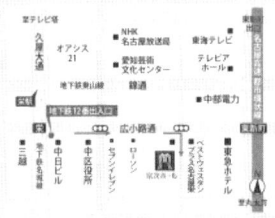

참고문헌

1. 김재수 ; 건축음향설계(개정3판), 세진사, 2008.2
2. 김재수·양만우 ; 건축음향설계 방법론, 서우, 2001
3. 김재수 ; 소음진동학(개정2판), 세진사, 2008.8
4. 김재수 ; 건축환경공학(개정3판), 서우, 2008.8
5. 윤장섭 ; 건축음향계획론, 동명사, 1987
6. 강성훈 ; 음향 시스템 이론 및 설계, 음향기술산업연구소, 1999
7. 김남돈, 김대균, 김재수 ; "가변형 시스템을 갖는 다목적홀의 건축음향설계"
8. 김남돈, 김대균, 김재수 ; "가변형 시스템을 갖는 다목적홀의 건축음향성능평가"
9. 김남돈, 최둘, 김재수 ; "가변형 시스템을 갖는 다목적홀의 주관적 음향 성능평가"
10. 김남돈, 윤재현, 김재수 ; "가청화를 이용한 G 예술회관 대공연장의 음향성능 평가에 관한 연구", 한국소음진동공학회 학술발표대회, 2007.5.10
11. 김남돈, 윤재현, 김재수 ; "G 예술회관 대공연장의 건축음향설계", 한국소음진동공학회 학술발표대회, 2007.5.10
12. 윤재현, 주덕훈, 김재수 ; "음향성능 개선을 위한 소규모 다목적홀의 건축음향성능 평가", 한국소음진동공학회 학술발표대회, 2007.11.15
13. 주덕훈, 윤재현, 김재수 ; "H 다목적홀의 건축음향설계", 대한건축학회 학술발표대회 27권, 2007.10.26
14. 김재수, 윤재현, 김남돈 ; "가청화를 이용한 건축음향성능 평가기법", (사)한국음향재료협회 음향재료기술 2권 1호, 2007.7.
15. 김재수 ; "음향시뮬레이션 프로그램의 특성과 소개", (사)한국음향재료협회 음향재료기술 2권 2호, 2007.12.
16. 永田穗, 日本音響學會 編 建築音響, コロナ社
17. 永田穗, 新版 建築の音響設計, オーム社, 1991
18. イェソスフうエルト, Spatial Hearing, 空間音響, 鹿島出版社, 1986
19. M. David Egan, Concepts in Architectural Acoustics , McGraw-Hill, 1972
20. Michael Carron, Aditorium Acoustics and Architectural Design, E & FN SPON, 1993
21. Heinrich Kuttruff, Room Acoustics, Elsevier Applied Science, 1991
22. Ando Y., "Concert Hall Acoustics", Applied Science PuC. Ltd., 1970
23. Vern O. Knudsen and Cyril M. Harris, "Acoustical Designing in Architecture", John Wiley and Sons, New York, 1962
24. Leslie L.Doelle, Environmental Acoustics, McGRAW-Hill Cook Company, 1972
25. Yochi Ando, Dennis Noson, Music and Concert Hall Acoustics, Academic Press, 1997
26. Yochi Ando, Architectural Acoustics, Springer, 1998
27. 『ぴあmapホール・劇場・スタジアム』(全国版 2006-2007) , (ぴあMOOK 出版)
28. 『ぴあmapホール・劇場・スタジアム』(ハンディ首都圏版), (ぴあMOOK 出版)
29. 기오이홀 제공 안내자료

30. 야마하홀 제공 안내자료
31. 다이이치생명홀 제공 안내자료
32. 하마리큐 아사히홀 제공 안내자료
33. 토판홀 제공 안내자료
34. 오지홀 제공 안내자료
35. 하쿠주홀 제공 안내자료
36. 요미우리 오테마치홀 제공 안내자료
37. 『ホールに音が刻まれるとき』(ぎょうせい 2001)
38. 필리아홀 제공 안내자료
39. 가마쿠라 예술관 제공 안내자료
40. 우라야스 음악홀 제공 안내자료
41. 다케타시종합문화홀 그란츠타케타 제공 안내자료
42. 이즈미홀 제공 안내자료
43. 산케이홀 브리제 제공 안내자료
44. 피닉스홀 제공 안내자료
45. 전기문화회관 더 콘서트홀 제공 안내자료
46. 무네쓰구홀 제공 안내자료
47. 永田音響設計 [ニュースの書庫](나가타 음향설계 발간 뉴스)
48. 『新国立劇場 NEW NATIONAL THEATRE TOKYO HEART OF THE CITY』(新建築社, 1999)
49. 『〔建築設計資料〕48. コンサートホール』(建築資料研究社 (1994/08))
50. 『新建築』, (新建築社, 2005/12)
51. 각 홀의 홈페이지 참조

건축음향설계 공연장 순례 / 일본
일본의 실내악홀

초판 발행	2025년 12월 8일
지은이	김남돈 김재호
발행인	김재홍
교정·교열	김혜린
디자인	박효은
마케팅	이연실
발행처	도서출판지식공감
등록번호	제2019-000164호
주소	서울특별시 영등포구 경인로82길 3-4 센터플러스 1117호(문래동1가)
전화	02-3141-2700
팩스	02-322-3089
홈페이지	www.bookdaum.com
이메일	jisikwon@naver.com
가격	35,000원
ISBN	979-11-5622-973-5 13540

ⓒ 김남돈 김재호 2025, Published in South Korea.

- 이 책은 저작권법에 따라 보호받는 저작물이므로 무단전재와 무단복제를 금지하며, 이 책 내용의 전부 또는 일부를 이용하려면 반드시 저작권자와 도서출판지식공감의 서면 동의를 받아야 합니다.
- 파본이나 잘못된 책은 구입처에서 교환해 드립니다.